高等学校化学实验教材

有机化学实验

（第 3 版）

主　编　赵　斌

中国海洋大学出版社
·青岛·

图书在版编目(CIP)数据

有机化学实验/赵斌主编.—3版.—青岛:中国海洋大学出版社,2018.1 (2024.8重印)
ISBN 978-7-5670-1924-9

Ⅰ.①有… Ⅱ.①赵… Ⅲ.①有机化学-化学实验-高等学校-教材 Ⅳ.①O62-33

中国版本图书馆CIP数据核字(2018)第185377号

出版发行	中国海洋大学出版社		
社　　址	青岛市香港东路23号	邮政编码	266071
网　　址	http://pub.ouc.edu.cn		
电子信箱	xianlimeng@gmail.com		
订购电话	0532-82032573(传真)		
丛书策划	孟显丽		
责任编辑	孟显丽	电　　话	0532-85901092
印　　制	日照报业印刷有限公司		
版　　次	2018年8月第3版		
印　　次	2024年8月第5次印刷		
成品尺寸	170 mm×230 mm		
印　　张	19.25		
字　　数	354千字		
印　　数	7501~9500		
定　　价	48.00元		

发现印装质量问题,请致电0633-8221365,由印刷厂负责调换。

总　序

化学是一门重要的基础学科，与物理、信息、生命、材料、环境、能源、地球和空间等学科有紧密的联系、交叉和渗透，在人类进步和社会发展中起到了举足轻重的作用。同时，化学又是一门典型的以实验为基础的学科。在化学教学中，思维能力、学习能力、创新能力、动手能力和专业实用技能是培养创新人才的关键。

随着化学教学内容和实验教学体系的不断改革，高校需要一套内容充实、体系新颖、可操作性强、实验方法先进的实验教材。

由中国海洋大学、曲阜师范大学、聊城大学和烟台大学等12所高校编写的《无机及分析化学实验》、《无机化学实验》、《分析化学实验》、《仪器分析实验》、《有机化学实验》、《物理化学实验》和《化工原理实验》7本高等学校化学实验系列教材，现在与读者见面了。本系列教材既满足通识和专业基本知识的教育，又体现学校特色和创新思维能力的培养。纵览本套教材，有五个非常明显的特点：

1. 高等学校化学实验教材编写指导委员会由各校教学一线的院系领导组成，编指委成员和主编人员均由教学经验丰富的教授担当，能够准确把握目前化学实验教学的脉搏，使整套教材具有前瞻性。

2. 所有参编人员均来自实验教学第一线，基础实验仪器设备介绍清楚、药品用量准确；综合、设计性实验难度适中，可操作性强，使整套教材具有实用性。

3. 所有实验均经过不同院校相关教师的验证，具有较好的重复性。

4. 每本教材都由基础实验和综合实验组成，内容丰富，不同学校可以根据需要从中选取，具有广泛性。

5. 实验内容集各校之长，充分考虑到仪器型号的差别，介绍全面，具有可行性。

一本好的实验教材，是培养优秀学生的基础之一，"高等学校化学实验教材"的出版，无疑是化学实验教学的喜讯。我和大家一样，相信该系列教材对进一步提高实验教学质量、促进学生的创新思维和强化实验技能等方面将发挥积极的作用。

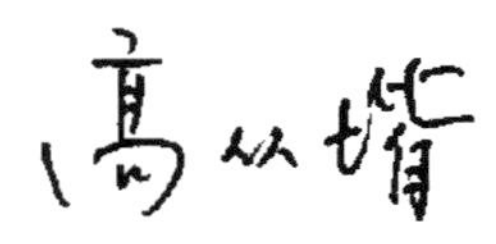

2009年5月18日

总 前 言

实验化学贯穿于化学教育的全过程，既与理论课程密切相关又独立于理论课程，是化学教育的重要基础。

为了配合实验教学体系改革和满足创新人才培养的需要，编写一套优秀的化学实验教材是非常必要的。由中国海洋大学、曲阜师范大学、聊城大学、烟台大学、潍坊学院、泰山学院、临沂师范学院、德州学院、菏泽学院、枣庄学院、济宁学院、滨州学院 12 所高校组成的高等学校化学实验教材编写指导委员会于 2008 年 4 月至 6 月，先后在青岛、济南和曲阜召开了 3 次编写研讨会。以上院校以及中国海洋大学出版社的相关人员参加了会议。

本系列实验教材包括《无机及分析化学实验》、《无机化学实验》、《分析化学实验》、《仪器分析实验》、《有机化学实验》、《物理化学实验》和《化工原理实验》，涵盖了高校化学基础实验。

中国工程院高从堦院士对本套实验教材的编写给予了大力支持，对实验内容的设置提出了重要的修改意见，并欣然作序，在此表示衷心感谢。

在编写过程中，中国海洋大学对《无机及分析化学实验》、《无机化学实验》给予了教材建设基金的支持，曲阜师范大学、聊城大学、烟台大学对本套教材编写给予了支持，中国海洋大学出版社为该系列教材的出版做了大量组织工作，并对编写研讨会提供全面支持，在此一并表示衷心感谢。

由于编者水平有限，书中不妥和错误在所难免，恳请同仁和读者不吝指教。

高等学校化学实验教材编写指导委员会

2009 年 7 月 10 日

前　言

有机化学实验是大学化学实验教学中极为重要的一部分，通过实验可以使学生加深对有机化学基本理论和知识的理解、训练学生的实验技能、培养学生的科研素质和创新能力。

本实验教材是在大学化学实验课程体系和课程内容改革的背景下编写的。本教材以加强基础、提高实验技能、培养科学素养、发展研究创新能力为目标，将有机化学实验分为有机化学实验基本操作、有机化合物的分离提纯与表征技术、有机化合物的制备及表征、多步合成实验、综合设计实验及文献实验等五个模块。

有机化学实验的基本操作模块是有机化学实验最基本的内容，包括玻璃仪器的洗涤与保养、称量与移液、简单玻璃加工、搅拌、加热、回流、冷却、干燥、抽真空操作、微波合成装置的使用、旋转蒸发仪的使用、气体钢瓶的使用、气体的吸收等内容，重点强化实验基本操作的规范化和仪器的正确使用，为学生顺利进行合成实验打下基础。

有机化合物的分离提纯与表征技术模块主要包括蒸馏、分馏、水蒸气蒸馏、减压蒸馏、重结晶、萃取、色谱（如柱色谱、纸色谱、气相色谱、液相色谱等）、升华等有机化合物的分离提纯技术；熔点测定、沸点测定、折光率测定、旋光度测定、红外光谱、紫外-可见光谱、核磁共振谱、x-射线单晶衍射等有机化合物的表征技术。

有机化合物的制备及表征模块选择成熟的制备实验，重点在于训练学生的基本操作和实验技能。实验内容按化合物分类方式编写，最后增加有机人名反应、天然有机化合物的分离方面的实验，每个实验增加所合成有机化合物的介绍，增强合成的目的性。另外，本部分将简单有机化合物的制备与表征有机地融合在一起，将合成与表征看成一个整体，通过实验使学生不仅学会合成，还能学会表征（知道合成出的产品是不是目标产物），从而更好地培养学生的科学素养。

多步合成实验模块包括经过多步实验进行复杂有机化合物的合成。从基本的原料开始合成一个较复杂的分子，是有机合成中重要的基本功。在多步有机合成中，每一步的收率对总收率有很大的影响，如何做好每一步反应，提高合成总收率就显得十分重要。因此，做好多步有机合成实验，能培养学生严谨的科学态度和熟练的实验技能，为下一步设计合成实验奠定基础。

综合设计实验及文献实验模块分为两部分，一是综合设计实验，给出题目或由实验教师命题，学生通过查阅文献资料，自行设计实验方案，经实验指导教师审查后由学生独立完成实验，最后写出设计实验报告或小论文；二是文献实验，给出题目或由实验教师命题，学生通过查阅文献资料，自行设计实验方案，形成文献实验报告或小论文。本部分主要培养学生查阅文献资料、综合实验技能和科学研究及创新能力。

本实验教材在选择实验内容时，尽可能选择那些毒性低、染污小、环境友好的合成实验，提高原子利用率，减少污染物的产生。同时在实验中尽量增加小量或半微量实验，引入绿色化实验的理念，增强学生的环保意识。

由于我们水平有限，在实验选材、内容编排等方面可能存在不足或错误，恳请读者批评指正。

编　者

2009 年 6 月

目　次

第1章　有机化学实验的基本知识

1.1　有机化学实验室规则

有机化学实验是具有严格要求和一定危险性的工作，为了保证有机化学实验的正常进行和培养良好的实验室作风，学生必须遵守下列实验室规则：

(1)熟悉实验室环境，熟悉实验场所的安全通道，学习实验室安全及实验室事故的预防与处理等知识。

(2)认真预习。实验前要认真预习实验教材，明确实验目的和要求，弄清原理和操作步骤，了解有机化学实验仪器、药品的操作要求，明确实验的关键步骤及注意事项，订出实验计划，做到心中有数。

(3)规范操作，仔细观察。做实验前应检查实验用品是否齐全，装置是否正确稳妥。实验时精神要集中、操作要认真、观察要细致、要积极独立思考。及时、如实地在专用记录本上记录实验过程、观察到的现象和实验结果，对实验现象和结果进行分析并作出科学的解释，努力提高分析问题和解决问题的能力和实验技能。

(4)遵从教师指导。实验时要听从教师指导，尊重实验室工作人员的工作，应严格按照实验所规定的步骤、试剂的规格和用量进行实验。学生若有新的见解或建议要改变实验步骤和试剂规格及用量时，须征求教师同意后，才可改变。如实验失败，在分析原因并征得教师同意后，方可重做。

(5)注意安全，避免事故发生。学生进入实验室要穿实验服，严格遵守安全守则，弄清水、电、煤气开关，通风设备，灭火器材，救护用品的配备情况和安放地点，并能正确使用。使用易燃易爆或剧毒药品，要特别提高警惕，千万不能麻痹大意。如遇意外事故，应立即报告教师采取适当措施，妥善处理。

(6)保持实验室整洁与秩序。实验期间要保持实验室的安静、整洁，不得在实验室谈笑或高声喧哗，不得在实验室内外闲游。仪器、药品应摆得井然有序，使用仪器器材或取用药品后，要立即恢复原状，送还原处。废酸、废碱应倒入废液缸，严禁倒入水槽；废纸、火柴梗、碎玻璃等固体废物应丢入废物箱，不得扔在地上或丢入水槽。实验完毕，要将仪器洗净，放入柜内，擦净实验台和试剂架，关闭水、电、煤气开关。值日生应切实负责整理公用器材，打扫实验室，倒净废液缸。离开实验室前，应检查水、电、煤气的开关，关好门窗。

(7)厉行节约，爱护实验室的仪器和设备，节约药品和其他易耗品，节约水、电、煤气，不得将仪器和药品携出室外它用。损坏仪器要填写仪器破损单，经指导教师签署意见后，凭原物向管理室换取新仪器。

(8)按时完成报告。实验课后应按实验记录和数据独立完成实验报告，不得拼凑或抄袭他人数据。书写实验报告要求条理清楚，字迹端正，绘图规范，数据确凿，分析讨论合理，结论明确，按时交指导教师批阅。

1.2　有机化学实验室的安全措施

实验室集中了大量的仪器设备、化学药品、易燃易爆及有毒物质。有的实验需要在高温、高压或强磁、微波、辐射等特殊条件下进行；有的要使用煤气、氧气等压缩气体，工作稍有不慎就有可能引起火灾、爆炸、触电、中毒、放射性伤害，污染环境等，造成人身伤亡或财产损失。因此，必须加强实验室的安全管理，采取切实可行的防护措施，减少或杜绝事故的发生。只要实验人员思想集中，加强安全措施，严格执行操作规程，就一定能有效地维护实验室的安全，使实验正常地进行。

1.2.1　有机化学实验室的安全要求

(1)进入实验室首先要熟悉安全用具如灭火器材、沙箱以及急救药箱的放置地点和使用方法。安全用具和急救药品不准移作他用。

(2)实验开始前应检查仪器是否完整无损，装置是否正确稳妥，征求指导教师同意后才可进行实验。实验进行时，不准随便离开岗位，要注意反应进行的情况，检查反应装置有无漏气、破裂等现象。

(3)使用易燃易爆物质时，应熟悉其特性及有关知识，严格遵守规程，易燃溶剂应保持最低用量，确需备用的应在安全的条件下储存，室内严禁烟火。

(4)在实验过程中，尽量采用无毒或低毒物质代替剧毒物质。若必须使用有毒物品时，事先应充分了解其性质，并熟悉注意事项，限量发放使用，并妥善处理剩余毒物和残毒物品。

(5)进行产生有毒气体的实验时，应尽可能密闭化，并加装气体吸收装置，实验要在通风良好的通风橱内进行。

(6)使用腐蚀性物品时，要仔细小心，严格按照操作规程，在通风橱内进行。

使用完毕，应立即盖好容器，谨防腐蚀性物质溅出灼伤皮肤、损坏仪器设备和衣物等。

(7)当进行有可能发生危险的实验时，要根据实验情况采取必要的安全措施，如戴防护眼镜、面罩或穿防护衣服等。

(8)实验结束后要细心洗手，严禁在实验室内吸烟、喝水或吃食物。

(9)废液应经过处理后排放，不能直接倒入下水道。

(10)养成良好的用电习惯，人走电断。

1.2.2　实验室事故的预防

在有机化学实验室进行实验时，可能由于某种因素引起安全事故，在出现事故的时候，一定要冷静，先疏散现场及周围人员，同时根据情况采取一定措施进行控制，当现场不可控制时，要拨打消防电话119，同时安排周围人员从消防通道有序撤离。

1.2.2.1　火灾的预防

实验室中使用的有机溶剂大多数是易燃的，着火是有机化学实验室常见的事故。防火的基本原则有下列几点，必须充分注意。

(1)在操作易燃的溶剂时要特别注意：①应远离火源，当附近有露置的易燃溶剂时，切勿点火；②切勿将易燃溶剂放在广口容器如烧杯内直火加热；③加热必须在水浴中进行时，切勿使盛放低沸点易燃液体的容器密闭，否则，会造成爆炸。

(2)在进行易燃物质实验时，应先将酒精一类易燃的物质搬开。

(3)蒸馏易燃的有机物时，装置不能漏气，发现漏气时，应立即停止加热，检查原因，若因塞子被腐蚀时，则待冷却后换掉塞子；若漏气不严重时，可用石膏封口，但是切不能用蜡涂口，因为蜡熔化的温度不高，受热后，它会熔融，不仅起不到密封的作用，还会被溶解于有机物中，又会引起火灾，所以用蜡涂封不但无济于事，还往往引起严重的恶果。从蒸馏装置接收瓶出来的尾气的出口应远离火源，最好用橡皮管引到室外去。

(4)回流或蒸馏易燃低沸点液体时，应注意：①应放数粒沸石或素烧瓷片或一端封口的毛细管，以防止暴沸，若在加热后才发觉未放入沸石这类物质时，绝不能急躁，不能立即揭开瓶塞补放，而应停止加热，待被蒸馏的液体冷却后再加入。否则，会因暴沸而发生事故。②严禁直接加热。③瓶内液量不超过瓶容积的2/3。④加热速度宜慢，不能快，避免局部过热。总之，蒸馏或回流易燃低沸点液体时，一定要谨慎从事，不能粗心大意。

(5)用油浴加热蒸馏或回流时，必须十分注意避免由于冷凝用水溅入热油浴中致使油外溅到热源上而引起火灾的危险。发生危险的原因,主要是橡皮管套进冷凝管的侧管连接不紧密,开动水阀过快,水流过猛把橡皮管冲下来,或者由于套不紧而漏水,所以要求橡皮管套入侧管时要很紧密,开动水阀要慢,使水流慢慢通入冷凝管中。

(6)处理大量的可燃性液体应在通风橱中或在指定地方进行,室内应无火源。

(7)不得把燃着或者带有火星的火柴梗或纸条等乱抛乱掷,也不得丢入废物缸中。否则,很容易发生危险事故。

(8)使用氢气等易燃气体进行化学反应的实验必须做好防火防爆工作,室内通风良好。

(9)实验室使用的压缩气钢瓶,应保持最少的数量。钢瓶应放置在远离高温的牢固位置,以免碰撞摔倒;压缩气体钢瓶使用时,必须装上合适的控制阀、压力调节器。同时,瓶内气体不能用完,必须留有剩余压力。

1.2.2.2 爆炸的预防

在有机化学实验室里一般预防爆炸的措施如下:

(1)蒸馏装置必须正确。否则,往往有发生爆炸的危险。

(2)切勿使易燃易爆的气体接近火源,有机溶剂如乙醚和汽油一类的蒸气与空气相混时极为危险,可能会因一个火花、电花而引起爆炸。

(3)使用乙醚时,必须检查有无过氧化物的存在,如果发现有过氧化物存在,应立即用硫酸亚铁除去过氧化物再使用。

(4)对于易爆炸的固体,如重金属乙炔化物、苦味酸金属盐、三硝基甲苯等都不能重压或撞击,以免引起爆炸。对于危险的残渣,必须小心销毁,例如,重金属乙炔化物可用浓盐酸或浓硝酸使它分解,重氮化合物可加水煮沸使它分解等等。

(5)卤代烷勿与金属钠接触,因反应太猛会发生爆炸。

1.2.2.3 中毒的预防

(1)有毒化学品应认真操作,妥善保管,不许乱放。实验中所用的剧毒物质应由专人负责收发,并向使用有毒化学品者提出必须遵守的操作规程。实验后的有毒残渣必须作妥善而有效的处理,不准乱丢。

(2)有些有毒物质会渗入皮肤,因此,接触这些物质时必须戴橡皮手套,操作后立即洗手,切勿让毒品沾及五官或伤口。例如,氰化钠沾及伤口后就随血液循环至全身,严重者会造成中毒死亡。

(3)在反应过程中可能生成有毒或有腐蚀性气体的实验在通风橱内进行,使用后的器皿应及时清洗。在使用通风橱时,实验开始后不要把头伸入橱内。

1.2.2.4 触电的预防

使用电器时，应防止人体与电器导电部分直接接触，不能用湿的手或手握湿的物体接触电插头。为了防止触电，装置和设备的金属外壳等都应连接地线，实验后应先切断电源，再将电源插头拔下。

1.2.3 事故的处理和急救

1.2.3.1 火灾的处理

实验室如发生失火事故，要保持冷静，针对着火情况进行处理，积极而有秩序地参加灭火或撤离实验室。

如果出现小型失火事故，首先应尽快熄灭其他火源，关闭室内总电闸，移开附近的易燃物质，及时扑灭着火点，防止火势蔓延。少量有机溶剂着火，可用湿布、黄沙扑灭，不可用水浇，不能用嘴吹。细口容器内着火，可用湿布或石棉网盖熄。如果油类着火，用沙子灭火，也可撒上干燥的固体碳酸钠或碳酸氢钠粉末扑灭。若火势较大，则使用泡沫灭火器。电器设备着火，应先切断电源，再用四氯化碳灭火器(通风不良的小实验室忌用，因为四氯化碳在高温时生成剧毒的光气)或二氧化碳灭火器灭火，因为这些灭火剂不导电，不会使人触电。绝不能用水和泡沫灭火器去灭火，因为水能导电，会使人触电。不管用哪一种灭火器，都应从火周围开始向火中心扑灭。衣服着火时，切勿惊慌，应赶快脱下衣服或用石棉布、厚外套覆盖着火处，切忌在实验室内乱跑。情况危急时可就地卧倒打滚，盖上毛毯，或用水冲淋，使火熄灭。

如果出现火灾事故，应关闭室内总电闸，移开附近的易燃物质，组织师生撤离实验室，并及时拨打119报警。

1.2.3.2 玻璃割伤

玻璃割伤是常见的事故，受伤后要仔细观察伤口有没有玻璃碎粒，若伤势不重，让血流片刻，再用消毒棉花和硼酸水(或双氧水)洗净伤口，搽上碘酒后包扎好；若伤口深、流血不止时，可在伤口上下10 cm之处用纱布扎紧，减慢流血，有助血凝，并随即到医务室就诊。

1.2.3.3 药品的灼伤

1. 酸灼伤

皮肤——立即用大量水冲洗，然后用5%碳酸氢钠溶液洗涤，再涂上油膏，并将伤口包扎好。

眼睛——抹去溅在眼睛外面的酸，立即用水冲洗，用洗眼杯或将橡皮管套上水龙头用慢水对准眼睛冲洗，再用稀碳酸氢钠溶液洗涤，最后滴入少许蓖麻油。

衣服——先用水冲洗，再用稀氨水洗，最后用水冲洗。

地板——先撒石灰粉，再用水冲洗。

2. 碱灼伤

皮肤——先用水冲洗，然后用饱和硼酸溶液或1%醋酸溶液洗涤，再涂上油膏，并包扎好。

眼睛——抹去溅在眼睛外面的碱，用水冲洗，再用饱和硼酸溶液洗涤，滴入蓖麻油。

衣服——先用水冲洗，然后用10%醋酸溶液洗涤，再用氢氧化铵中和多余的醋酸，最后用水冲洗。

3. 溴灼伤

应立即用酒精洗涤，涂上甘油，用力按摩，将伤处包好。如眼睛受到溴的蒸气刺激，暂时不能睁开，可对着盛有卤仿或酒精的瓶口注视片刻。

上述急救法，仅为暂时减轻疼痛的措施。若伤势较重，在急救之后，应速送医院诊治。

1.2.3.4 烫伤

轻伤者涂上玉树油或鞣酸油膏，重伤者涂上烫伤油膏后即送医务室诊治。

1.2.3.5 中毒

溅入口中尚未咽下的应立即吐出来，用大量水冲洗口腔；如吞下时，应根据毒物的性质服不同的解毒剂，并立即送医院急救。

(1)腐蚀性毒物：对于强酸，先饮大量的水，再服氢氧化铝膏、鸡蛋清；对于强碱，也要先饮大量水，然后服用醋、酸果汁、鸡蛋清。不论酸或碱中毒都需灌注牛奶，不要吃呕吐剂。

(2)刺激性及神经性中毒：先服牛奶或鸡蛋使之缓和，再服用硫酸镁溶液(约30 g溶于一杯水中)催吐，有时可以用手指伸入喉部按压催吐后，立即送医院。

(3)吸入气体中毒：将中毒者搬到室外，解开衣领及纽扣。吸入少量氯气和溴气者，可用碳酸氢钠溶液漱口。

1.2.4 急救用具

消防器材：泡沫灭火器、四氯化碳灭火器、二氧化碳灭火器、砂、毛毡、棉胎和淋浴用的水龙头。

急救药箱：红药水、紫药水、碘酒、双氧水、饱和硼酸溶液、1%醋酸溶液、5%碳酸氢钠溶液、70%酒精、玉树油、烫伤膏、药用蓖麻油、硼酸膏或凡士林、磺胺药粉、洗眼杯、消毒棉花、纱布、胶布、剪刀、镊子、橡皮管等。

1.3 有机化学实验的实施

有机化学实验是一门理论联系实际的综合性较强的课程，对培养学生独立工作能力具有重要作用。实验前预习、仔细进行实验操作和撰写实验报告是安全、高效地完成有机化学实验教学目标的三个重要环节。

1.3.1 实验预习和预习报告

实验预习是做好实验的第一步，应首先认真阅读实验教材及相关参考资料，做到实验目的明确、实验原理清楚、熟悉实验内容和实验方法、明确实验条件和实验中有关注意事项。在此基础上，简明、扼要地写出预习报告。预习报告包括以下内容：

(1)实验题目。

(2)实验原理。合成实验可用反应式写出主反应及主要副反应，并简述反应机理。

(3)查阅并列出主要试剂和产物的物化常数及性质，将需用的试剂及预期的产物的物理性质、用量、产物的理论产量列表，如1-溴丁烷的制备。

表1.1 制备1-溴丁烷所用的试剂

试剂	分子量	相对密度 d_4^{20}	沸点/℃	用量/g	摩尔数
n-C_4H_9OH	74.12	0.810	118	70.6	0.10
NaBr	102.91	3.203	1 390	12.5	0.12
H_2SO_4	98.08	1.840	—	26.8	0.27

表1.2 产品和副产品

化合物	分子量	相对密度	沸点/℃(理论)	产量 理论/实测
n-C_4H_9Br	137.03	1.275	102	13.70
$CH_3CH_2CH=CH_2$	56.10	0.595	−6	
$C_4H_9OC_4H_9$	130.23	0.769	141	

(4)画出主要反应装置图，简述实验步骤及操作。

(5)做合成实验时，应画出粗产物纯化的流程图。

(6)对实验中可能出现的问题，特别是安全问题，要写出防范措施和解决办法。

1.3.2 实验操作和实验记录

实验开始前应检查实验用品是否齐全，安装仪器装置要正确稳妥，实验时精神要集中、操作要规范、观察要细致、要积极独立思考，及时、如实地在专用记录本上记录实验过程、观察到的现象和实验结果，对实验现象和结果进行分析并作出科学的解释，努力提高分析问题和解决问题的能力和实验技能。

完整而准确的实验记录是实验工作的重要组成部分，如果遗失这样的记录即意味着实验工作白做。一份适当的记录包括步骤(做过什么)、观察现象(发生过什么)及结论(结果意味着什么)。故应准备一个专用实验记录本，记录内容如下：

(1)实验标题。

(2)实验时间。

(3)实验原理，如合成反应主要反应式。

(4)所用仪器及药品，包括仪器的型号，药品的规格、产地及用量等。

(5)画出主要实验装置图。

(6)写出实验步骤及实验过程中所发生的实验现象及实验数据。

图表法如下：

实验步骤	现象	解释	其他
……	……	……	……
……	……	……	

(7)产品产量和表征等。

1.3.3 实验报告

实验后及时进行总结，写出实验报告并按时交教师批阅。

写实验报告是完成实验工作不可缺少的环节；写实验报告、分析实验现象、归纳整理实验结果，是把实验中直接得到的感性认识上升到理性思维阶段的必要一步，必须认真对待。

(1)合成实验报告的内容。

①实验题目。②实验时间。③实验目的。④实验原理，主、副反应方程式及反应机理(包括产品纯化原理及步骤)。⑤主要仪器名称及型号，主要试剂名称、规格、用量及物理常数和产品的名称、物理常数及实际产率。⑥主要实验装置图。⑦实验步骤及现象。⑧产品产量计算。⑨问题分析及讨论。⑩实验收获。

(2)合成实验报告示例：

实验题目：乙醚的制备

实验时间：　　　年　　月　　日

一、实验原理

主反应：

$$2C_2H_5OH \xrightarrow{H_2SO_4} C_2H_5OC_2H_5 + H_2O$$

副反应：

$$C_2H_5OH \xrightarrow{H_2SO_4} CH_2{=}CH_2 + H_2O$$

$$C_2H_5OH \xrightarrow{H_2SO_4} CH_3CHO$$

$$CH_3CHO \xrightarrow{H_2SO_4} CH_3COOH$$

二、试剂规格、用量及物理常数

主要试剂名称、规格及用量：95%乙醇(AR，37.5 mL)；浓硫酸(CP，12.5 mL)；饱和氯化钙溶液(10 mL)；饱和氯化钠溶液(10 mL)；5%氢氧化钠溶液(10 mL)。

名称	分子量	性状	相对密度 d_4^{20}	熔点/℃	沸点/℃	折光率 n_D^{20}	溶解度		
							水	乙醇	乙醚
乙醚	74.12	无色液体	0.713 8	−116.2	34.5	1.352 6	微溶	∞	∞
乙醇	46.07	无色液体	0.789 8	−117.3	78.5	1.361 1	∞	∞	∞
乙酸	60.05	无色液体	1.049 2	16.7	117.9	1.371 6	∞	∞	∞

三、主要仪器名称、规格以及实验装置图

主要仪器名称、规格：三口烧瓶(125 mL)；滴液漏斗(60 mL)；分液漏斗(125 mL)；直形冷凝管(20 mL)；接液管；圆底烧瓶(50 mL)；蒸馏弯头。

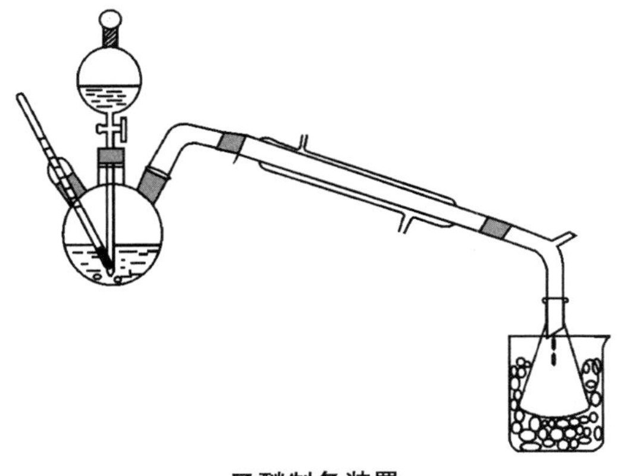

乙醚制备装置

四、实验步骤及现象

步骤	现象	解释
用量筒取12.5 mL 95%乙醇于三颈瓶中	溶液无色	
边摇边缓慢加入12.5 mL H_2SO_4	瓶内有少许白烟，瓶壁很热	
取25 mL 95%乙醇于滴液漏斗中按图装好装置，加入沸石，加热使温度迅速升至140℃	温度迅速上升，溶液慢慢变黄，瓶内有大量白烟(SO_3)	
由滴液漏斗慢慢滴加乙醇使之与蒸馏液馏出速度相等(大约每秒1滴)，保持温度在135℃～145℃之间	有馏分蒸出，馏出口温度保持不变(141℃)	馏分主要是乙醚和水
乙醇加完，继续加热至160℃停火	馏出口温度上升不再有馏分	
馏出液转入125 mL分液漏斗中，加7.5 mL 5%NaOH溶液洗一次	振荡后静止分层，醚层(上层)澄清，分出下层弃去	洗去产品中少量的酸
用7.5 mL饱和NaCl溶液洗一次	重复操作，上、下层皆澄清	洗去少量的碱，且减少乙醚在水中溶解损失
用7.5 mL饱和$CaCl_2$溶液洗一次	上层澄清，下层混浊	洗去产品中少量的乙醇
分出下层将醚层从分液漏斗上口倒入100 mL锥形瓶中，加约2 g无水氯化钙，塞上，并不时振荡	干燥15 min，溶液无色澄清	干燥剂不能多加
将干燥后的产物滤入50 mL蒸馏瓶中，用热水浴(50℃～60℃)加热蒸馏，收集33℃～38℃馏分	水浴温度55℃，溶液沸腾，馏出温度34℃～37℃，基本无残液	不能使用明火蒸馏
称重量	无色澄清液体，重8.2 g	

五、产率的计算

$$理论产量=\frac{37.5\times0.7893\times0.95}{2\times46.07}\times72.12=22.6(g)$$

$$产率=\frac{实际产量}{理论产量}\times100\%=\frac{8.2}{22.6}\times100\%=36.3\%$$

六、问题及讨论

1. 为什么不采用回馏装置?

因为该实验为可逆反应，采用蒸馏蒸出产物(乙醚和水)可推移平衡，有利正反应进行。

2. 温度计和滴液漏斗为什么要插入液面下?

因为要测量反应液的温度，故必须把温度计插入液面下。另外，反应时容器内压力较大，滴液漏斗颈如不插入液面下，会造成液体(乙醇)滴不下来的现象。因此建议以后用恒压漏斗。

3. 为什么在开始时乙醇-浓硫酸混合液温度超过乙醇沸点而乙醇却蒸不出来?

因为此时乙醇和浓硫酸已形成酸式硫酸酯。

4. 通过本次实验,你学会了哪些有机化学实验的基本操作和制备方法?

低沸点易燃液体分离提纯的方法(水浴加热、蒸馏等),通过醇脱水制备醚的方法,液态有机化合物的干燥等。

5. 讨论:

1)本实验控制好温度很关键,如温度低于130℃则不易成醚,高于160℃易生成烯。

2)控制滴加乙醇的量等于蒸出乙醚的量最为合适,乙醇滴得过快反应来不及进行就被蒸出,乙醇滴得过慢则延长反应时间。

3)乙醚沸点低故接收器放在冷水浴中以减少挥发损失,另外接液管支管通入水槽或窗外是防止蒸气与空气形成爆炸极限,以保证安全。

4)用分液漏斗洗涤乙醚时要注意放气,以免易挥发乙醚蒸气造成内压过大,冲开塞子。

5)蒸馏乙醚不能用明火,加热用水浴,水要在通风橱中或其他地方预先加热。

6)本实验开始将 H_2SO_4 往乙醇里加时,由于未充分冷却加入速度太快,故颜色变黄(甚至变黑)说明有副反应发生。在粗产品洗涤时分层处受外界光线影响看不太清,加之放液快了些,当发现时已有少量醚随水层放出。为回收这部分醚,将分出的水层放入另一分液漏斗中静止但很长一段时间都没见有醚层出现,这可能是由于醚量少而溶解在水层中,另外也有可能挥发掉了。由于上述补救办法没有成功,故计算产率偏低。今后在使用分液漏斗时,放液要慢,观察要仔细。

1.4 有机化学实验常用的参考书和工具书

化学文献是化学领域中科学研究、生产实践等的记录和总结,通过文献的查阅可以了解某个课题的历史情况及目前国内外水平和发展动向。这些丰富的资料能为我们提供大量的信息,借以充实我们的头脑,开拓我们的视野。学会查阅化学文献,对提高学生分析问题和解决问题的能力,更好地完成有机化学实验是十分重要的。

1.4.1 工具书、辞典和手册

(1)王箴编. 化工词典. 3版. 北京:化学工业出版社,1993.

这是一本综合性化工工具书,其中列有化合物的分子式、结构式及其理化性质,并有简要的制备方法和用途介绍。

(2)黄天宁编译. 化学化工药学大词典. 台北:台湾大学图书公司,1982.

这是一本关于化学、医药及化工方面的工具书。该书取材广泛,收录近万个常用物质,采用英文名称按序排列。每一名词各自成一独立单元,其内容包括组成、结构、制法、性质用途(含药效)及参考文献等。该书内容新颖,叙述详细。书末附有多个有机化学人名反应。

(3)樊能廷编. 有机合成事典. 北京:北京理工大学出版社,1993.

该书收集1 700多个有机化合物的理化性质及详细的合成方法,附有分子式索引、各化合物在美国化学文摘上的登录号等。

(4)段长强编. 现代化学试剂手册(第1分册). 通用试剂. 北京:化学工业出版社,1988.

书中收入常用化学试剂和溶剂多种,分别介绍品名、别名、结构式(有机)、分子式、相对分子质量、理化性质、合成方法及提纯方法、用途、安全与贮存等项内容,并附有主要参考文献,书末还有中、英文名称索引。

(5)佩林 D D,阿马里戈 W L F,佩林 D R 著,时雨译. 实验室化学药品的提纯方法. 2版. 北京:化学工业出版社,1987.

(6)中国科学院自然科学名词编订室译. 汉译海氏有机化合物辞典. 北京:科学出版社,1964.

本书收集有机化合物28 000余条,内容有结构式、来源、理化性质,该书收集有机化合物质及其衍生物等,并附有制法的参考文献。

(7)I. V. Heildrom. Diciongay of Organic Compounds, 4th Ed. 1965.

这套词典收集常见有机化合物28 000条,连同衍生物约60 000条,包括有机化合物的组成、分子式、结构式、来源、性状、物理常数、化学性质及衍生物等,并列出了制备该化合物的主要文献。各化合物按英文字母排列。该书从1965年起每年出一本补编,对上一年出现的重要化合物予以介绍。

(8)P. G. Stecher. The Merck Index. 10th Ed. 1983.

这是美国 Merck 公司出版的一本词典,初版于1889年,1983年出版第10版,它收集了10 000多种化合物的性质、制法和用途,4 500多个结构式,42 000多条化学产品和药物的命名。在 Organic Name Reactions 部分中,介绍了在国外文献资料中常见的人名反应,列出了反应条件及最初发表论文的作者和出处,并同时列出了有关反应的综述性文献资料的出处,以便进一步查阅。卷末有分子式和主题索引。

(9)Beilstein's Handbuch der Organischen Chemie(贝尔斯登有机化学大全).

最早在1881年至1883年出版了两卷,是当时所有学科中分类最全面的参考书。从1910年的第一补编(EⅠ)至1959年第四补编(EⅣ)以德文出版,1960年起第五补编以英文出版。

在各卷中,Beilstein 手册均按化合物官能团的种类来排列,一种化合物始终以同样的分类体系来处理。因此，一旦得到一个化合物的系统号，就可以很容易地在整个手册中找到它。

在最初的补编（EⅠ～EⅣ）中有分子式和化合物的名称索引，但化合物名称是德文。1991年出版了英文的百年累积索引，对所有化合物提供了物质名称和分子式索引，所引文献覆盖了1779年至1959年所列的内容。此外，还有一些指南和德英词典描述了Beilstein手册的用途。

SANDRA（结构和评论分析）的计算机程序可用于检索Beilstein手册里的化合物。SANDRA可以通过一种物质的结构或基础结构给出所需物质的系统号，即使该物质没有收集在Beilstein手册中。通过STN计算机软件和对话窗口，可以连接Beilstein在线。Beilstein在线除了包括从1779年至1959年的英文信息外，还有大量的1960年起的数据。Beilstein在线文件可通过多种方式查看，如化学文摘、登录号、化学基础结构、物理性质，印刷版中没有引入的一些参数。为了能更全面、更有效地使用Beilstein在线，已经出版了Beilstein Current Facts，一个基于计算机信息体系的CE-ROM光盘，是一个全面的信息系统。每季度更新，不但可以访问以前已知化合物的新数据，还可以提供新化合物的基础数值。

自1905年起，Beilstein启动了一个称为Grossfire的体系，通过访问一个专用的客户服务器体系，通过因特网可以连接超过600万种化合物和500万个反应的基础数据库。Grossfire体系除了STN和DIALOG更有效的图形界面体系外，它的一个优点就是不收取上网费用。

（10）W. L. F. Armarego, D. D. Perrin, Purification of Laboratory Chemicals, 4th Edition, 1996。

1.4.2　期刊杂志

（1）中文杂志，主要有《中国科学》、《化学学报》、《有机化学》、《高等学校化学学报》、《应用化学》、《催化学报》、《化学世界》、《化学通报》和各综合性大学学报（自然科学版）等。

（2）英文杂志，与有机化学有关的英文杂志最常用的有：

①Journal of the American Chemical Society，简称J. Am. Chem. Soc。②Angewandte Chemie International Edition，简称Angew. Chem. Int. Ed。③The Journal of Organic Chemistry，简称J. Org. Chem。④Tetrahedron。⑤Tetrahedron Letters。⑥Synthesis。⑦Organic Letter，简称Org. Lett。⑧Synthesis Communication，简称Synth. Commun。⑨Heterocycles。⑩Chemical Communication，简称Chem. Commun。⑪Journal of Heterocyclic Chemistry。

上述期刊目前均已有网上资源，可快速地查阅到最新的文献资料。

1.4.3 化学文摘

化学文摘是将大量分散的文献加以收集、摘录、分类整理后的一种杂志。以美国化学文摘(Chemical Abstracts，简称 CA)最为重要。CA 的索引比较完善，有期索引、卷索引，每 10 卷有累积索引，可通过分子式索引(Formula Index)、化学物质索引(Chemical Substance Index)、普通主题索引(General Subject Index)、作者索引(Author Index)、专利索引(Patent Index)等进行检索。

1.4.4 网络信息资源

(1)高校图书馆网站：如 http://njuct.edu.cn；http://www.lib.tsinghua.edu.cn；http://www.lib.seu.edu.cn；http://www.lib.ecust.edu.cn 等。进入有关学校的图书馆网站可以查阅中国期刊网的有关资料。绝大多数的中国期刊都进入了“中国期刊网”，有关期刊可通过主题词、作者、期刊名称等查找。有关网络上还提供了 CA 检索功能。

(2)中国国家图书馆：http://nlc.nlc.gov.cn。

(3)中国化学信息网：http://chin.icm.ac.cn。

(4)万方数据资源系统：http://wanfangdata.com.cn，可查阅基础科学、农业科学、人文、科学、医药卫生和工业技术等众多领域的期刊。还可查数据库，包括企业与产品、专业文献、期刊会议、学位论文、科技成果、中国专利等。

(5)专利文献：http://www.patents.ibm.com，网上的化学资源非常丰富，根据网址可非常方便、迅速查找有关化学文献。

(6)http://www.chempensoftware.com/organicreactions.htm，可查阅有机化学人名反应。收集了数百个常见的有机化学人名反应以及相应的文献。

(7)http://chemfinder.cambridgesoft.com，化合物性质检索，剑桥软件公司免费登录数据库服务。可以通过系统名、俗名、登录号查询物质的物理化学常数，包括分子量、熔点、沸点、溶解性等。

(8)http://pubs.acs.org/about.html，美国化学会期刊网，包括了美国化学会出版的各种期刊，如 Journal of the American Chemical Society，Journal of Organic Chemistry 等。

第2章 有机化学实验的基本操作

2.1 常用玻璃仪器及洗涤保养

2.1.1 普通玻璃仪器

有机实验玻璃仪器按其口塞及接口是否标准，而分为标准口玻璃仪器及普通玻璃仪器两类。图2.1所示是一些常用普通玻璃仪器。除试管、烧杯等少数玻璃仪器外，一般不能直接用火加热。锥形瓶不耐压，不能作减压用。厚壁玻璃器皿（如抽滤瓶）不耐热，故不能加热。广口容器（如烧杯）不能贮放易挥发的有机溶剂。带活塞的玻璃器皿用过洗净后，应在活塞与接口间垫上纸片，以防粘住。如已粘住可在接口四周涂上润滑剂或有机溶剂后用电吹风吹热风，或用水煮后再用木块轻敲塞子，使之松开。使用玻璃仪器皆应轻拿轻放。容易滑动的仪器（如圆底烧瓶），不要重叠放置，以免打破。此外，不能用温度计做搅拌棒用，也不能用来测量超过刻度范围的温度。温度计用后要缓慢冷却不可立即用冷水冲洗以免炸裂。

表2.1 常用玻璃仪器的主要用途、使用注意事项一览表

名称	主要用途	使用注意事项
烧杯	配制溶液、溶解样品等	受热要均匀，一般不可烧干
锥形瓶	加热处理试样和容量分析滴定	非标准口要保持原配塞，受热时要打开瓶塞，受热要均匀，不可烧干
圆（平）底烧瓶	加热及蒸馏液体，也可做反应器	一般避免直火加热，隔石棉网或各种加热浴加热
凯氏烧瓶	消解有机物质	一般避免直火加热，隔石棉网或各种加热浴加热
量筒、量杯	粗略地量取一定体积的液体用	不能加热，不能在其中配制溶液，不能在烘箱中烘烤

续表

名称	主要用途	使用注意事项
容量瓶	配制准确体积的标准溶液或被测溶液	非标准的接口要保持原配塞;漏水的不能用;不能在烘箱内烘烤,不能用直火加热,可水浴加热
滴定管	用于滴定操作;分酸式、碱式滴定管	活塞要原配;漏水的不能使用;不能加热;不能长期存放碱液;碱式管不能放与橡皮作用的滴定液
移液管	准确地定量移取液体	不能加热;上端和尖端不可磕破
刻度吸管	准确地定量移取液体	不能加热;上端和尖端不可磕破
漏斗	用作一般过滤	
分液(滴液)漏斗:球形、梨形、筒形	用于萃取(多用梨形);反应中加液体(多用球形、筒形及滴液漏斗)	接口旋塞必须原配,漏水的漏斗不能使用
试管:普通试管、离心试管	定性分析检验;离心试管可在离心机中借离心作用分离溶液和沉淀	硬质玻璃制的试管可直接在火焰上加热,但不能骤冷;离心管只能水浴加热
冷凝管:直形、球形、蛇形、空气冷凝管	用于冷却蒸馏出的液体,蛇形管适用于冷凝低沸点液体蒸气,空气冷凝管用于冷凝沸点140℃以上的液体蒸气	不可骤冷骤热;注意从下口进冷却水,上口出水
抽滤瓶	抽滤时接收滤液	属于厚壁容器,能耐负压;不可加热
表面皿	盖烧杯及漏斗等	不可直火加热,要略大于所盖容器
研钵	研磨固体试剂及试样等;不能研磨与玻璃作用的物质	不能撞击;不能烘烤
干燥器	保持物质的干燥;也可干燥少量制备的产品	盖子接口处涂适量凡士林;不可将红热的物体放入,放入热的物体后要不时开盖以免盖子跳起或冷却后打不开
垂熔玻璃漏斗	过滤	必须抽滤;不能骤冷骤热;不能过滤氢氟酸、碱等;用毕立即洗净
垂熔玻璃坩埚	重量分析中烘干用	必须抽滤;不能骤冷骤热;不能过滤氢氟酸、碱等;用毕立即洗净
标准口组合仪器	有机化学及有机半微量分析中制备及分离	接口处无须涂润滑剂;安装时不可受歪斜压力

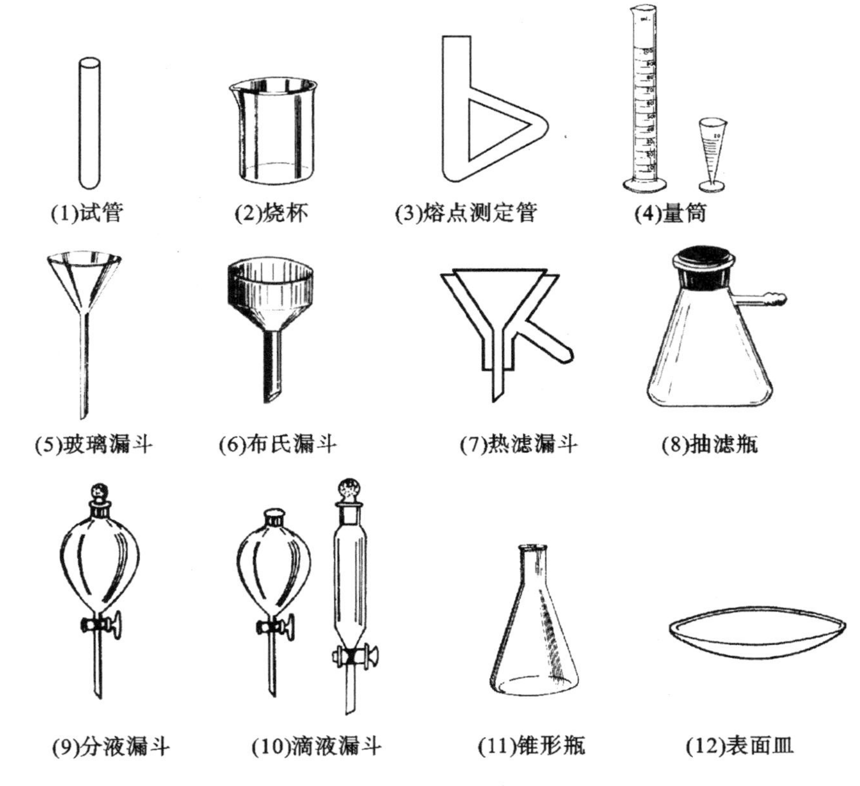

图 2.1　普通玻璃仪器

2.1.2　标准口玻璃仪器

标准接口玻璃仪器是具有标准化接口或磨塞的玻璃仪器。由于仪器口塞尺寸的标准化、系统化、磨砂密合，凡属于同类规格的接口，均可任意连接，各部件能组装成多种配套仪器。使用标准接口玻璃仪器，既可免去配塞子的麻烦，又能避免反应物或产物被塞子玷污的危险，口塞磨砂性能良好，使密合性可达较高真空度，对蒸馏尤其减压蒸馏有利，对于毒物或挥发性液体的实验较为安全。

标准接口玻璃仪器(图 2.2)，均按国际通用的技术标准制造，当某个部件损坏时，可以选购补充。标准接口仪器的每个部件在其口塞的上或下显著部位具有烤印的白色标志，表明规格。常用的有 10，12，14，16，19，24，29，34，40 等。有的标准接口玻璃仪器有两个数字，如 10/30，10 表示接口大端的直径为 10 mm，30 表示接口的高度为 30 mm。相同编号的接口、磨塞可以紧密连接。有时两个玻璃仪器，因接口编号不同无法直接连接时，则可借助不同编号的接口接头(或称大小头)使之连接。

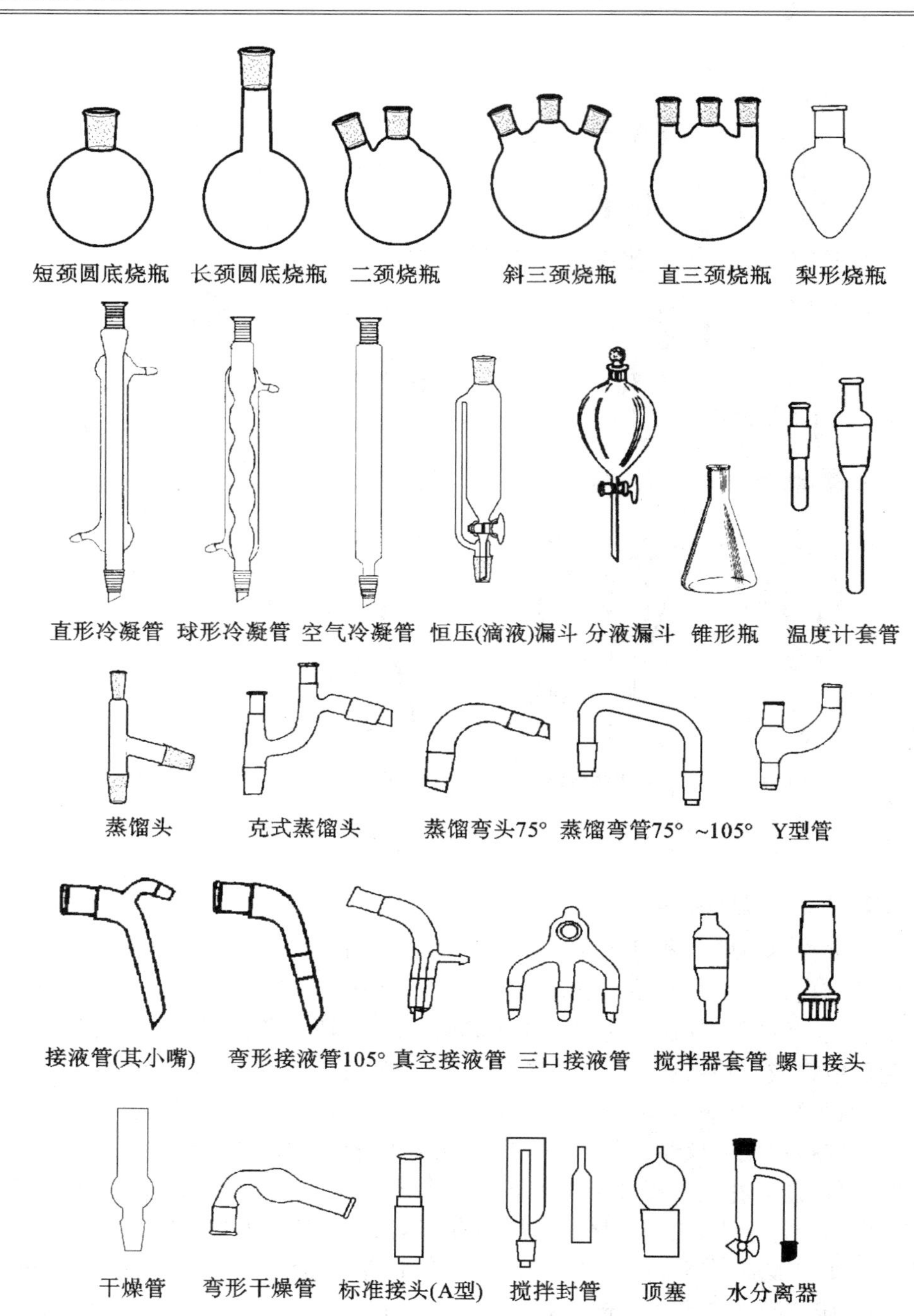
短颈圆底烧瓶
长颈圆底烧瓶
二颈烧瓶
斜三颈烧瓶
直三颈烧瓶
梨形烧瓶
直形冷凝管
球形冷凝管
空气冷凝管
恒压(滴液)漏斗
分液漏斗
锥形瓶
温度计套管
蒸馏头
克式蒸馏头
蒸馏弯头75°
蒸馏弯管75° ~105°
Y型管
接液管(其小嘴)
弯形接液管105°
真空接液管
三口接液管
搅拌器套管
螺口接头
干燥管
弯形干燥管
标准接头(A型)
搅拌封管
顶塞
水分离器

图 2.2　标准口玻璃仪器

使用标准接口玻璃仪器应注意以下几点：

(1)接口应经常保持清洁，使用前宜用软布揩拭干净，但不能附上棉絮。若粘有固体杂物，会使接口对接不严密导致漏气。若粘有硬质杂物，更会损坏接口。

(2)装配时，把接口和磨塞轻轻地对旋连接，不宜用力过猛，不能装得太紧，只要达到润滑密闭要求即可。

(3)一般用途的接口无须涂润滑剂，以免玷污反应物或产物。若反应中有强碱，则应涂润滑剂，以免接口连接处因碱腐蚀粘牢而无法拆开。减压蒸馏时，接口应涂真空脂，以免漏气。

(4)用后应立即拆卸洗净。否则若长期放置，接口的连接处常会粘牢，以致拆卸困难。

(5)安装由多件标准口玻璃仪器组成的装置时，应注意安装正确、整齐、稳妥，使接口连接处不受歪斜的张力，装拆时应注意相对的角度，不能在角度偏差时进行硬性装拆，否则易将仪器折断，特别在加热时，仪器受热，张力更大，极易造成破损。

2.1.3　金属用具

有机实验中常用的金属用具有铁架、铁夹、铁圈、三脚架、水浴锅、镊子、剪刀、三角锉刀、圆锉刀、压塞机、打孔器、水蒸气发生器、不锈钢刮刀、升降台等。

2.1.4　玻璃仪器的清洗

要想得到满意的实验结果，必须使用干净的玻璃仪器。因为少量杂质的存在可能阻止反应，或催化不必要的副反应，使我们无法获得正确的实验研究结果，故每次实验后立即清洗用过的仪器是很重要的，否则残渣会变硬，难以用溶剂洗去，残渣还可能会腐蚀玻璃仪器，使进一步清洗变得困难。

对大多数玻璃仪器，只需选择大小和形状适宜的刷子，用水和洗涤剂就能基本上刷洗干净。若仍有油珠，可用工业丙酮或乙醇洗，然后再用水冲洗直至玻璃表面无油珠为止。一个洗净的玻璃仪器应该不挂水珠(洗净的仪器倒置时，水流出后器壁不挂水珠)。

对附有少量难洗残余物玻璃仪器，应在将其尽量地刮去残余物后用铬酸洗液去除，洗涤时先加几滴洗液到玻璃仪器干燥部分，观察现象，如不发生剧烈反应，再加几毫升洗液用力振摇使仪器的全部表面都浸到洗液。然后放置片刻，倒出剩余的洗液(可回收继续使用)用少量水洗仪器，然后用洗涤剂洗后再用大量水冲洗。对附有大量难洗余物玻璃仪器，可用乙醇-NaOH 洗液浸泡一段时间后，用水冲洗。

(1)铬酸洗液的配制:

	处方 1	处方 2
重铬酸钾(钠)	10 g	200 g
纯化水	10 mL	100 mL(或适量)
浓硫酸	100 mL	1 500 mL

称取处方量之重铬酸钾,于干燥研钵中研细,将此细粉加入盛有适量水的玻璃容器内,加热,搅拌使溶解,待冷后,将此玻璃容器放在冷水浴中,缓慢将浓硫酸断续加入,不断搅拌,勿使温度过高,容器内混合物颜色渐变深,并注意冷却,加完混匀即得铬酸洗液。

说明:①硫酸遇水能产生强烈放热反应,故须等重铬酸钾溶液冷却后,再将硫酸缓缓加入,边加边搅拌,不能相反操作,以防发生爆炸。②用洗液清洁玻璃仪器之前,最好先用水冲洗仪器,洗去大部分有机物,尽可能使仪器控干,这样可减少洗液消耗和避免稀释而降效。③本品可重复使用,但溶液呈绿色时已失去氧化效力,不可再用,但能更新再用。更新方法:取废液滤出杂质,不断搅拌缓慢加入高锰酸钾粉末,每升 6~8 g,至反应完毕,溶液呈棕色为止。静置沉淀,倾出上层清液,在 160℃以下加热,使水分部分蒸发,得浓稠状棕黑色液,放冷,再加入适量浓硫酸,混匀,使析出的重铬酸钾溶解,备用。④硫酸具有腐蚀性,配制时宜小心。⑤用铬酸洗液洗涤仪器,是利用其与污物起化学反应的作用,将污物洗去,故要浸泡一定时间,一般放置过夜(根据情况);有时可加热一下,使有充分作用的机会。

(2)乙醇-NaOH 洗液的配制:将固体 NaOH 溶于工业乙醇中即可。

另外,对于附有大量难洗余物玻璃仪器(如反应器等)还可以用超声波清洗机(如图 2.3)进行洗涤。

图 2.3 超声波清洗机

2.1.5 玻璃仪器的干燥

(1)晾干:不急等用的仪器,可将仪器口向下放在仪器架上在无尘处自然干燥。

(2)烘干:急等用的仪器可用玻璃仪器气流烘干器(图 2.4)干燥(温度在 60℃~70℃为宜),或用电吹风机吹干,或在烘箱(图 2.5)中烘干。一般干燥玻璃仪器时应先沥干,无水滴下时才可放入烘箱,升温加热,将温度控制在 100℃~120℃。实验室中的烘箱是公用仪器,往烘箱里放玻璃仪器时应自上而下依次放入,以免残留的水滴流下使下层已烘热的玻璃仪器炸裂。取出烘干后的仪器时，应用干布衬手，防止烫伤。取出后不能碰水，以防炸裂。取出后的热玻璃器皿，若任其自行冷却，则器壁常会凝上水气。可用电吹风吹入冷风助其冷却，以减少壁上凝聚的水汽。

图 2.4　气流烘干器

图 2.5　烘箱

在干燥时应注意，计量玻璃仪器应自然沥干，不能在烘箱中烘烤。若反应需在绝对无水的条件下进行，所用仪器在经电热烘箱或气流干燥器干燥后，应趁热放入保干器中，或装配上事先准备好的干燥管，再让其自然冷却。

2.2　称量与移液

2.2.1　台秤

在有机合成实验室中，常用于称量物体质量的仪器是台秤。台秤的最大称量为 1 000 g，或 500 g，能称准到 1 g。若用药物台秤(又称小台秤)，最大称量为 100 g，能称准到 0.1 g。这些台秤最大称量虽然不同，但原理是相同的，它们都有一根中间有支点的杠杆，杠杆两边各装有一个秤盘(见图 2.6)。左边秤盘放置被称量物体，右边秤盘放砝码，杠杆支点处连有一指针，指针后有标尺。指针倾斜表示两盘中质量不等。与杠杆平行有一根游码尺，尺上有一个游码。在称量前，先观察两臂是否平衡，指针是否在标尺中央。如果不在中央，可以调节两端的平衡螺丝，使指针指向标尺中央，两臂即平衡。称量时，将物体放在左盘上，在右盘上加砝码，用镊子(不要直接用手)先加大砝码，然后加较小的，最后移动游码，直至指针在标尺中央，表示两边质量相等。右盘上砝码的克数加上游码在游码尺上所指的克数便是物体的质量。台秤用完后，应将砝码放回盒中，将游码复原至刻度 0。台秤应保持清洁，所称物体不能直接放在盘上，而应放在清洁、干燥的表面皿、硫酸纸或烧杯中进行称量。

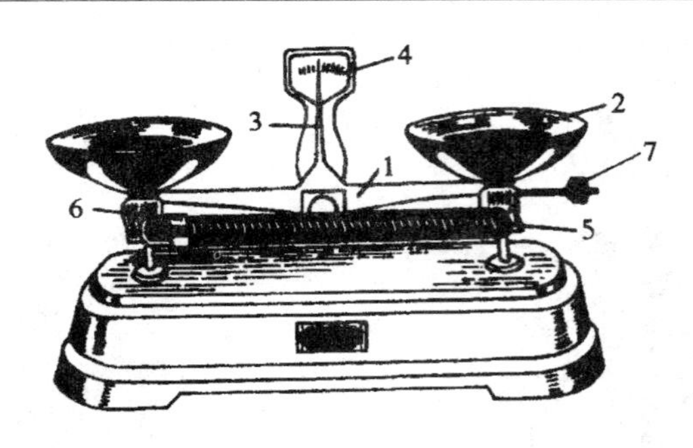

1—横梁；2—盘；3—指针；4—刻度盘；5—游码标尺；6—游码；7—平衡调节螺丝

图 2.6　台秤

2.2.2　电子天平

随着现代技术的进步，机械天平逐渐被电子天平替代。电子天平的优点是读数快，有的电子天平可直接称量出被称量物质的净质量，不需要计算。常用的天平有最低读数(或称感量)为 0.01 g 的普通电子天平、0.001 g 的托盘天平和 0.000 1 g 的分析天平。有机化学制备实验的称量允许误差在 1%左右，一般情况下使用感量为 0.01 g 的天平就足够准确了。但微量合成实验需要使用感量为 0.001 g 或 0.000 1 g 的天平。在称量时，不允许将被称量的物质直接放在天平托盘上，需要在托盘上放一张尺寸合适的玻璃纸，再放被称量的固体物质，或者使用称量瓶、反应瓶等盛装被称量的物质。要随时清理散落在天平周围的物质，保持天平的清洁。

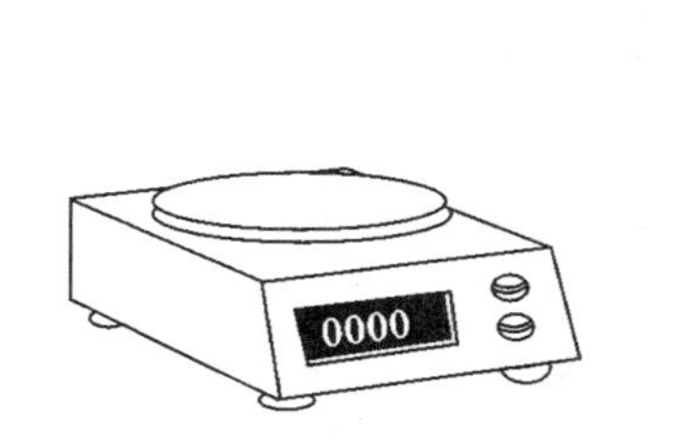

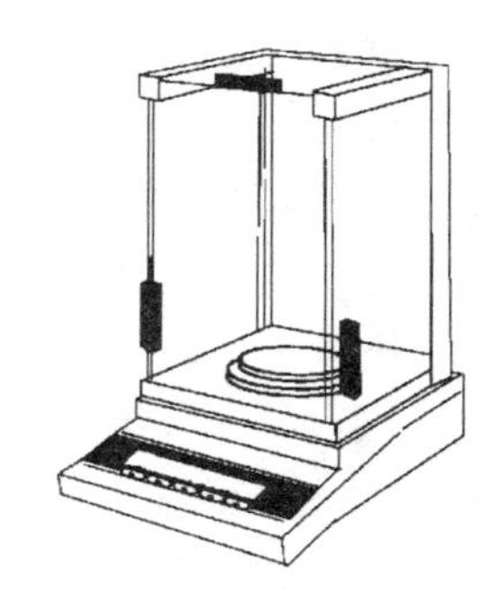

图 2.7　电子天平

2.2.3　液体物质的量取

实验中常用量筒、量杯、移液管等准确量取液体物质。液体物质也可以用台秤、天平等称量，注意称量时应用烧杯、称量瓶、反应瓶等盛装被称量的物质，注意不要把液体滴落到衡器的托盘上。

2.3 简单玻璃加工技术

2.3.1 酒精喷灯和煤气灯的使用

2.3.1.1 酒精喷灯的构造及使用方法

酒精喷灯是实验室进行玻璃管加工时常用的加热工具,它是金属制的,其构造如图2.8所示。使用时,先在预热盆中注满酒精,然后点燃预热盆内的酒精,以加热金属灯管。待预热盆内酒精燃烧待尽时,开启开关,这时由于酒精在灼热的灯管内气化,并与来自气孔的空气混合,用火柴在灯管管口处点燃,即可得到高温火焰。调节开关螺丝,可以控制火焰的大小,逆时针转动加大火焰,顺时针转动减小火焰直至熄灭。

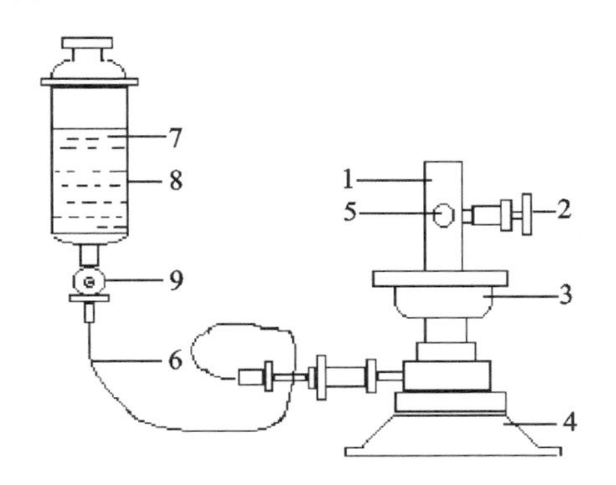

1—灯管;2—酒精喷灯开关;3—预热盆;4—灯座;5—气孔;6—橡皮管;7—酒精;8—储罐;9—酒精储罐开关

图2.8 酒精喷灯的构造

注意,在开启开关、点燃之前,灯管必须充分灼烧,否则酒精在灯管内未全部气化,将有液态酒精由管口喷出,形成"火雨",乃至会引起火灾。不用时,必须关好酒精储罐的开关,以免酒精泄漏,造成危险。

2.3.1.2 煤气灯的构造及使用方法

实验室所用煤气灯的式样较多,但构造原理基本相同,常用的煤气灯构造如图2.9所示。它由灯管和灯座两部分组成,灯管与灯座通过螺纹相连。灯管的下端有空气入口和煤气入口,通过调节开启程度可以控制空气和煤气的进气量,达到控制火焰的目的。

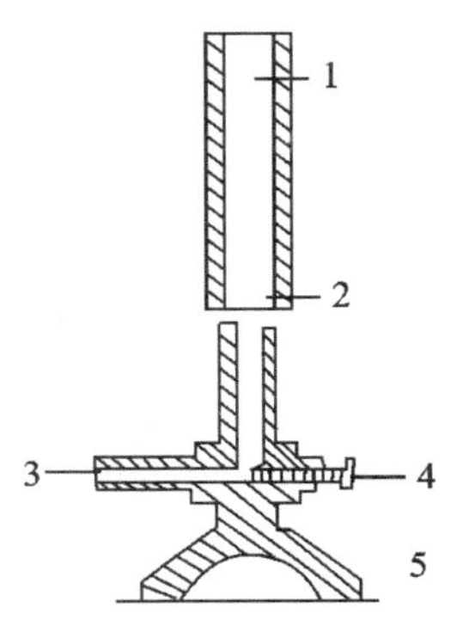

1—灯管;2—空气入口;3—煤气入口;4—针阀

图2.9 煤气灯的构造

煤气灯开启时,首先将煤气灯的进空气的螺旋阀门关闭，使空气无法进入，打开煤气管道两通阀门，然后点燃火柴，打开在煤气灯底部的进气阀门，点燃煤气灯。点燃后调节进空气的螺旋阀门至出现蓝色火焰，并能很明显看出内外焰的分别为止。在拉制玻璃管时，一般要求火焰尽量调至最大。

2.3.1.3 火焰的结构

煤气灯（或酒精喷灯）火焰可分为外焰、内焰、焰心，也可分为氧化焰、还原焰、未燃区（图 2.10）。内焰为蓝色火焰，外焰为红色火焰。火焰温度通常可达 700℃～1 000℃，火焰温度最高处在氧化焰和还原焰之间。一般拉制玻璃管都要求在内焰与外焰交接处，即火焰高度的 2/3 处加热。

1—氧化焰（外焰）；
2—还原焰（内焰）；
3—焰心；4—温度最高处

图 2.10 火焰的结构

2.3.2 玻璃管加工

2.3.2.1 玻璃管的切割和圆口

将长约 50 cm 的玻璃管平放在桌子的边缘上，左手按住要切割的部位（玻璃管的中部），右手用锉刀的棱边（也可用薄砂轮）在要切割的部位用力向前或向后锉一下（注意：只能朝一个方向锉，不可来回锉）。当锉出一个深而短的凹痕后，用两手握住玻璃管并用拇指顶在凹痕后轻轻一折，玻璃管即断为两节，如图 2.11 所示。

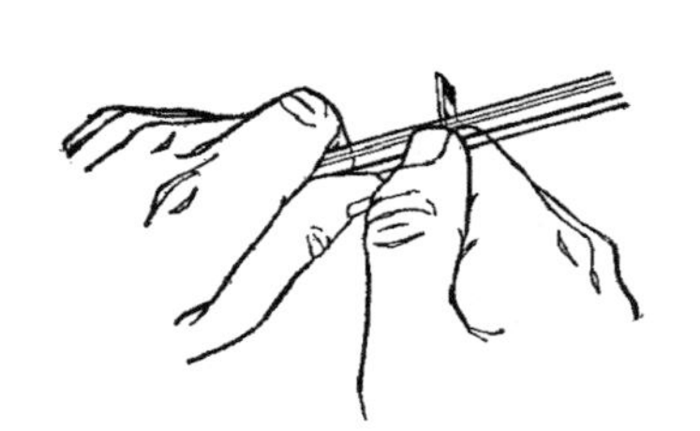

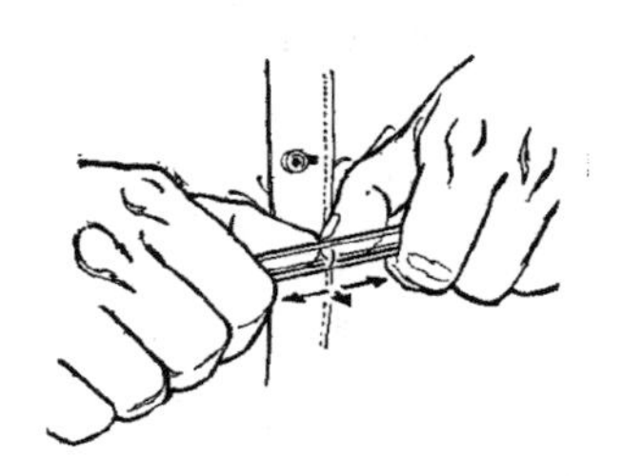

图 2.11 玻璃管的切割

玻璃管切割断面的边缘很锋利，易割破皮肤、衣物、胶管等，必须对其进行处理。具体办法是将刚割断的玻璃管倾斜 45°角，断口放在火焰的外焰中灼烧，同时不断转动玻璃管，直至管口变为平滑，取出玻璃管放在石棉网上冷却。将玻璃管断口放在喷灯火焰中灼烧，使其平滑，这一过程叫圆口。

2.3.2.2 玻璃管的弯曲及拉伸

进行玻璃管弯曲时，先将洁净、两端圆口的玻璃管用小火预热一下，然后双手平握玻璃管，放在火焰中加热。受热长度为 3～5 cm，加热时要缓慢而均匀地转动玻璃管，转动应朝同一个方向同步进行，且双手距离应保持稳定，以防玻璃管软化时发生扭曲、拉伸或缩短。当玻璃管加热到发黄变软时，即可从火焰中取出，等 1～2 s 后，两手向上向里轻托，准确地弯成所需角度，如图 2.12 所示。

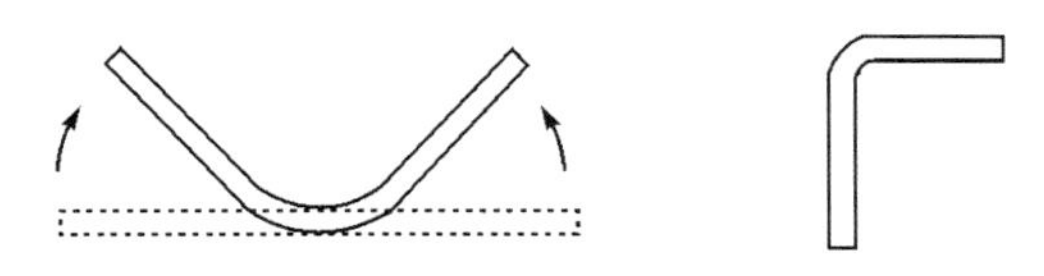

图 2.12　玻璃管的弯曲

弯玻璃管时，若所需角度较小，可分几次弯成。为防止弯曲处有缺陷，可用胶塞或手指堵住一端管口，在另一端适当吹气，使管径均匀。弯好后，应待玻璃管冷却变硬后再放在石棉网上继续冷却。需分几次弯成的玻璃管，在做第二、第三次弯曲时应在第一次受热部位的偏左或偏右处进行加热和弯曲，这样弯曲处不易缩陷。

2.3.2.3　制作滴管

取一根干燥洁净的长 18 cm、直径约 5 mm 的细玻璃管 1 根。双手托住玻璃管，将玻璃管中心放在煤气灯火焰上加热，由外焰到内焰的边缘处加热，并不断转动玻璃管，双手要以大致相同的速度做同方向转动，以免玻璃管绞曲。当玻璃管由红色变为黄色，玻璃管发软时(即感觉玻璃管中间变细变软时)，可以将玻璃管从内到外退火取出，稍停片刻。此时两手应同时握玻璃管做同方向来回旋转，水平地向两边拉开。开始拉时慢些，然后较快拉长，使之成为中间段内径为 1.5 mm 左右的毛细管。拉好后两手不能马上松开，待玻璃管完全变硬后，置于石棉网上冷却，然后在中心用砂轮截开成 2 根细端长 3～4 cm，粗端长 9 cm 左右的滴管(可稍作修截)，快口尖端在氧化焰或外焰处呈 45°角来回转动一会儿，使快口成平滑的管口。另一端口在外焰处烧软后，垂直按在石棉网上片刻后，使管口卷起，以便乳胶头套上不滑脱而成一滴管。按上胶帽，即可制成滴管。

拉好玻璃管的技术关键有两点：一是掌握火候，二是转动时不要上下扭动，两手要同步转动。

2.3.2.4　拉制毛细管、熔点管、沸点管

毛细管、熔点管、沸点管的拉制实质上就是把玻璃管拉细成一定规格的毛细管。

把一根干净的直径 0.8～1 cm 的玻璃管，拉成内径 1～1.5 mm 和 3～4 mm 的两种毛细管，然后将直径 1～1.5 mm 的毛细管截成 15～20 cm 长，把此毛细管的两端在小火上封闭，要使用时，在这根毛细管的中央切断，就是两根熔点管。

关于玻璃管拉细的操作：两肘搁在桌面上，用两手执住玻璃管的两端，掌心相对，加热方法和玻璃管的弯制相同，只不过加热程度要强一些，等玻璃管被烧

成红黄色时，才从火焰中取出，两肘仍搁在桌面上，两手平稳地沿水平方向作相反方向移动，一直拉至所需要的规格为止。

关于沸点管的拉制：将直径 3～4 mm 的毛细管截成 7～8 cm 长，在小火上封闭其一端，另将直径为 1 mm 的毛细管截成 8～9 cm 长，封闭其一端，这两根毛细管就可组成沸点管了，留作沸点测定的实验使用。封好的底部应为不留孔隙的珠状透明玻璃，不能卷曲或呈一鼓起小球状。

2.3.3 橡皮塞和软木塞打孔

需要在塞子内插入玻璃管或温度计时，必须在塞子上钻孔。钻孔的工具是钻孔器，它是一组直径不等的金属管，一端有柄，另一端很锋利，用来钻孔。

2.3.3.1 塞子的选择

塞子的大小应与仪器的口径相符，塞子进入瓶颈部分不能低于塞子本身高度的 1/2，也不能高于本身的 2/3。

2.3.3.2 钻孔器的选择及钻孔

橡皮塞钻孔时，钻孔器应比要插入的玻璃管口径略粗，因为橡皮塞有弹性，孔道钻成后孔径会变小。如图 2.13 所示，将塞子小的一端朝上，平放在木板上，左手持塞，右手握住钻孔器，钻之前在钻孔器上涂点水或甘油，将钻孔器按在选定的位置上，朝一个方向旋转，同时用力向下压。注意，钻孔器应垂直于塞子，不能左右摆动，也不能倾斜，以免把孔从侧面钻穿。当钻至一半时，以反方向旋转，并向上拔，取出钻孔器。

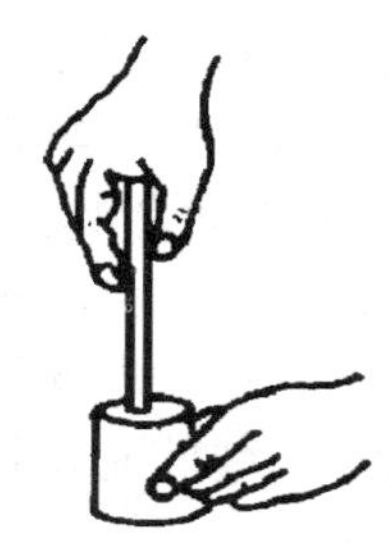

图 2.13 塞子钻孔

按同样的方法在塞子大头钻孔，注意要对准小的那端打孔位置。直到两端的圆孔贯穿为止。拔出钻孔器，将钻孔器中的橡皮取出。钻孔后，检查孔道是否合适，若玻璃管轻松插入圆孔，说明孔过大，孔和玻璃管间密封不严，塞子不能使用；若塞孔稍小或不光滑时，可用圆锉修整。

软木塞钻孔时，钻孔器应比要插入的玻璃管口径略细或接近。钻孔时软木塞应放在压塞机上压紧，以防在钻孔时软木塞破裂。

2.3.3.3 玻璃管插入橡胶塞的方法

先用水或甘油润湿选好的玻璃管的一端（如插入温度计时即水银球部分），然后左手拿住塞子、右手指握住玻璃管的一端（距管口约 4 cm 处），如图 2.14 所示，稍稍用力转动逐渐插入。必须注意：右手指握住玻璃管的位置与塞子的距离应保持 4 cm 左右，不能太远；其次，用力不能过大，以免折断玻璃管刺破手掌，用布包住玻璃管较为安全。插入或者拔出弯曲管时，手指不能握在弯曲的地方。

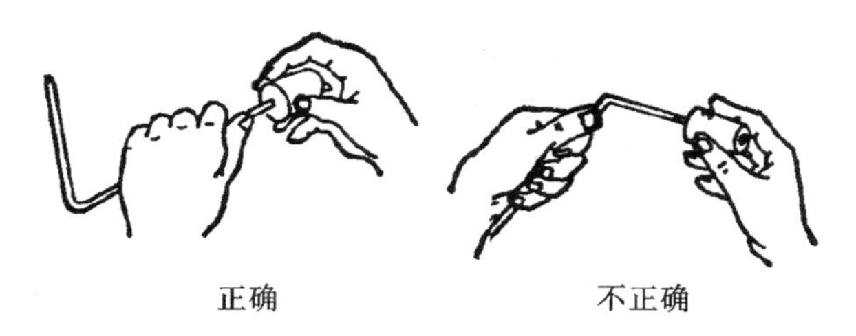

图 2.14　把玻璃管插入塞子的操作

2.4　搅拌技术

搅拌是有机合成实验中常用的基本操作，通过搅拌使反应混合物更均匀，同时也使反应体系的温度更均匀，有利于反应的正常进行，特别是多相反应体系，搅拌是必不可少的操作。搅拌的方式主要有三种：人工搅拌、机械搅拌和磁力搅拌。简单的、反应时间不长且反应过程中无有毒有害气体逸出的制备实验可以用人工搅拌，反应体系复杂、量大的、反应时间长的有机合成实验，常用机械或磁力搅拌。

2.4.1　电动搅拌

(1)电动搅拌器。电动搅拌器主要由电动机、搅拌棒和搅拌密封装置组成，搅拌速度可根据反应要求通过调速器控制，如果电动搅拌器未配置调速装置，可以通过连接一调压变压器来调控搅拌速度。一般适用于液-液反应或固-液反应中，不适用于过黏的胶状溶液。若超负荷使用，很易发热而烧毁。使用时必须接上地线，轴承应经常加油保持润滑，电刷也要及时更换。

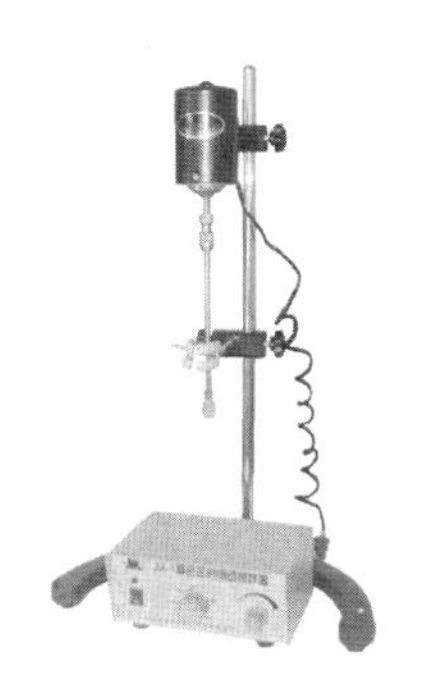

图 2.15　电动搅拌器

(2)搅拌棒。搅拌所用的搅拌棒通常由玻璃棒制成,式样很多,搅拌的效果常常取决于搅拌器的结构,常用的见图 2.16,应根据反应器的大小、形状、瓶口大小及反应条件等选择使用搅拌棒。其中前两种可以容易地用玻棒弯制,其优点是可以伸入狭颈的瓶中。后 3 种较难制,特别适用于两相不混溶的体系,其优点是搅拌平稳,搅拌效果好。

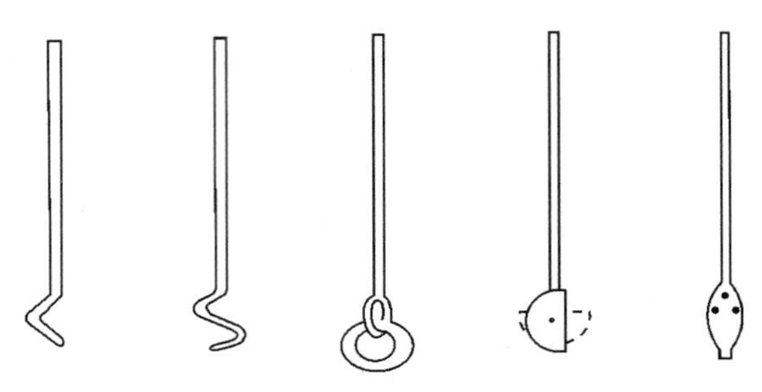

图 2.16　不同形状的搅拌棒

(3)搅拌器的连接与密封。搅拌机的轴头和搅拌棒之间可通过两节真空橡皮管和一段玻璃棒连接,这样搅拌器导管或玻璃搅拌棒不致磨损或玻璃搅拌棒折断(图 2.17)。

搅拌器与反应器连接处的密封用搅拌器套管、聚四氟乙烯搅拌塞等,如图 2.18 所示。在装配搅拌装置时,要注意选择合适的搅拌棒,搅拌棒与反应器不能产生扭力,且搅拌棒不能接触到反应器底部,以免搅拌过程中损坏反应器。

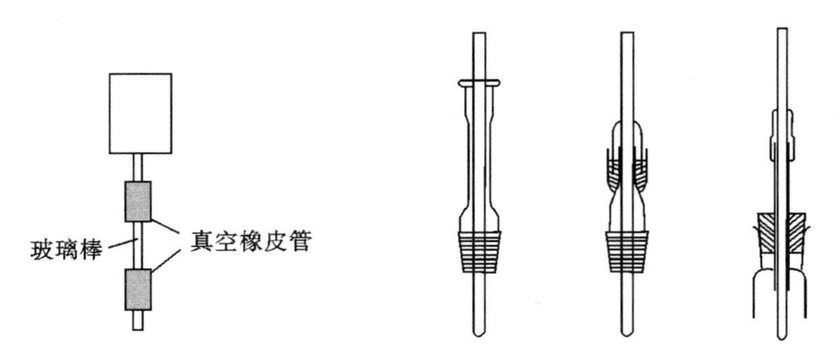

图 2.17　搅拌棒的连接　　图 2.18　密封装置

2.4.2　磁力搅拌器

磁力搅拌器由一根以玻璃或塑料密封的软铁(叫磁棒)和一个可旋转的磁铁组成。使用时将磁棒投入盛有欲搅拌的反应物容器中,再将容器置于内有旋转磁场的搅拌器托盘上,接通电源,由于内部磁铁旋转,使磁场发生变化,容器内磁棒亦随之旋转，达到搅拌的目的。一般的磁力搅拌器都有控制磁铁转速的旋钮及可控制温度的加热装置，使用方便。

图 2.19 磁力搅拌器

2.5 加热、回流技术

2.5.1 加热与热源

实验室常用的热源有煤气、酒精和电能。为了加速有机化学反应，往往需要加热，加热方式分直接加热和间接加热。在有机化学实验室里一般不用直接加热，例如用电热板加热圆底烧瓶，会因受热不均匀，导致局部过热，甚至破裂。在实验室安全规则中规定禁止用明火直接加热易燃的溶剂。

为了保证加热均匀，一般使用热浴间接加热，作为传热的介质有空气、水、液态有机化合物、熔融的盐和金属。根据加热温度、升温速度等的需要，常采用下列手段。

2.5.1.1 空气浴

这是利用热空气间接加热，对于沸点在80℃以上的液体均可采用。把容器放在石棉网上用酒精灯加热，或用电炉或电热板加热，就是最简单的空气浴。但是，直接加热容器受热不均匀，故不能用于回流低沸点易燃的液体或者减压蒸馏。

半球形的电热套(图2.20)属于比较好的空气浴，因为电热套中的电热丝是玻璃纤维包裹着的，一般可加热至400℃，具有热效率高、不易引起着火的优点，主要用作普通蒸馏、回流加热的热源，是有机化学实验室中常用的一种简便、安全的加热装置。电热套的容积一般与烧瓶的容积相匹配，从50 mL起，各种规格均有。需要强调的是，当一些易燃液体(如酒精、乙醚等)洒在电热套上，仍有引起火灾的危险。因此电加热套也属明火加热装置，在蒸馏易燃易爆有机物(如乙醚)时，不能用电加热套直接加热。在蒸馏过程中随着容器内物质逐渐减少，会使容器壁过热。在蒸馏过程中，不断降低垫电热套的升降台的高度，就会减少烤焦现象。有的电热套带有控温功能或磁力搅拌功能，可以通过控温旋纽调节加热温度，没有控温功能的电热套可以通过外加调压变压器（图 2.21）控制加热温度。

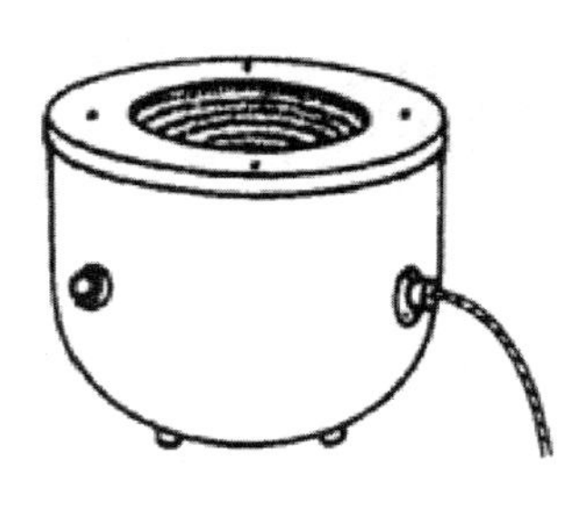

图 2.20　电热套图

图 2.21　调压变压器

调压变压器是调节电源电压的一种装置，常用来调节电炉、电热套的加热温度，调整电动搅拌器的转速等。使用时应注意：①电源应接到注明为输入端的接线柱上，输出端的接线柱与搅拌器或电炉等的导线连接，切勿接错。同时变压器应有良好的接地装置。②调节旋钮时应当均匀缓慢，防止因剧烈摩擦而引起火花及炭刷接触点受损。③不允许长期过载，以防止烧毁或缩短使用期限。④炭刷及绕线组接触表面应保持清洁，经常用软布抹去灰尘。⑤使用完毕后应将旋钮调回零位，并切断电源，放在干燥通风处，不得靠近有腐蚀性的物体。

2.5.1.2　水浴

当加热的温度不超过 100℃时，最好使用水浴加热，将反应容器置入水浴锅中，使水浴液面稍高出反应容器内的液面，对水浴锅加热，使水浴温度达到所需温度范围。与空气浴加热相比，水浴加热均匀，温度易控制，适合于低沸点物质回流加热。

使用水浴时勿使容器触及水浴器壁及其底部，由于水浴中的水不断蒸发，适当添加热水，使水浴中水面保持稍高于容器内的液面。但是，必须强调指出，当进行钾和钠的操作时，绝不能在水浴上进行。如果加热温度接近 100℃，可用沸水浴或水蒸气浴。如果加热温度稍高于 100℃，则可选用适当无机盐类的饱和水溶液作为热溶液。

恒温水浴箱是化学和生物实验室常用的实验仪器，它能够长时间提供恒定的温度，从而来满足一些特殊反应的温度要求。

表 2.2　某些无机盐饱和水溶液做热浴液的最高温度

盐类	饱和水溶液的沸点/℃
NaCl	109
$MgSO_4$	108
KNO_3	116
$CaCl_2$	180

恒温水浴箱使用的是 220 V 交流电源，请在使用前确定电源电压，并具有安全接地装置。加水时请注意离上盖板不低于 8 cm，必须用软水，最好用蒸馏水，切勿使用井水、河水、泉水等硬水，以防加热管爆裂及影响恒温灵敏度。使用时先把仪器放入恒温水浴箱，再插电源。打开电源，然后将恒温部分的设定测量开关打至需设定温度(数显)，电源进入"ON"指示，这时仪器已在加热，待控温指示进入"OFF"时，水箱水温已达到了所设定的温度，待水温下降时，指示又进入加温"ON"状态"自动控温"。如需快速降低工作室温，请关闭或调整数显温度设定指数，外用乳胶管任意一头接入冷水或自来水，另一头用乳胶管接入水池里进行循环冷却，水箱里的水将会很快冷凝下来。

恒温水浴箱在使用前请详细阅读说明书，使用时先加水到水位线，水位不能过高，以防止水溢出造成实验失误，最后接通电源。为延长仪器使用寿命，请注意勿使控温箱内受潮，防止漏电。

图 2.22　恒温水浴箱

2.5.1.3　油浴

适用温度 100℃～250℃，优点是使反应物受热均匀，反应物的温度一般低于油浴液 20℃左右。常用的油浴液有：

①甘油：可以加热到 140℃～150℃，温度过高时则会分解。②植物油：如菜子油、蓖麻油和花生油等，可以加热到 220℃，常加入 1%对苯二酚等抗氧化剂，

便于久用,温度过高时则会分解,达到闪点时可能燃烧起来,所以,使用时要小心。③石蜡:能加热到200℃左右,冷到室温时凝成固体,保存方便。④石蜡油:可以加热到200℃左右,温度稍高并不分解,但较易燃烧。用油浴加热时,要特别小心,防止着火,当油受热冒烟时,应立即停止加热。油浴中应挂一支温度计,用于观察油浴的温度和有无过热现象,以便调节火焰控制温度。油量不能过多,否则受热后有溢出而引起火灾的危险。使用油浴时要极力防止产生可能引起油浴燃烧的因素。加热完毕取出反应容器时,仍用铁夹夹住反应容器使其离开液面悬置片刻,待容器壁上附着的油滴完后,用纸和干布揩干。⑤硅油和真空泵油:加热温度都可达到250℃,热稳定性好,透明度好,安全,是目前实验室里较为常用的油浴之一,但价格较高。加热完毕取出反应容器时,仍用铁夹夹住反应容器使其离开液面悬置片刻,待容器壁上附着的油滴完后,用纸或干布揩干。

2.5.1.4　*酸液浴*

常用酸液为浓硫酸,可热至250℃~270℃,当热至300℃左右时则分解,生成白烟,若酌加硫酸钾,则加热温度可升到350℃左右。

表 2.3　浓硫酸-硫酸钾热浴液加热温度

浓硫酸(相对密度为1.84)	70%(*w*/*w*)	60%(*w*/*w*)
硫酸钾	30%(*w*/*w*)	40%(*w*/*w*)
加热温度/℃	约325	约365

上述混合物冷却时,即成半固体或固体,因此,温度计应在液体未完全冷却前取出。

2.5.1.5　*砂浴*

砂浴一般是用铁盆装干燥的细海砂(或河沙),把反应容器半埋砂中加热。加热沸点在80℃以上的液体时可以采用,特别适用于加热温度在220℃以上者,但砂浴的缺点是传热慢,温度上升慢,且不易控制,因此,砂层要薄一些。砂浴中应插入温度计。温度计水银球要靠近反应器。

2.5.1.6　*金属浴*

选用适当的低熔合金,可加热至350℃左右,一般不超过350℃。否则,合金将会迅速氧化。

2.5.2　加热回流装置

很多有机化学反应需要在反应体系的溶剂或液体反应物的沸点附近进行,这时就要用回流装置(图2.23)。

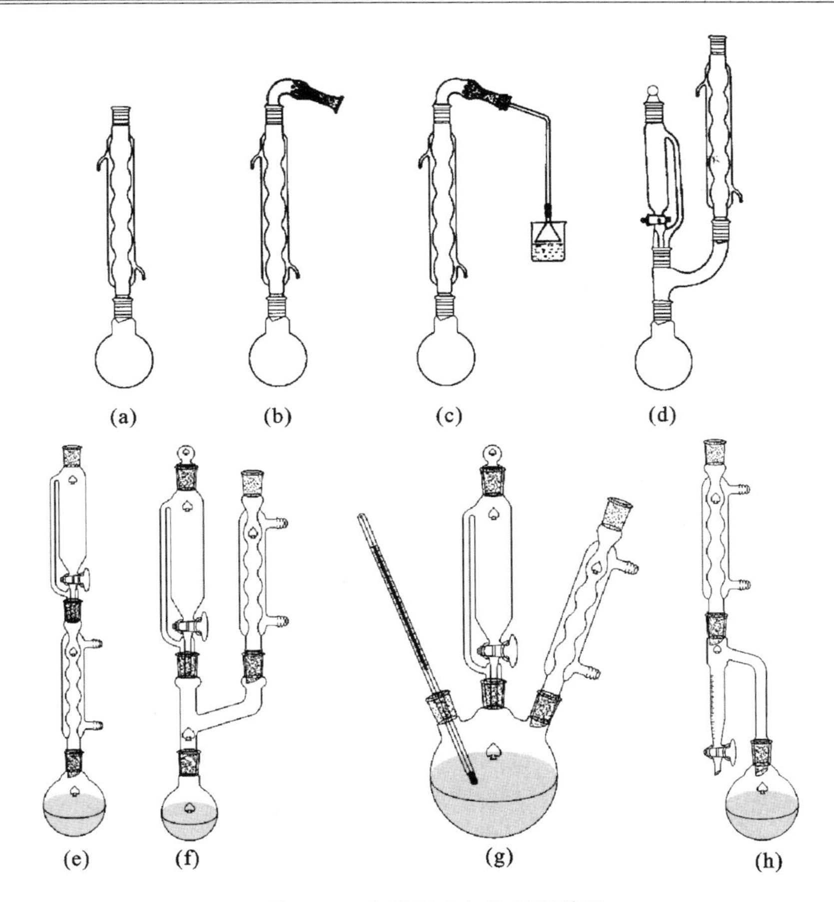

图 2.23　各类组合加热回流装置

图 2.23(a)是普通加热回流装置;图 2.23(b)是防潮加热回流装置;图 2.23(c)是带有吸收反应中生成气体的回流装置,适用于回流时有水溶性气体(如 HCl,HBr,SO_2 等)产生的实验;图 2.23(d)～(g)为回流时可以同时滴加液体的装置,回流的速率应控制在液体蒸气浸润不超过两个球为宜。图 2.23(h)是连接分水器的回流装置。回流加热前应先放入沸石,根据瓶内液体的沸腾温度,可选用水浴、油浴、电热套加热或石棉网直接加热等方式。若条件允许,一般不采用隔石棉网直接用明火加热的方式。

2.5.3　加热搅拌装置

2.5.3.1　加热搅拌装置

当反应在均相溶液中进行时一般不要搅拌,因为加热时溶液存在一定程度的对流，从而保持液体各部分均匀地受热。如果是非均相间反应，或反应物之一系逐渐滴加时，为了尽可能使其迅速均匀地混合，以避免因局部过浓过热而导致其他副反应发生或有机物的分解；有时反应产物是固体，如不搅拌将影响反应顺利进行；在这些情况下均需进行搅拌。在许多合成实验中若使用搅拌装置不但可以较好地控制反应温度，同时也能缩短反应时间和提高产率。常用的搅拌装置见图 2.24。图 2.24(a)是可同时进行搅拌、回流和自滴液漏斗加入液体的实验装置；图 2.24(b)的装置还可同时测量反应的温度；图 2.24(c)是带干燥管的搅拌装置；图 2.24(d)是磁力搅拌回流反应装置。

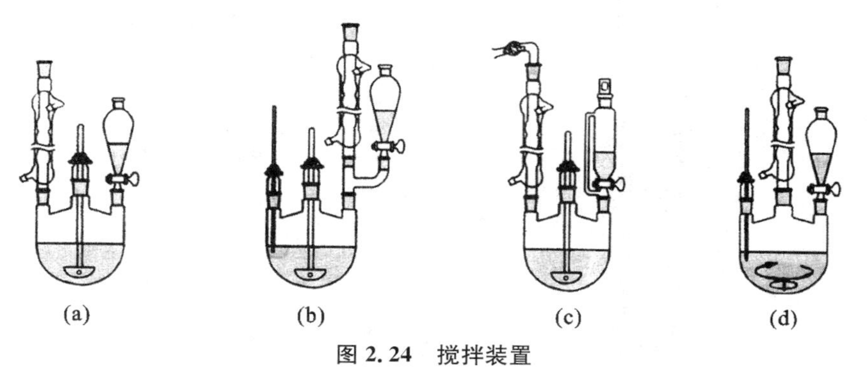

图 2.24　搅拌装置

2.5.3.2　仪器装置方法

仪器装配得正确与否，对于实验的成功有很大关系。首先，在装配一套装置时，所选用的玻璃仪器和配件都必须是干净的，否则，往往会影响产物的质量和产量。其次，所选用的器材要恰当。例如，在需要加热的实验中，如需选用圆底烧瓶，应选用坚固的，其容积大小应使所盛的反应物占其容积的 1/2 左右，最多也不超过 2/3。第三，装配时，应首先选好主要仪器的位置，按照一定的顺序逐个装配起来。仪器装配要求做到严密、正确、整齐和稳妥。在常压下进行反应的装置，应与大气相通，不能密闭。第四，铁夹的双钳应贴有橡皮或绒布，或缠上石棉绳、布条等，否则，容易将仪器夹坏。总之，使用玻璃仪器时，最基本的原则是切忌对玻璃仪器的任何部分施加过度的压力或使其扭歪，实验装置的马虎不仅看上去使人感觉到不舒服，而且也有潜在的危险。因为扭歪的玻璃仪器在加热搅拌时会破裂，甚至在放置时也会崩裂。

安装仪器遵循的原则：①安装，先下后上，从左到右；拆卸方向相反。②安装好的装置，前后成一个平面，左右成一条直线。

2.5.4　微波加热合成装置

微波是频率在 300 MHz～300 GHz 范围内的电磁波，微波的波长在 0.1～

100 cm之间，能量较低，比分子间的范德华结合能还小，只能激发分子的转动能级，不能直接打开化学键。目前比较一致的观点认为，微波加快化学反应主要是靠加热反应体系来实现的。但同时也发现，微波还可直接作用于反应本身，改变反应类型及机理等，引起所谓的“非热效应”。

当微波照射溶液时，溶液中的极性分子受微波作用会随着其电场的改变而取向和极化，吸收微波能量，这些吸收了能量的极性分子在与周围的其他分子的碰撞中把能量传递给其他分子，从而使液体温度升高。因液体中每一个极性分子都同时吸收和传递微波能量，所以升温速率快，且里外温度均匀。

实验中微波合成一般在家用微波炉或经改装后的微波炉中进行，目前已有专用微波化学反应仪器。反应容器一般采用不吸收微波的玻璃仪器或聚四氟乙烯材料。对于无挥发性的反应体系(包括反应物、产物、溶剂和催化剂等)，可直接置于微波炉中的开口反应容器中反应，但缺点是难以对反应条件加以调控。目前使用的微波化学反应装置(如图 3.20 所示)把加液、搅拌、冷凝等操作置于微波炉外，炉内反应容器可选择使用，微波照射时间和强度可以调节，使有机合成反应在安全可靠和方便的条件下进行。

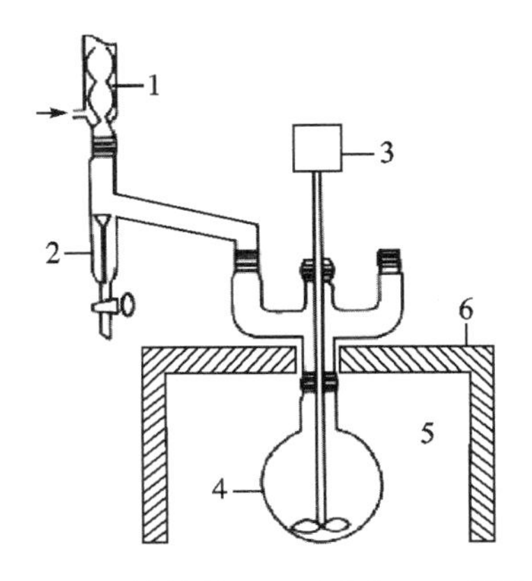

1—冷凝管；2—分水器；3—搅拌器；4—反应瓶；5—微波炉膛；6—微波炉壁

图 2.25　常压微波化学反应装置

在微波辐射有机合成设计中，除了选用适当反应容器外，还需选择适当溶剂，一般选用极性溶剂作为反应介质(如水、乙醇等)。由于微波辐射具有高效、均匀的体加热作用，可以极大地提高反应速率，与传统的加热方式相比，反应速率可提高数倍、数十倍甚至上千倍，特别是可使一些在通常条件下不易进行的反应迅速进行。

微波技术在有机合成中的应用十分广泛。目前研究过并取得明显效果的有机反应有加成、取代、消除、水解、氧化、烷基化、酯化、缩合等。例如，反式丁烯二酸与甲醇的双酯化反应，微波照射 50 min，产率为 82%，而传统加热方法达到相同产率需 480 min。马来酐与蒽在二甘醇二甲醚中发生 Diels-Alder 反应，用微波照射 1 min，产率达 90%，而传统加热方法则需 90 min。

$$HOOC\text{-}CH{=}CH\text{-}COOH + CH_3OH \xrightarrow[\text{微波照射}]{H_2SO_4} H_3COOC\text{-}CH{=}CH\text{-}COOCH_3 + H_2O$$

82%

蒽 + 马来酐 —二甘醇二甲醚，微波照射1 min→

90%

微波作为加热源，属于非明火型热源。尽管微波加热加速有机化学反应的机理尚未完全清楚，但微波能提高有机反应速率和反应产率已成为不可辩驳的事实，微波有机合成技术是有机合成中的研究热点之一，随着新的研究成果不断出现，其应用范围将会日益扩大。

2.6　冷却技术

在有机化学实验中，某些操作和反应要在特定的低温条件下进行的，保持低温才利于有机物的生成或提纯，所以须采用一定的冷却剂进行冷却。冷却技术主要用于以下几个方面：

(1)某些反应要在特定的低温条件下进行，如重氮化反应一般在 0～5℃进行。

(2)沸点很低的有机物，冷却时可减少损失。

(3)冷却可加速结晶的析出。

(4)高度真空蒸馏装置中使用冷却剂冷却。

根据不同温度要求，选用适当的冷却剂冷却。冷却的方法有直接冷却法和间接冷却法两种。直接冷却法是直接将冰或冷水加入被冷却的物料中，此法简便有效，冷却速度快。但只能在不影响被冷却物料的品质的情况下使用。大多数情况下使用间接冷却法，即通过玻璃壁，向周围的冷却介质散热，达到降温目的。以下是常用的间接冷却剂：

(1)水：首选的冷却剂，它具有价廉、不燃、热容量大等优点。可直接接自来水冷却。为了节约用水，实验室常用冷却水循环机(图 2.26)。

(2)冰水混合冷却剂：可冷却至 0～5℃，用它比单纯用冰块有较大的冷却效能。因为冰水混合物与容器的器壁充分接触，可取得迅速冷却的效果。实验室中用少量冰可用冰箱(柜)提前准备。如用冰量较大，可以用专用制冰机制冰(图 2.27)。

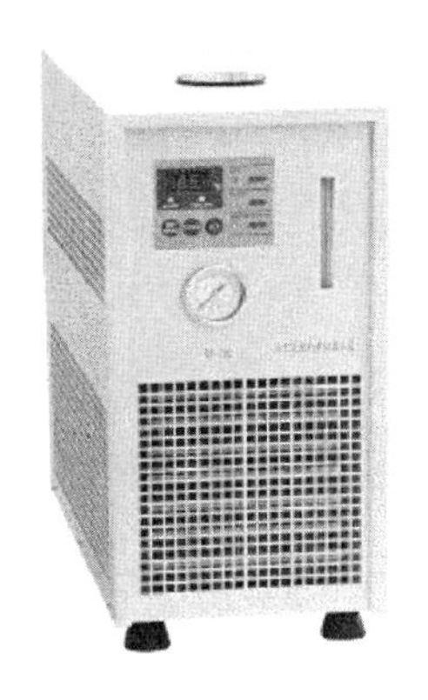

图 2.26　冷却水循环机

图 2.27　制冰机

(3)冰盐混合冷却剂：在碎冰中酌加适量的盐类可使冷却温度达 0℃以下。例如，普通的食盐与碎冰的混合物(33∶100)，其温度可降至－21.3℃，在实际操作中冷却温度为－5℃～－18℃。

为了使冰盐混合物能达到预期的冷却温度，按表 2.4 和 2.5 配方在配制冷却剂时要将盐类物质与冰块分别仔细地粉碎，然后仔细地混合均匀，在盛装冷却剂的容器外面，用保温材料仔细地加以保护，使之较长时间维持在低温状态。冰块过大，混合不均匀，保温措施差，则所配制的冷却剂不可能达到预期的低温。

除上述冰浴或水盐浴外，若无冰时，则可用某些盐类溶于水吸热作为冷却剂使用。

表 2.4　一种盐及水(冰)组成的冷却剂

盐类	用量/g	冷却温度/℃
	(每 100 g 水)	
KCl	30	+0.6
$CH_3COONa \cdot 3H_2O$	95	−4.7
NH_4Cl	30	−5.1
$NaNO_3$	75	−5.3
NH_4NO_3	60	−13.6
$CaCl_2 \cdot 6H_2O$	167	−15.0
	(每 100 g 冰)	
NH_4Cl	25	−15.4
KCl	30	−11.1
NH_4NO_3	45	−16.7
$NaNO_3$	50	−17.7
NaCl	33	−21.3
$CaCl_2 \cdot 6H_2O$	204	−19.7

表 2.5　两种盐及水(冰)组成的冷却剂

盐类及其用量/g				冷却温度/℃
	(每 100 g 水)			
NH_4Cl	31	KNO_3	20	−7.2
NH_4Cl	24	$NaNO_3$	53	−5.8
NH_4NO_3	79	$NaNO_3$	61	−14
	(每 100 g 冰)			
NH_4Cl	26	KNO_3	13.5	−17.9
NH_4Cl	20	NaCl	40	−30.0
NH_4Cl	13	$NaNO_3$	37.5	−30.1
NH_4NO_3	42	NaCl	42	−40.0

(4)低温冷却剂：干冰和液氮是方便而价廉的冷却剂，还可使用表 2.6 的配方配制成特定低温的冷却剂。

固体 CO_2(即干冰)必须在铁研缸(不能用瓷研缸)中粉碎，操作时应戴护目镜和手套。在配制时，将固体 CO_2 加入到工业酒精(或其他溶剂)中，并进行搅拌。还可使用液氮得到更低的温度，可冷却至−196℃。液态空气随其存放时间的长短，温度有所变化。在适当的液体（如戊烷）中通液态空气可以得到任意给定的低温。

应该注意，如果制冷温度低于－38℃，测温应采用内装液态有机化合物的低温温度计，而不能使用水银温度计（水银的凝固点为－38.9℃）。

表2.6　常用冷却剂组成及最低冷却温度

冷却剂的组成	最低冷却温度/℃
液氨	－33
干冰＋乙醇	－72
干冰＋丙酮	－78
干冰＋乙醚	－100
液氨＋乙醚	－116
液态空气	－193
液氮	－196

2.7　干燥技术

固体有机化合物在进行定性、定量之前以及固体有机物在测定熔点前，都必须使它完全干燥，否则将会影响结果的准确性。液态有机化合物在蒸馏前通常要先行干燥以除去水分，这样可以使液体沸点以前的馏分（前馏分）大大减少；也可以破坏某些液态有机化合物与水生成的共沸混合物。另外，很多有机化学反应需要在“绝对”无水条件下进行，不但所用的原料及溶剂要干燥，而且要防止空气中的潮气侵入反应容器。因此在有机化学实验中，试剂和产品的干燥具有十分重要的意义。

干燥方法大致可分为物理法和化学法两种。物理法有加热挥发、吸附、分馏、利用共沸蒸馏将水分带走等方式，还常用离子交换树脂和分子筛等来进行脱水干燥。

化学法是以干燥剂来进行去水，其去水作用又可分为两类：

（1）能与水可逆地结合生成水合物，如氯化钙、硫酸镁等。

（2）与水发生不可逆的化学反应而生成一个新的化合物，如金属钠、五氧化二磷。

实验室中应用最广泛的是化学法中第一类干燥剂。例如，用无水硫酸镁来干燥含水的液态有机化合物时，无论加入多少无水硫酸镁，在25℃时所能达到最低的蒸气压力为0.13 kPa。也就是说全部除去水分是不可能的;如加入的量过多,将会使液态有机化合物的吸附损失增多;如加入的量不足,不能达到有效除水,则其蒸气压力就要比0.13 kPa高。通常这类干燥剂成为水合物需要一定的平衡时间,这就是液态有机化合物进行干燥时为什么要放置较久的道理。干燥剂吸收水分是可逆的,温度升高时蒸气压也升高。因此为了缩短生成水合物的平衡时间,干燥时常在水浴上加热,然后再在尽量低的温度下放置,以提高干燥效果。这就是为什么液态有机化合物在进行蒸馏以前,必须将这类干燥剂滤去的原因。

2.7.1 液体的干燥

2.7.1.1 常用的干燥剂

常用干燥剂的种类很多,选用时必须注意下列几点:

(1)干燥剂与有机物应不发生任何化学变化,对有机物亦无催化作用;

(2)干燥剂不溶于液态有机化合物中;

(3)干燥剂的干燥速度快,吸水量大,价格低。

各类有机物的常用干燥剂如表2.7所示。

表2.7 各类有机物的常用干燥剂

液态有机化合物	适用的干燥剂
醚类、烷烃、芳烃	$CaCl_2$,Na,P_2O_5
醇类	K_2CO_3,$MgSO_4$,Na_2SO_4,CaO
醛类	$MgSO_4$,Na_2SO_4
酮类	$MgSO_4$,Na_2SO_4,K_2CO_3
酸类	$MgSO_4$,Na_2SO_4
酯类	$MgSO_4$,Na_2SO_4,K_2CO_3
卤代烃	$CaCl_2$,$MgSO_4$,Na_2SO_4,P_2O_5
有机碱类(胺类)	NaOH,KOH

2.7.1.2 干燥剂的用量

一般对于含亲水性基团的(如醇、醚、胺等)化合物,所用的干燥剂要过量多些。由于干燥剂也能吸附一部分液体,所以干燥剂的用量应严格控制。必要时,宁可先加入一些干燥剂干燥,过滤后再用干燥效能较强的干燥剂。一般干燥剂的用量为每10 mL液体需0.5~1 g,但由于液体中的水分含量不等,干燥剂的质量、颗粒大小和干燥时的温度等不同以及干燥剂也可能吸附一些副产物(如氯化钙吸收醇)等诸多原因,因此很难规定具体的数量,上述数据仅供参考。在实际操作中,干燥一定时间后,观察块状干燥剂的形态,若它的大部分棱角还清楚可辨，这表明干燥剂的量已足够了。若是用无水硫酸镁等粉末状干燥剂，则可在摇动后，有部分粉末悬浮在液体中，即可认为干燥剂的量已足够了。

2.7.1.3　液态有机化合物干燥的操作

液态有机化合物的干燥一般在干燥的三角烧瓶内进行。在干燥前应将被干燥液体中的水分尽可能分离干净。宁可损失一些有机物，不应有任何可见的水层。将该液体置于锥形瓶中，用药品勺取适量的干燥剂直接放入液体中（干燥剂颗粒大小要适宜，太大时因表面积小吸水很慢，且干燥剂内部不起作用；太小时则因表面积太大不易过滤，吸附有机物甚多），用空心塞塞紧，振摇片刻。如果发现干燥剂附着瓶壁，互相黏结，通常表示干燥剂不够，应继续添加；如果在液态有机化合物中存在较多的水分，这时常有可能出现少量的水层，必须将此水层分去或用吸管将水层吸去，再加入一些新的干燥剂，振摇后放置一段时间。有时在干燥前，液体呈浑浊，经干燥后变为澄清，这并不一定说明它已不含水分，澄清与否和水在该化合物中的溶解度有关。然后将已干燥的液体通过置有折叠滤纸的漏斗直接滤入烧瓶中进行蒸馏。对于某些干燥剂，如金属钠、石灰、五氧化二磷等，由于它们和水反应后生成比较稳定的产物，有时可不必过滤而直接进行蒸馏。

表 2.8　常用干燥剂的性能

干燥剂	吸水作用	吸水容量	干燥效能	干燥速度	应用范围
氯化钙	形成 $CaCl_2 \cdot nH_2O$ $n=1\sim6$	0.97 按 $n=6$ 计	中等	较快，放置时间要长些	能与醇、酚、胺、酰胺及某些醛、酮形成络合物，因而不能用来干燥这些化合物。工业品中可能含氢氧化钙或氧化钙，故不能用来干燥酸类
硫酸镁	形成 $MgSO_4 \cdot nH_2O$ $n=1\sim7$	1.05 按 $n=7$ 计	较弱	较快	中性，应用范围广，可代替 $CaCl_2$，并可用以干燥酯、醛、酮、腈、酰胺等不能用 $CaCl_2$ 干燥的化合物
硫酸钙	形成 $2CaSO_4 \cdot H_2O$	0.06	强	快	中性，常与硫酸镁（钠）配合，做最后干燥之用
硫酸钠	形成 $Na_2SO_4 \cdot 10H_2O$	1.25	弱	缓慢	中性，一般用于液态有机化合物的初步干燥

续表

干燥剂	吸水作用	吸水容量	干燥效能	干燥速度	应用范围
氢氧化钾(钠)	溶于水	—	中等	快	强碱性,用于干燥胺、杂环等碱性化合物,不能用于干燥醇、酯、醛、酮、酸、酚等
碳酸钾	形成 $K_2CO_3 \cdot \frac{1}{2}H_2O$	0.2	较弱	慢	弱碱性,用于干燥醇、酮、酯、胺及杂环等碱性化合物,不适于酸、酚及其他酸性化合物
金属钠	$Na+H_2O \longrightarrow NaOH+\frac{1}{2}H_2$	—	强	快	限于干燥醚、烃类中痕量水分。用时切成小块或压成丝
氧化钙	$CaO+H_2O \longrightarrow Ca(OH)_2$	—	强	较快	适于干燥低级醇类
五氧化二磷	$P_2O_5+3H_2O \longrightarrow 2H_3PO_4$	—	强	快,吸水后表面为黏浆液覆盖,操作不便	适于干燥醚、烃、卤代烃、腈等中的痕量水分。不适用于醇、酸、胺、酮等

无水氯化钙:价廉、吸水能力大,是最常用的干燥剂之一,与水化合可生成一、二、四或六水化合物(在 30℃以下)。适于烃类、卤代烃、醚类等有机物的干燥,不适于醇、胺和某些醛、酮、酯等有机物的干燥,因为能与它们形成络合物。也不宜用做酸(或酸性液体)的干燥剂。

无水硫酸镁:中性盐,不与有机物和酸性物质起作用。可作为各类有机物的干燥剂,它与水生成 $MgSO_4 \cdot 7H_2O$(48℃以下)。价较廉,吸水量大,故可用于不能用无水氯化钙来干燥的许多化合物。

无水硫酸钠:它的用途和无水硫酸镁相似,价廉,但吸水能力和吸水速度都差一些。与水结合生成 $Na_2SO_4 \cdot 10H_2O$(37℃以下)。当有机物水分较多时,常先用本品处理后再用其他干燥剂处理。

无水碳酸钾:吸水能力一般,与水生成 $K_2CO_3 \cdot \frac{1}{2}H_2O$,作用慢,可用干燥醇、酯、酮、腈类等中性有机物和生物碱等一般的有机碱性物质。但不适用于干燥酸、酚或其他酸性物质。

金属钠：醚、烷烃等有机物用无水氯化钙或硫酸镁等处理后，若仍含有微量的水分时，可加入金属钠（切成薄片或压成丝）除去。不宜用作醇、酯、酸、卤代烃、醛、酮及某些胺等能与碱起反应或易被还原的有机物的干燥剂。

蒸馏或分馏法除水：利用分馏或二元、三元共沸混合物来除去水分，属于物理方法。对于不与水生成共沸混合物的液态有机化合物，如甲醇和水的混合物，由于沸点相差较大，用精密分馏柱即可完全分开。有时利用某些有机物可与水形成共沸混合物的特性，向待干燥的有机物中加入另一有机物，利用此有机物与水形成最低共沸点的性质，在蒸馏时逐渐将水带出，从而达到干燥的目的。

2.7.2　固体的干燥

从重结晶得到的固体常带水分或有机溶剂，应根据化合物的性质选择适当的方法进行干燥。

2.7.2.1　自然晾干

这是最简便、最经济的干燥方法。把待干燥的化合物在一张滤纸上面薄薄地摊开，用另一张滤纸覆盖起来，在空气中慢慢地晾干。

2.7.2.2　烘箱干燥

对于热稳定的固体可以放在烘箱内烘干，加热的温度切忌超过该固体的熔点，以免固体变色和分解，如需要可在真空恒温干燥箱中干燥。

烘箱用于干燥玻璃仪器或烘干无腐蚀性、加热时不分解的物品。挥发性易燃物或刚用酒精、丙酮淋洗过的玻璃仪器切勿放入烘箱内，以免发生爆炸。烘箱使用说明：放入样品（样品要放在烧杯、表面皿、瓷舟或金属托盘等容器上），接上电源后，即可开启加热开关，再将控温旋钮由“0”位顺时针旋至一定刻度（视烘箱型号而定），此时烘箱内即开始升温，红色指示灯发亮。若有鼓风机，可开启鼓风机开关，使鼓风机工作。当温度计升至工作温度时（由烘箱顶上温度计读数观察得知），即将控温器旋钮按逆时针方向缓慢旋回，旋至指示灯刚熄灭，在指示灯明灭交替处即为恒温定点温度。根据待干燥物品的情况确定干燥时间。干燥结束后，把控温旋钮旋至“0”位，关闭电源，冷却后取出已干燥物品。

真空恒温干燥箱有内置加热装置，与真空泵相连，有温度和真空度指示，可以干燥较大量的物质。真空恒温干燥箱使用说明：放入样品（样品要放在烧杯、表面皿、瓷舟或金属托盘等容器上），接上电源后，即可开启加热开关，再将控温旋钮由“0”位顺时针旋至一定刻度，此时烘箱内即开始升温，红色指示灯发亮。打开真空泵，关闭缓冲瓶通大气阀门，打开通干燥箱阀门，开始抽真空。当温度计升至工作温度时（由烘箱顶上温度计读数观察得知），即将控温器旋钮按逆时针方向缓慢旋回，旋至指示灯刚熄灭，在指示灯明灭交替处即为恒温定点温度。

由真空表所显示的真空度为真空恒温干燥箱内的真空度，根据待干燥物品的情况确定真空恒温干燥时间。干燥结束后，把控温旋钮旋至“0”位，关闭真空恒温干燥箱电源，关闭通干燥箱阀门，打开通大气阀门，关闭真空泵电源。冷却后缓慢打开干燥器阀门及通大气阀门，开箱取出已干燥物品。

图 2.28　烘箱

图 2.29　真空恒温干燥箱

2.7.2.3　红外灯箱干燥

把样品放在烧杯、表面皿、瓷舟或金属托盘等容器上，放入红外灯干燥箱，接上电源后，使用红外灯直接照射待干燥固体，达到干燥目的。其特点是穿透性强，干燥速度快。

2.7.2.4　干燥器干燥

对易吸湿或在较高温度干燥会分解或变色的固体化合物可用干燥器干燥，干燥器有普通干燥器和真空干燥器两种。

(1)普通干燥器。普通干燥器盖与缸身之间的平面经过磨砂，在磨砂处涂以润滑脂，使之密闭。缸中有多孔瓷板，瓷板下面放置干燥剂，上面放置盛有待干燥样品的表面皿，盖上盖子，放置干燥。

(2)真空干燥器。真空干燥器的干燥效率较普通干燥器好。真空干燥器上有玻璃活塞，用以抽真空，活塞下端呈弯钩状，口向上，防止在通大气时，因空气流入太快将固体冲散。最好另用一表面皿覆盖盛有样品的表面皿。在水泵或真空泵抽气过程中，干燥器外围最好能以金属丝(或用布)围住，以保安全。

使用的干燥剂应按样品所含的溶剂来选择。例如，五氧化二磷可吸水；生石灰可吸水或酸；无水氯化钙可吸水或醇；氢氧化钠吸收水和酸；石蜡片可吸收乙醚、氯仿、四氯化碳和苯等。有时在干燥器中同时放置两种干燥剂，如在底部放浓硫酸(在 1 L 浓硫酸中溶有 18 g 硫酸钡的溶液放在干燥器底部，如已吸收了大量水分，则硫酸钡就沉淀出来，表明已不再适用于干燥而需更换)。另用浅的器皿盛氢氧化钠放在瓷板上，这样来吸收水和酸，效率更高。

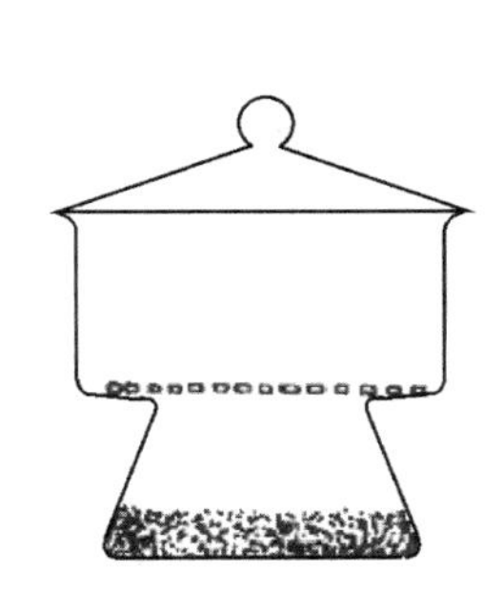

图 2.30　普通干燥器

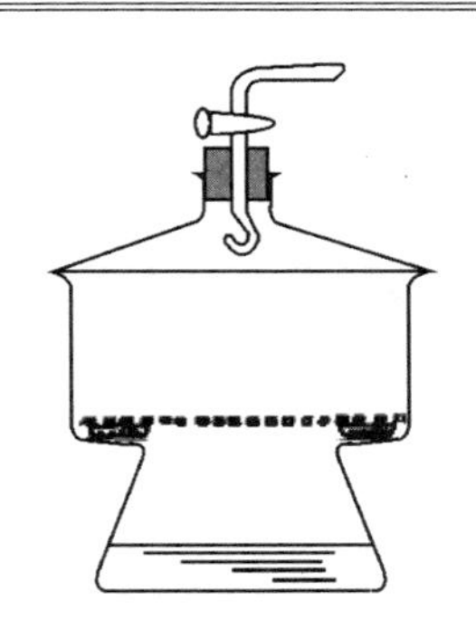

图 2.31　真空干燥器

（3）小型真空恒温干燥装置。小型真空恒温干燥装置适用于干燥少量物质（若所需干燥物质的数量较大时，可用真空恒温箱）。如图 2.32(a)所示，先将装有样品的小瓷舟放入夹层内，连接盛有干燥剂（常用五氧化二磷）的曲颈瓶，然后用水泵减压，抽到一定真空度时，将活塞关闭，停止抽气。烧瓶中放置液态有机化合物，根据被干燥化合物的性质，选用适当的溶剂进行加热（溶剂的沸点切勿超过样品的熔点），溶剂蒸气充满夹层，而使夹层内样品在减压和恒定的温度下进行干燥。整个过程中，应每隔一定时间再抽一次气，以保持一定的真空度。

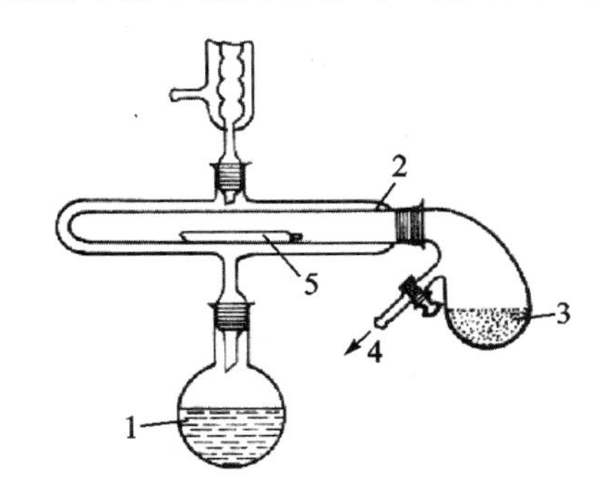

(a)回流恒温真空干燥枪

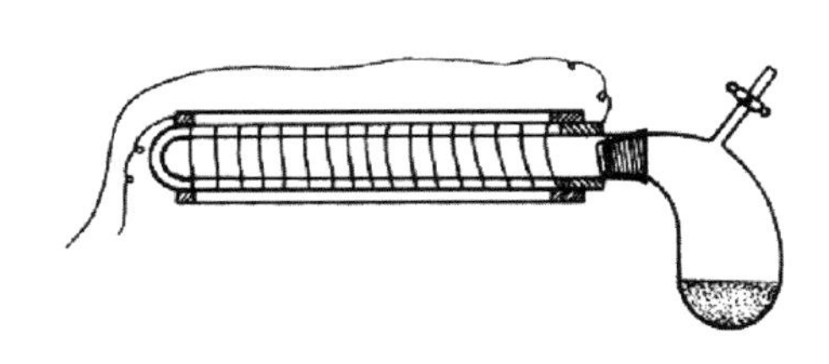

(b)电热真空干燥枪

图 2.32　小型真空恒温干燥装置

图 2.32(b)所示为电热真空干燥枪。使用电热干燥枪时，先将装有样品的小瓷舟放入夹层内，连接盛有干燥剂（常用五氧化二磷）的曲颈瓶，然后用水泵减压，抽到一定真空度时，将活塞关闭，停止抽气。根据被干燥化合物的性质，通过变压器控制加热温度，选用适当的加热温度，样品在减压和恒定的温度下进行干燥。

2.8 抽真空设备及操作

2.8.1 循环水式真空泵

水泵分玻璃水泵和金属水泵，其效能与其结构、水压及水温有关。水泵所能达到的最低压力为当时室温下的水蒸气压。例如水温为 6℃～8℃，水蒸气压为 0.93～1.07 kPa。在夏天，水温为 30℃，则水蒸气压为 4.2 kPa 左右。使用水泵进行减压蒸馏时常与缓冲瓶配合使用，以防止水的倒吸。

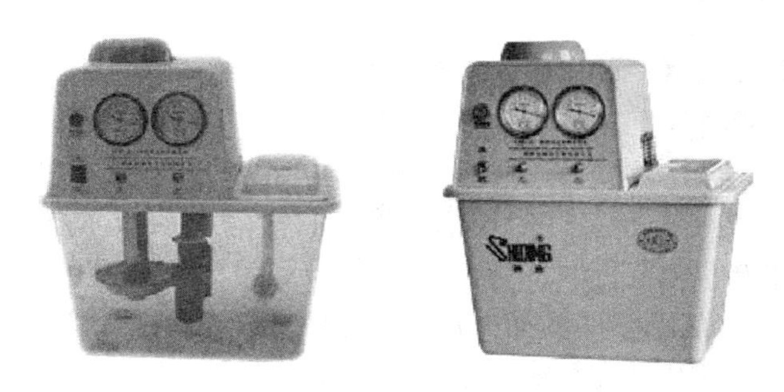

图 2.33 循环水式真空泵

循环水式真空泵代替普通水泵可以节约用水，另外还带有测压装置。循环水式真空泵是实验室在减压要求不高的时候常用的抽气减压设备。使用循环水式真空泵时候，先在真空泵中加上干净的循环水，将真空泵抽气口接上真空胶管并与抽滤瓶或缓冲瓶连接。插上电源，打开电源开关，关闭缓冲瓶上的两通活塞，真空表显示真空度上升，仪器进入正常运行，抽真空开始。抽真空结束，先将连接抽滤瓶的真空胶管拆开或慢慢打开缓冲瓶的两通活塞，再把电源开关关闭，最后拔下电源插头。一定要在有循环水的情况下打开电源开关。抽真空结束，应先打开通大气活塞，再把电源开关关闭，否则容易使循环水倒抽。长时间不用真空泵时，需将循环水放去。循环水最好能经常更换。

2.8.2 真空油泵

真空油泵是对密封容器抽除气体而获得高真空的基本设备，它的工作介质是油，它可单独使用，也可作为各类高真空系统的前级泵和预抽泵。广泛应用于制冷、印刷、制药、食品包装、医疗、仪器、化工、半导体、电真空、气体分析、理化实验等。

油泵的效能决定于油泵的机械结构以及真空泵油的好坏(油的蒸气压必须

很低)，好的油泵能抽至真空度为 0.133 kPa。油泵结构较精密，工作要求条件较严。如果有挥发性的有机溶剂、水或酸的蒸气，都会损坏油泵。一般使用油泵时，系统的压力控制在 0.67～1.33 kPa 之间，因在沸腾液体表面要获得 0.67 kPa 以下的压力比较困难，这是由于蒸气从瓶内的蒸发面逸出而经过瓶颈和支管时，需要有 0.13～1.06 kPa 的压力差，如果要获得较低的压力，可选用短颈和支管粗的克氏蒸馏瓶。

图 2.34　真空油泵

真空油泵在运转时，泵抽气口先敞通大气，运转时间不得超过 3 min，关闭通大气阀门开始抽气。使用完毕，先把泵抽气口与大气连通，再关闭电源。

真空油泵不适用于抽除对金属有腐蚀性的、对泵油起化学反应的、含有颗粒尘埃的以及含氧过量的、有爆炸性的气体。真空油泵不能作压缩泵或输送泵用。真空油泵及四周环境应该保持清洁，防止杂物进入泵内。泵在运转过程中，油箱内的泵油量不得低于油标中心。不同种类和牌号的真空泵油，不可混合使用。泵在使用中，因系统损坏等特殊事故，进气口突然暴露在大气时，应尽快停泵，并切断与系统连接管道，防止喷油，污染场地。

真空油泵由于存放或使用不当，水分或其他挥发性物质进入泵内而影响极限真空时，应打开气镇阀净化。当泵油受固体杂质或化学杂质污染时，应更换泵油。换油步骤如下：先开泵运转半小时，使油变稀，停泵，旋下放油塞，放出脏油，再敞开进气口运转 2 min，此间可从进气口缓慢加入少量清洁的真空泵油，冲洗泵芯，脏油放完后，将放油塞旋上，并拧紧，旋下加油塞，利用漏斗，从进油口加入清洁的真空油，旋上加油塞。真空油泵不用时，应用橡皮塞帽把进、排气口塞好，以免脏物落入泵内。

2.9　旋转蒸发仪的使用

2.9.1　旋转蒸发仪

旋转蒸发仪是由马达带动可旋转的蒸发器(圆底烧瓶)、冷凝器和接收器组成(见图 2.35)，旋转蒸发仪是通过电子调速，使烧瓶在最合适的速度下恒速旋转，在加热恒温负压条件下，使瓶内溶液扩散蒸发，然后再冷凝回收溶剂。可在常压或减压下操作，可一次进料，也可分批吸入蒸发料液。由于蒸发仪的不断旋转，可免加沸石而不会暴沸。蒸发仪旋转时，会使料液的蒸发面大大增加，加快了蒸发速度。因此,它是浓缩溶液、回收溶剂的理想装置。

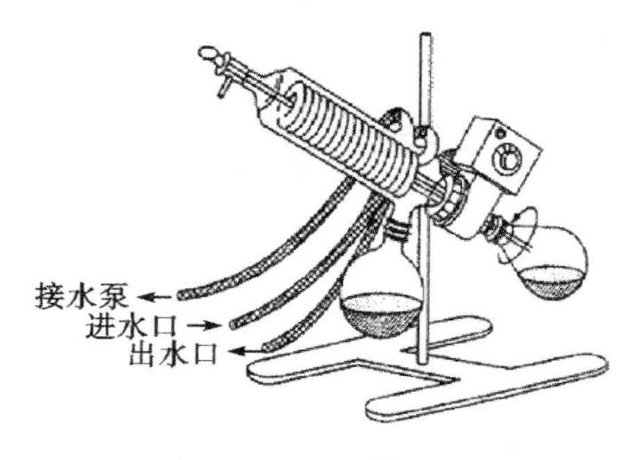

图 2.35 旋转蒸发仪示意图

图 2.36 旋转蒸发仪

旋转蒸发仪具有操作简便的升降装置,当升降电机发生故障时,将应急手轮转动,主机也能上升或下降。上端口装抽真空接头接真空泵,抽真空用的是密封结构和精选的密封材料,真空性能良好。冷凝器上有两个接口接冷却水,一口接进水,另一口接出水。冷却水一般接自来水,其温度越低效果越好。开机前先将调速旋钮左旋到最小,按下电源开关指示灯亮,然后慢慢往右旋至所需要的转速,一般大蒸发瓶用中、低速,黏度大的溶液用较低转速。烧瓶是标准接口 24 号,有 250,500,1 000 mL 等烧瓶,溶液量以不超过 50%为宜。

旋转蒸发仪注意事项:①玻璃零件接装应轻拿轻放,装前应洗干净,擦干或烘干;②各接口、密封面密封圈及接头安装前都需要涂一层真空脂;③加热槽通电前必须加水,不允许干烧;④如真空抽不上来需检查各接头接口是否密封、密封圈是否有效、主轴与密封圈之间真空脂是否涂好、真空泵及其皮管是否漏气或玻璃件是否有裂缝、碎裂、损坏的现象。

2.9.2 溶液的浓缩和溶剂的回收

使用简单的蒸馏操作或使用旋转蒸发仪可以进行浓缩和溶剂回收操作。使用旋转蒸发仪的操作步骤:按说明书要求安装好旋转蒸发仪,接好冷却水,接通电源。把待蒸发溶液倒入旋转蒸馏烧瓶中(2/3 以下),安装在转动接口上,并用连接固定器件固定好,打开真空泵,检查系统是否漏气,开通冷却水,打开转动开关(开机前先将调速旋钮左旋到最小),从零调节转速至所需速度,用水浴加热开始蒸馏。若溶液量太多,可使用吸料口分批吸入蒸发料液。蒸馏结束后,先撤去水浴,再通大气,再关闭转动开关,最后关闭真空泵和旋转蒸发仪电源。

2.10　气体钢瓶及用气操作

在有机化学实验中经常用到氧气、氯气、二氧化碳、氢气、光气、压缩空气、氨气、乙炔等气体，氮气、氩气等保护气体，以免反应体系中易氧化的组分发生氧化等副反应；空气、氧气用于氧化反应；氢气、氯气、氨气、光气、二氧化碳等用作反应物等。正确使用气体钢瓶及进行用气实验操作，对于实验室安全极为重要。

2.10.1　减压表

减压表由指示钢瓶压力的总压力表、控制压力的减压阀和减压后的分压力表三部分组成。

图 2.37　减压表

使用时应注意，把减压表与钢瓶连接好（勿猛拧！）后，将减压表的调压阀旋到最松位置（即关闭状态），然后打开钢瓶总气阀门，总压力表即显示瓶内气体总压。检查各接头（用肥皂水）不漏气后，方可缓慢旋紧调压阀门，使气体缓缓送入系统。使用完毕时，应首先关紧钢瓶总阀门，排空系统的气体，待总压力表与分压力表均指到"0"时，再旋松调压阀门。如钢瓶与减压表连接部分漏气，应加垫圈使之密封，切不能用麻丝等物堵漏，特别是氧气钢瓶及减压表绝对不能涂油。

2.10.2　钢瓶

钢瓶又称高压气瓶，是一种在加压下贮存或运送气体的容器，通常有铸钢的、低合金钢的等。氢气、氧气、氮气、空气等在钢瓶中呈压缩气状态，二氧化碳、氨、氯、石油气等在钢瓶中呈液化状态。乙炔钢瓶内装有多孔性物质（如木屑、活性炭等）和丙酮，乙炔气体在压力下溶于其中。为了防止各种钢瓶混用，全国统一规定了瓶身、横条以及标字的颜色，以示区别。现将常用的几种钢瓶的标字颜色摘录于表 2.9 中。

使用钢瓶时应注意：

（1）钢瓶应放置在阴凉、干燥、远离热源的地方，避免日晒。氢气钢瓶应放在与实验室隔开的气瓶房内。实验室中应尽量少放钢瓶。

（2）搬运钢瓶时要旋上瓶帽，套上橡皮圈，轻拿轻放，防止摔碰或剧烈振动。

表 2.9　常用几种钢瓶的标字颜色

气体类别	瓶身颜色	横条颜色	标字颜色
氮气	黑	棕	黄
空气	黑		白
二氧化碳	黑		黄
氧气	天蓝		黑
氢气	深绿		红
氯气	草绿	红	白
氨气	黄	白	黑
其他可燃性气体	红		
其他不可燃性气体	黑		

(3)使用钢瓶时,如直立放置应有支架或用铁丝绑住,以免歪倒;如水平放置应垫稳,防止滚动,还应防止油和其他有机物玷污钢瓶。

(4)钢瓶使用时要用减压表,各种减压表不得混用。一般可燃性气体(氢、乙炔等)钢瓶气门螺纹是反向的,不燃或助燃性气体(氮、氧等)钢瓶气门螺纹是正向的。开启气门时应站在减压表的另一侧,以防减压表脱出而被击伤。

(5)钢瓶中的气体不可用完,应留有 0.5%表压以上的气体,以防止重新灌气时发生危险。

(6)用可燃性气体时一定要有防止回火的装置(有的减压表带有此种装置)。在导管中塞细铜丝网,管路中加液封可以起到保护作用。

(7)钢瓶应定期试压检验(一般钢瓶三年检验一次)。逾期未经检验或锈蚀严重或漏气的钢瓶,不得使用。

2.10.3　用气操作

使用氮气、氩气等保护气体及氧气、压缩空气、少量二氧化碳等无毒无害反应气体时,可在开口反应容器中进行,用气时直接将气体用导气管通入反应体系中即可。使用氯气、光气、氨气等有毒有害气体时,要在密闭耐压反应器中进行,若使用少量的这些气体,要在反应器上连接气体吸收装置。使用氢气、乙炔等易燃易爆气体时,要在密闭耐压反应器中进行,且要注意不能漏气,以免发生危险。

2.11　气体吸收装置及使用

许多反应能够产生有害气体,涉及这样的反应一定要在通风橱或通风良好的地方进行,并连接气体吸收装置。气体吸收装置(见图 2.38),用于吸收反应过程中生成的有刺激性和水溶性的气体(如 HCl,NH_3,SO_2 等)。图 2.38(a)和 2.38(b)所示装置可作少量气体的吸收装置。图 2.38(a)中的玻璃漏斗应略微倾斜使漏斗口一半在水中,一半在水面上。这样,既能防止气体逸出,亦可防止水被倒吸至反应瓶中。若反应过程中有大量气体生成或气体逸出很快时,可使用图 2.38(c)的装置,水自上端流入(可利用冷凝管流出的水)抽滤瓶中,在恒定的平面上溢出。待吸收的气体也从上端进入,粗的玻璃管恰好伸入水面,被水封住,以防止气体逸入大气中。图中的粗玻璃管也可用 Y 形管代替。

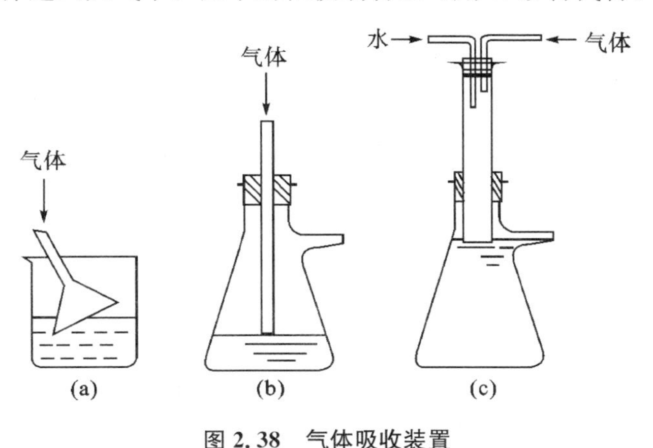

图 2.38　气体吸收装置

第3章　有机化合物的分离提纯与表征技术

3.1　分离提纯技术

3.1.1　蒸馏

3.1.1.1　蒸馏概述

蒸馏是对液体混合物分离提纯的一种重要的操作技术。当一种液体被加热时，由于分子从液体表面逃逸出来，形成蒸气压（液体的蒸气压，即指这种液体在液－气平衡时气体分子对容器器壁的作用力），温度升高，其蒸气压增大；当蒸气压增大到与外界压力相等时，液体沸腾。这时的温度即是这种液体在给定外界压力下的沸腾温度，亦即沸点。每一种纯的液体在一定的压力下均具有固定的沸点。在简单蒸馏装置中加热液体直至沸腾，将产生的蒸气导入冷凝管，使之冷却凝结成液体，这个蒸发、冷凝过程称为蒸馏。

液体混合物可以用蒸馏的方法加以分离，因为组成混合液的各组分具有不同的挥发度。在常压下，混合液在蒸馏瓶内加热至沸腾，溶液部分被汽化。此时，溶液上方蒸气的组成与液相的组成不同，沸点低的组分在蒸气相中的含量增多，而在液相中含量减少。因而，若部分汽化的蒸气全部冷凝，就得到易挥发组分含量比蒸馏瓶内残留溶液中所含易挥发组分含量高的冷凝液，进而达到分离的目的。通过蒸馏可以使混合液中各组分得到部分或全部分离。但各组分的沸点必须相差很大，一般在30℃以上才能得到较好的分离效果。

蒸馏操作主要用于下列几方面：

（1）分离液体混合物，分离沸点差大于30℃的液体混合物时，能达到有效的分离；

（2）测定纯液态有机化合物的沸点及定性检验液态有机化合物的纯度；

（3）提纯，除去不挥发的杂质；

(4)回收溶剂,或蒸出部分溶剂以浓缩溶液。

纯净有机物液体在一定压力下,具有恒定的沸点,在整个蒸馏过程中沸点有很小的变动,一般在0.5℃～1℃范围内,因此蒸馏可用于测定有机物的沸点。

但是,有恒定沸点的液体并不一定全是纯净物,具有共沸性质的混合物系(共沸物)也有恒定的共沸点,无论其液相还是气相都是混合物。共沸物,又称恒沸物,是指两组分或多组分的液体混合物,在恒定压力下沸腾时,其组成与沸点均保持不变。沸腾产生的蒸气与液体本身有着完全相同的组成,共沸物是不可能通过常规的蒸馏或分馏手段加以分离的。并非所有的二元液体混合物都可形成共沸物,表3.1和3.2列出了一些常见的共沸物组成及其共沸点。这类混合物的温度-组分相图有着显著的特征,即其气相线(气液混合物和气态的交界)与液相线(液态和气液混合物的交界)有着共同的最高点或最低点。如此点为最高点,则称为正共沸物;如此点为最低点,则称为负共沸物。大多数共沸物都是负共沸物,即有最低沸点。值得注意的是:任一共沸物都是针对某一特定外压而言,对于不同压力,其共沸组分和沸点都将有所不同。实践证明,沸点相差大于30℃的两个组分很难形成共(恒)沸物(如水与丙酮就不会形成共沸物)。

表3.1　一些常见有机物与水形成二元共沸物的组成及共沸温度(水沸点100℃)

有机物	沸点/℃	共沸点/℃	含水量/%	有机物	沸点/℃	共沸点/℃	含水量/%
氯仿	61.2	56.1	2.5	甲苯	110.5	85.0	20.0
四氯化碳	77.0	66.0	4.0	正丙醇	97.2	87.7	28.8
苯	80.4	69.2	8.8	异丁醇	108.4	89.9	88.2
二氯乙烷	83.7	72.0	19.5	二甲苯	137～140.5	92.0	37.5
乙腈	82.0	76.0	16.0	正丁醇	117.7	92.2	37.5
乙醇	78.3	78.1	4.4	吡啶	115.5	94.0	42.0
乙酸乙酯	77.1	70.4	8.0	异戊醇	131.0	95.1	49.6
异丙醇	82.4	80.4	12.1	正戊醇	138.3	95.4	44.7
乙醚	34.5	34.0	1.0	氯乙醇	129.0	97.8	59.0
甲酸	100.8	107.0	26.0	二硫化碳	46.0	44.0	2.0

表 3.2　一些常见有机溶剂共沸混合物的组成及共沸温度

共沸混合物	组分的沸点/℃	共沸物的组成(质量)/%	共沸物的沸点/℃
乙醇-乙酸乙酯	78.3,78.0	30∶70	72.0
乙醇-苯	78.3,80.6	32∶68	68.2
乙醇-氯仿	78.3,61.2	7∶93	59.4
乙醇-四氯化碳	78.3,77.0	16∶84	64.9
乙酸乙酯-四氯化碳	78.0,77.0	43∶57	75.0
甲醇-四氯化碳	64.7,77.0	21∶79	55.7
甲醇-苯	64.7,80.4	39∶61	48.3
氯仿-丙酮	61.2,56.4	80∶20	64.7
甲苯-乙酸	101.5,118.5	72∶28	105.4
乙醇-苯-水	78.3,80.6,100	19∶74∶7	64.9

3.1.1.2　蒸馏装置

图 3.1 是最常用的蒸馏装置，由于这种装置出口处与大气相通，可能逸出馏液蒸气，若蒸馏易挥发的低沸点液体时，需将接液管的支管连上橡皮管，通向水槽或室外。支管口接上干燥管，可用作防潮的蒸馏。图 3.2 为蒸除溶剂的蒸馏装置。图 3.3 是应用空气冷凝管的蒸馏装置，常用于蒸馏沸点在 140℃ 以上的液体。

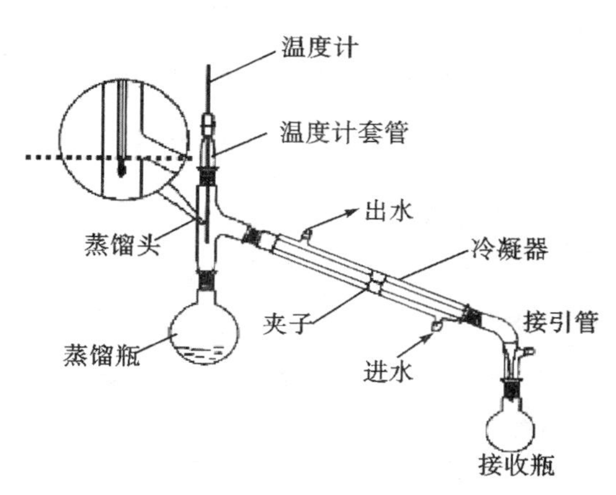

图 3.1　沸点在 140℃ 以下的蒸馏装置

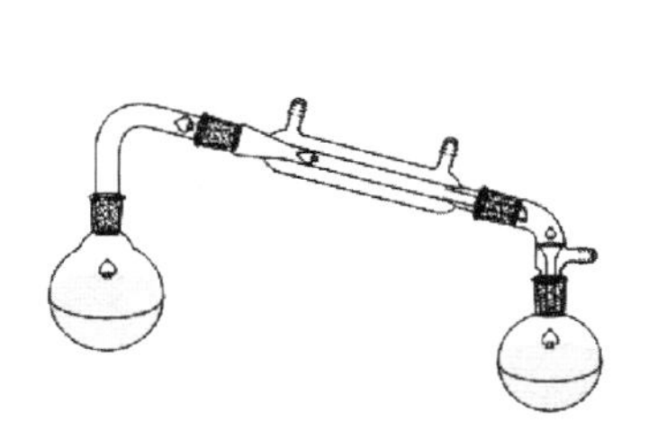

图 3.2　蒸出溶剂用蒸馏装置

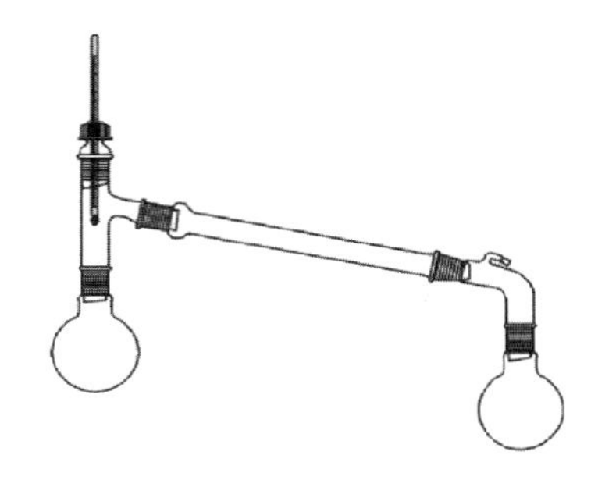

图 3.3　沸点在 140℃以上的蒸馏装置

3.1.1.3　蒸馏操作

(1)加料：根据蒸馏液体的量，选择大小合适的蒸馏瓶，蒸馏液体一般不要超过蒸馏瓶容积的 2/3，也不要少于 1/3。安装蒸馏烧瓶时，瓶底距离电热套底 1～2 cm。将液体小心倒入蒸馏瓶(或用漏斗)，在液体装入烧瓶后和加热之前，必须在烧瓶内加入 1～2 粒沸石(因为烧瓶的内表面很光滑，不加沸石溶液容易发生过热而突然沸腾，致使蒸馏不能顺利进行)。如果忘记加沸石，必须等溶液冷却后再加(否则，会发生暴沸)。沸石只能使用一次，当液体冷却之后，原来加入的沸石即失去效果，所以继续蒸馏时，须加入新的沸石。在常压蒸馏中，具有多孔、不易碎、与蒸馏物质不发生化学反应的物质，均可用作沸石。常用的沸石是切成直径为 1～2 mm 的素烧陶土或碎的瓷片。如果在蒸馏过程中同时进行磁力搅拌，则不需要加入沸石，在磁力搅拌过程中，蒸馏不会引起暴沸。

(2)加热：根据被蒸馏的液体的沸点选择加热装置。被蒸馏液体的沸点在 80℃以下时，用热水浴加热(蒸馏低沸点易燃易爆有机物时，应注意切勿使用明火加热)；液体沸点在 100℃以上时，在石棉网上用简易空气浴、电热套、电热板或者用油浴加热；液体温度在 200℃以上时，用沙浴、空气浴及电热套等加热。进行蒸馏操作时，蒸馏瓶内的液体不能蒸干，以免蒸馏瓶炸裂或发生其他危险。

(3)冷凝：蒸馏沸点在 140℃以下的有机物用水冷凝管冷凝，蒸馏沸点在 140℃以上的有机物用空气冷凝管冷凝。用水冷凝管时，先由冷凝管下口缓缓通入冷水，自上口流出引至水槽中，然后就可以开始加热蒸馏了。若蒸馏液体中含有多个组分且沸点差较大时，先用水冷凝管冷凝，蒸出 140℃以下的组分。停止加热，冷却后补加沸石并换成空气冷凝管后继续加热蒸馏蒸出 140℃以上的组分。进行蒸馏操作时，先通冷却水，后加热。蒸馏完成时，先停止加热，撤去热源，待蒸馏瓶冷却，不再有馏出物流出后，再停止通冷却水。

(4)蒸馏：当蒸馏瓶中的液体开始沸腾时，温度急剧上升。当温度上升到被蒸馏液体沸点上下 1℃时，将加热强度控制到每秒钟流出 1～2 滴的速度。在整个蒸馏过程中，应使温度计水银球上常有被冷凝的液滴。此时的温度即为液体与蒸气平衡时的温度。温度计的读数就是液体(馏出液)的沸点。蒸馏时加热的温度不能太高，否则会在蒸馏瓶的颈部造成过热现象，使一部分液体的蒸气直接受到热源的热量，这样由温度计读得的沸点值会偏高；另一方面，蒸馏也不能进行得太慢，否则由于温度计的水银球不能为馏出液蒸气充分浸润而使温度计上所读得的沸点值偏低或不规则。

(5)收集馏分：进行蒸馏前，至少要准备两个接收瓶，使用两口或三口尾接管接收馏出物。因为在达到预期物质的沸点之前，会有沸点较低的液体先蒸出。这部分馏液称为“前馏分”或“馏头”。前馏分蒸完，温度趋于稳定后，蒸出的就是较纯的物质，这时应更换一个洁净干燥的接收瓶接收，记下这部分液体开始馏出时和最后一滴时温度计的读数，即是该馏分的沸程(沸点范围)。一般液体中或多或少含有一些高沸点杂质，在所需要的馏分蒸完后，若再继续升高加热温度，温度计的读数会显著升高，若维持原来的加热强度，就不会有馏液蒸出，温度会下降。这时就应停止蒸馏。

如果蒸馏的是低沸点的液体，如乙醚等，接收瓶应该放在冷水中降温，以减少低沸点液体的蒸发。

实验一　制备无水乙醇

乙醇，就是我们通常说的酒精，为无色透明液体，易挥发，有辛辣味，易燃烧，沸点为78.5℃，闪点为11.7℃，能与水以任意比例混溶。乙醇具有非常广泛的用途，在实验室中，它是很好的溶剂；在医学上，它常用来消毒杀菌。在世界面临能源危机的今天，开发利用乙醇做动力燃料，正受到人们越来越多的关注。把乙醇掺进汽油里混合使用，称为醇汽油，效率甚至比单用汽油还高。

根据其用途，分为绝对无水乙醇(99.95%)、无水乙醇(99.5%)、工业乙醇(95.6%)和医用乙醇(75%)。在常压下，当组成为4.43%的水、95.57%的乙醇的时候，这个混合物有恒定的沸点，叫共沸点，它们叫共沸物，共沸点为78.15℃。因此，普通蒸馏的方法即使再浓缩，也得不到纯度高于95.6%的乙醇。所以，要制备无水乙醇，要用化学试剂氧化钙等除水，而要制备绝对无水乙醇，就要用钠、镁等碱金属除水。

【实验目的】

(1)掌握制备无水乙醇基本原理及干燥技能。

(2)学习蒸馏装置的装配和蒸馏分离技术。

【实验原理】

用化学法除水或用物理吸附方法除水（一般用蒸馏或分馏不能除去的水分），因为乙醇和水形成恒沸混合物，95%的乙醇，其中5%的水不能用蒸馏或分馏方法除去，只能通过化学法或物理吸附方法除水。

本实验采用化学方法（氧化钙法）：

$$H_2O + CaO = Ca(OH)_2$$

（乙醇）　　（乙醇）

无水乙醇检验方法：
- 无水 $CuSO_4$ 法
- 干燥 $KMnO_4$ 法
- 测折光率

【主要仪器和试剂】

圆底烧瓶、球形冷凝管、直形冷凝管、接液管、接收瓶、干燥管。

工业酒精、CaO、NaOH、无水 $CaCl_2$、无水 $CuSO_4$ 或 $KMnO_4$。

【实验步骤】

在 50 mL 圆底烧瓶①中加入 20 mL 工业酒精（95%）和 8 g 生石灰②，装球形冷凝管，在球形冷凝管上面装上干燥管，加热回流 1 h 后，改成蒸馏装置（图3.1）。接收瓶的支管连接一支氯化钙干燥管，起到阻止水汽进入，同时又与大气相通的作用。蒸去前馏分后，更换接收瓶收集无水乙醇，蒸馏至几乎无液滴滴出为止。称量无水乙醇的质量和体积，计算回收率。

【产品鉴定】

取一支小试管，里面放一小粒高锰酸钾或少量无水硫酸铜粉末，迅速滴入几滴蒸馏后的无水乙醇，塞住试管口。观察乙醇是否变为紫红色或变为蓝色，如果没有变化，说明含水量很低，产品质量符合要求。由于无水乙醇吸水很快，所以检验时动作要快。高锰酸钾比无水硫酸铜灵敏。

测定所得无水乙醇的折光率。

【思考题】

(1)用工业乙醇制备无水乙醇时，理论上需要多少克氧化钙？

---

① 本实验使用的所有仪器都应干燥，操作过程中也要防止水分的侵入。

② 生石灰即氧化钙，它与水作用生成氢氧化钙，加热后不会分解，所以后面蒸馏时不必滤除反应瓶中的氢氧化钙。蒸馏以后，氢氧化钙附着在瓶壁上很难清洗，可以用稀酸浸泡后清洗。

(2)装配蒸馏装置时应注意哪些问题?

(3)安装温度计时,温度计水银球上端应处在什么位置?若所处位置偏高或偏低对所测沸点有何影响?

(4)蒸馏时,放入沸石(止暴剂)为什么能防止暴沸?如果加热后才发觉未加入沸石时,应该怎样处理才安全?

(5)用蒸馏法能否使收集的乙醇浓度达100%?要使其浓度达100%可以采取什么方法?

3.1.2 减压蒸馏

3.1.2.1 减压蒸馏概述

减压蒸馏是分离和提纯有机化合物的一种重要方法。它特别适用于那些在常压蒸馏时未达沸点,即已受热分解、氧化或聚合的物质。液体的沸点是指它的蒸气压等于外界压力时的温度,因此液体的沸点是随外界压力的变化而变化的,如果借助于真空泵降低系统内压力,就可以降低液体的沸点,避免发生分解或氧化等现象。这种在较低压力下进行蒸馏的操作称为减压蒸馏。

一般的高沸点有机化合物,当压力降低到2.67 kPa(20 mmHg)时,其沸点要比常压下的沸点低100℃~120℃。物质的沸点和压力是有一定关系的,可通过图3.4所示的沸点-压力的经验计算图近似地推算出高沸点物质在不同压力下的沸点。例如,水杨酸乙酯常压下的沸点为234℃,其在2.67 kPa的沸点为多少度?可在图3.4中B线上找出相当于234℃的点,将此点与C线上2.67 kPa处的点联成一直线,把此线延长与A线相交,其交点所示的温度就是水杨酸乙酯在2.67 kPa压力下的沸点,约为118℃。

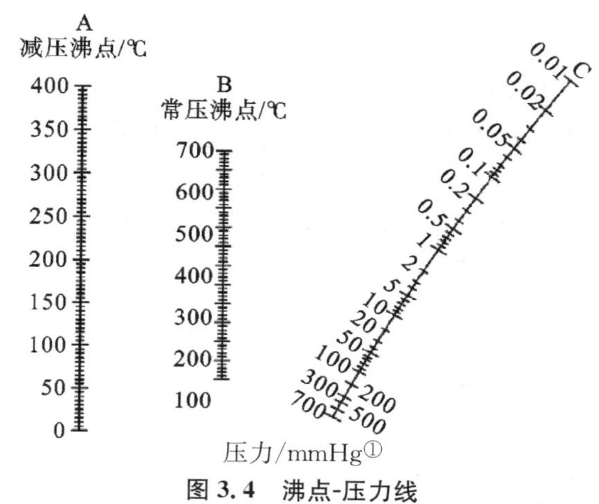

图3.4 沸点-压力线

① 1 mmHg=133 Pa。

3.1.2.2　减压蒸馏装置

常用的减压蒸馏系统(如图3.5所示)分为蒸馏、抽气(减压)以及在它们之间的保护和测压装置三部分组成。

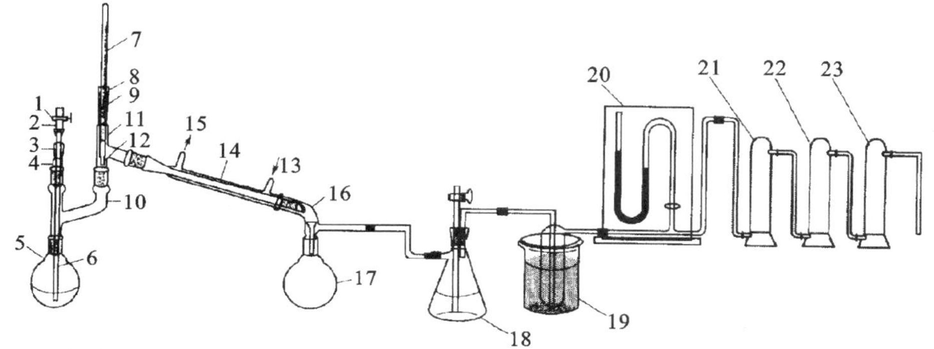

1—螺旋夹;2—乳胶管;3,8—单孔塞;4,9—套管;5—圆底烧瓶;6—毛细滴管;7—温度计;10—Y形管;11—蒸馏头;12—水银球;13—进水;14—直形冷凝器;15—出水;16—直空接引管;17—安全瓶;18—吸滤瓶;19—冷却阱;20—压力计;21—氯化钙吸收塔;22—氢氧化钠吸收塔;23—石蜡块吸收塔

图3.5　减压蒸馏装置图

(1)蒸馏部分。与常压蒸馏不同,减压蒸馏瓶又称克氏蒸馏瓶,在接口仪器中用克氏蒸馏头配圆底烧瓶代替。它有两个颈,其目的是为了避免减压蒸馏时瓶内液体由于沸腾而冲入冷凝管中。瓶的一颈中插入温度计,另一颈中插入一根毛细管,其长度恰好使其下端距瓶底1～2 mm。毛细管上端连有一段带螺旋夹的橡皮管,螺旋夹用以调节进入空气的量,使极少量的空气进入液体,呈微小气泡冒出,作为液体沸腾的汽化中心,使蒸馏平稳进行。接收器可用蒸馏瓶(圆底或抽滤瓶充任),切不可用平底烧瓶或锥形瓶(壁薄不耐压)。蒸馏时若要收集不同的馏分而又不中断蒸馏,则可用两尾或多尾接液管,就可使不同的馏分进入指定的接收器中。

根据蒸出液体的沸点不同,选用合适的热浴和冷凝管,如果蒸馏的液体量不多而且沸点甚高,或是低熔点的固体,也可不用冷凝管,而将克氏瓶的支管通过接液管直接插入接收瓶的球形部分中。蒸馏沸点较高的物质时,最好用石棉绳或石棉布包裹蒸馏瓶的上部和蒸馏头的两颈,以减少散热。控制热浴的温度,使它比液体的沸点高出20℃～30℃。

(2)保护测压装置部分。当用油泵进行减压时,为了防止易挥发的有机溶剂、酸性物质和水汽进入油泵,必须在馏液接收器与油泵之间顺次安装冷却阱和几种吸收塔,以免污染油泵用油,腐蚀机件致使真空度降低。吸收装置的作用是吸收对真空泵有损害的各种气体或蒸气，借以保护减压设备，一般由下述几部分组成：

冷却阱：用来冷却水蒸气和一些挥发性物质，冷却瓶外用冰-盐混合物冷却（必要时可用干冰-丙酮冷却）；硅胶（或无水氯化钙）干燥塔：用来吸收水蒸气；氢氧化钠吸收塔：用来吸收酸性蒸气；石蜡片吸收塔：吸收某些烃类气体。

实验室通常采用循环水泵来进行减压，其装置还自带测压表，不需要如油泵上述复杂装备。使用水泵时只需在泵前接一个安全瓶，瓶上的两通活塞供调节系统压力及放气之用。减压蒸馏的整个系统必须保持密封不漏气，所以选用橡皮塞的大小及钻孔都要十分合适。所有橡皮管最好用真空橡皮管。各接口玻塞部分都应仔细涂上真空脂。

当被蒸馏物中含有低沸点的物质时，应先进行普通蒸馏，然后用循环水泵减压蒸去低沸点物质，最后再用油泵减压蒸馏。

（3）抽气部分。实验室通常用水泵、循环水泵或油泵进行减压。

3.1.2.3　减压蒸馏操作

（1）进行减压蒸馏时，先在圆底烧瓶中放置不超过 1/2 待蒸馏液体，在仪器接口涂少量真空脂，按图 3.5 装好仪器，旋紧毛细管夹，打开安全瓶上活塞，然后开泵抽气。

（2）逐渐关闭活塞，观察真空表上是否达到最小真空度（或在当时条件下的最小真空度），如果不能达到，就是装置漏气。如果装置漏气，具体检查方法是：先将接引管和安全瓶之间的橡皮管对折，用手紧握，看压力表读数，读数不变，说明从安全瓶到泵之间气密性良好，这时，漏气部分应该在蒸馏装置。找出漏气部分，加以排除。

（3）旋转活塞，调节至所需的真空度。调节螺旋夹，使液体中有连续平稳的小气泡通过。开启冷却水，选用合适的热浴加热蒸馏（使热浴温度比液体的沸点高 20℃～30℃）。加热时，克氏瓶的圆球部分至少有 2/3 浸入浴液中。蒸馏过程中，要密切注意瓶颈上的温度计和压力的读数，注意记录压力、沸点等数据。纯物质的沸点范围，一般不超过 1℃～2℃。假如起始蒸出的馏液比要收集的物质沸点低，则在蒸至接近预期的温度时需要调换接收器。调换接收器时应先移去热源，取下热浴，待稍冷后，渐渐打开活塞，使系统与大气相通，然后松开毛细管夹，切断循环水泵（或油泵），卸下接收瓶，装上另一接收瓶，再继续减压蒸馏操作。若用多口接液管，则可直接旋转接液管使新接收瓶处于最低位置即可，不必中断蒸馏操作。

（4）蒸馏完毕后，撤去热浴，待稍冷后缓缓解除真空，使内外压平衡后，方可关闭循环水泵（或油泵）。否则，由于系统中压力较低，循环水泵中的水有倒吸的可能(或油泵中油就有吸入干燥塔的可能)。

实验二　减压蒸馏提纯苯甲醛

苯甲醛(benzaldehyde)广泛存在于植物界,特别是在蔷薇科植物中,主要以苷的形式存在于植物的茎皮、叶或种子中,如苦杏仁中的苦杏仁苷。在多种植物的精油中含有少量游离的苯甲醛。苯甲醛为无色液体,具有类似苦杏仁的香味,曾称苦杏仁油;熔点为−26℃,沸点为178℃,能与乙醇、乙醚、氯仿等混溶,微溶于水;能进行水蒸气蒸馏分离提纯。苯甲醛在工业中主要由甲苯在催化剂(五氧化二钒、三氧化钨或三氧化钼)作用下以空气或氧进行气相氧化;或者在光照下将甲苯氯化成氯化苄,然后再水解、氧化;也可氯化成二氯甲基苯再水解。工业中也有以苯为原料,在加压和三氯化铝的作用下与一氧化碳和氯化氢反应制取。苯甲醛是医药、染料、香料和树脂工业的重要原料,还可用作溶剂、增塑剂和低温润滑剂等。

由于苯甲醛易被空气氧化生成苯甲酸,严重影响后续的反应和使用,因此在使用存放时间较长的苯甲醛时必须经过蒸馏提纯。由于苯甲醛沸点较高,因而实验室中常用减压蒸馏提纯。

【实验目的】

(1)了解减压蒸馏的原理和应用范围。

(2)掌握减压蒸馏仪器的安装和操作方法。

【实验原理】

苯甲醛易发生氧化反应生成苯甲酸,因此,久置的苯甲醛中含有大量的苯甲酸,使用前需进行提纯。提纯的方法主要是通过洗涤的办法除去苯甲酸,然后再通过蒸馏或减压蒸馏得到纯的苯甲醛。

【实验药品和仪器】

苯甲醛、圆底烧瓶(2个)、克氏蒸馏头、毛细管、弹簧夹、直形冷凝管、三口接液管、吸收装置、压力计、安全瓶、减压泵。

【实验步骤】

(1)按图3.5所示安装装置(使用循环水泵,免除吸收装置),接口玻璃涂上真空脂(油)。

(2)检查系统是否漏气。

(3)在圆底烧瓶中加入20 mL苯甲醛。

(4)关上安全瓶活塞→抽气→调节毛细管导入适量空气→加热蒸馏。

(5)蒸馏完毕:去热源→放气(不能太快)→打开安全瓶活塞→关水泵或油泵。

(6)称重,回收产品。

【思考题】

(1)在怎样的情况下才用减压蒸馏?

(2)使用油泵减压时,有哪些吸收和保护装置?其作用是什么?

(3)在进行减压蒸馏时,为什么必须用热浴加热,而不能用直接火加热?为什么进行减压蒸馏时须先抽气才能加热?

(4)当减压蒸完所要的化合物后,应如何停止减压蒸馏?为什么?

(5)苯甲醛长期放置后,瓶口处常出现一些白色固体,它是什么?简述在实验室中除去苯甲醛中的这种杂质的实验步骤(苯甲醛的沸点是178℃)。

3.1.3 水蒸气蒸馏

3.1.3.1 水蒸气蒸馏概述

水蒸气蒸馏是将水蒸气通入不溶于水的有机物中,使有机物与水经过共沸而蒸出的操作过程。它是用来分离和提纯液态或固态有机化合物的一种方法。此法常用于下列情况:

(1)从含有大量树脂状杂质或不挥发性杂质反应混合物中分离提纯有机化合物。

(2)除去易挥发的有机化合物。

(3)从固体多的反应混合物中分离被吸附的液体产物。

(4)分离提纯易分解的有机化合物。某些有机物在达到沸点时容易被破坏,采用水蒸气蒸馏可在100℃以下蒸出。

若使用水蒸气蒸馏进行分离提纯,被提纯化合物应具备以下条件:

(1)不溶或难溶于水,如溶于水则蒸气压显著下降。例如,丁酸比甲酸在水中的溶解度小,所以丁酸比甲酸易被水蒸气蒸馏出来,虽然纯甲酸的沸点(101℃)较丁酸的沸点(162℃)低得多。

(2)在100℃下与水不起化学反应。

(3)在100℃左右,应具有相对高的蒸气压(一般不小于13.33 kPa)。

当水和不(或难)溶于水的化合物一起存在时,整个体系的蒸气压力根据道尔顿分压定律,应为各组分蒸气压之和,即 $p=p_A+p_B$,其中 p 为总的蒸气压,p_A 为水的蒸气压,p_B 为不溶于水的化合物的蒸气压。当混合物中各组分的蒸气压总和等于外界大气压时,混合物开始沸腾。这时的温度即为它们的沸点。所以混合物的沸点比其中任何一组分的沸点都要低些。因此,常压下应用水蒸气蒸馏，能在低于100℃的情况下将高沸点组分与水一起蒸出来。蒸馏时混合物的沸点保持不变，直到其中一组分几乎全部蒸出(因为总的蒸气压与混合物中二者相对量无关)。混合物蒸气压中各气体分压之比(p_A ∶ p_B)等于它们的物质的量之比。即

$$\frac{n_A}{n_B}=\frac{p_A}{p_B}$$

式中，n_A 为蒸气中含有 A 物质的量，n_B 为蒸气中含有 B 物质的量。而

$$n_A=\frac{m_A}{M_A},n_B=\frac{m_B}{M_B}$$

式中，m_A，m_B 分别为 A，B 在容器中蒸气的质量；M_A，M_B 分别为 A，B 的摩尔质量。因此

$$\frac{m_A}{m_B}=\frac{M_An_B}{M_Bn_B}=\frac{M_Ap_A}{M_Bp_B}$$

两种物质在馏出液中相对质量(也就是在蒸气中的相对质量)与它们的蒸气压和摩尔质量成正比。以溴苯为例，溴苯的沸点为156.12℃，常压下与水形成混合物于95.5℃时沸腾，此时水的蒸气压力为86.1 kPa(646 mmHg)，溴苯的蒸气压为15.2 kPa(114 mmHg)。总的蒸气压＝86.1 kPa＋15.2 kPa＝101.3 kPa(760 mmHg)。因此，混合物在95.5℃沸腾，馏出液中两物质之比：

$$\frac{m_{水}}{m_{溴苯}}=\frac{18\times86.1}{157\times15.24}=\frac{6.5}{10}$$

就是说馏出液中有水6.5 g，溴苯10 g；溴苯占馏出物的61%。这是理论值，实际蒸出的水量要多一些，因为上述关系式只适用于不溶于水的化合物，但在水中完全不溶的化合物是没有的，所以这种计算只是个近似值。又如苯胺和水在98.5℃时，蒸气压分别为5.7 kPa(43 mmHg)和95.5 kPa(717 mmHg)，从计算得到馏出液中苯胺的含量应占23%，但实际得到的较低，主要是苯胺微溶于水所引起的。应用过热水蒸气蒸馏可以提高馏液中化合物的含量，例如，苯甲醛(沸点为178℃)，进行水蒸气蒸馏，在97.9℃沸腾[这时 p_A＝93.7 kPa(703.5 mmHg)，p_B＝7.5 kPa(56.5 mmHg)]，馏出液中苯甲醛占32.1%，若导入133℃过热蒸汽，这时苯甲醛的蒸气压可达29.3 kPa(220 mmHg)。因而水的蒸气压只要71.9 kPa(540 mmHg)就可使体系沸腾。因此，

$$\frac{m_A}{m_B}=\frac{71.9\times18}{29.3\times106}=\frac{41.7}{100}$$

这样馏出液中苯甲醛的含量提高到70.6%。

在实际操作中，过热蒸汽还应用在100℃时仅具有0.133～0.666 kPa(1～5 mmHg)蒸气压的化合物。例如，在分离苯酚的硝化产物中，邻硝基苯酚可用水

蒸气蒸馏出来，在蒸馏完邻位异构体以后，再提高蒸汽温度也可以蒸馏出对位产物。

3.1.3.2 仪器装置

常用的水蒸气蒸馏装置如图 3.6 所示。它是由水蒸气发生器(A)、安全管(B)、T 形管(C)、导气管(D)、克氏蒸馏头(E)、圆底烧瓶(F)、直形冷凝管(G)、接液管(H)、接收瓶(I)等组成。安装操作：自左而右、自下而上，整个装置处于一平面。A 是水蒸气发生器，通常盛水量以不超过其容积的 3/4 为宜。如果太满，沸腾时水将冲至烧瓶。安全玻璃管 B 几乎插到发生器 A 的底部。当容器内气压太大时，水可沿玻璃管上升，以调节内压。如果系统发生阻塞，水便会从管的上口喷出，此时应检查导管是否被阻塞。蒸馏瓶液体不宜超过其容积 1/3。蒸气导入管 D 的末端使之垂直地正对瓶底中央并伸到接近瓶底。馏液通过冷凝管、接液管进入接收器 I。

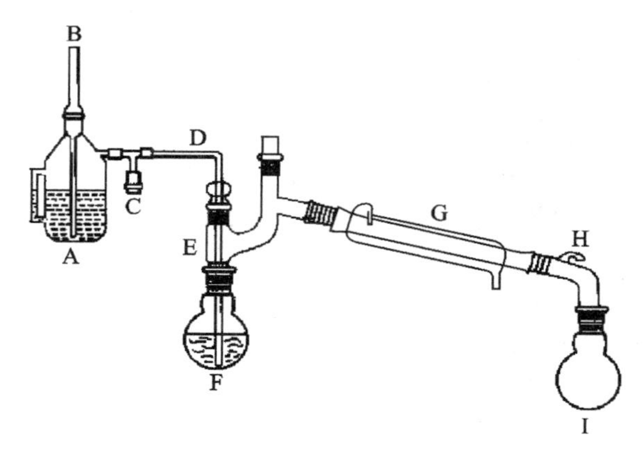

图 3.6 水蒸气蒸馏装置图

水蒸气发生器 A 与导气管 D 之间可以装上一个 T 形管 C，在 T 形管下端连一个弹簧夹，以便及时除去冷凝下来的水滴。应尽量缩短水蒸气发生器与蒸馏瓶之间的距离，以减少水蒸气的冷凝。

3.1.3.3 实验操作

进行水蒸气蒸馏时，先将样品溶液置于圆底烧瓶中。加热水蒸气发生器直至接近沸腾后才将 T 形管夹紧(若无 T 形管，将连接水蒸气发生器及导气管的胶管连接上)，使水蒸气均匀地进入圆底烧瓶。为了使蒸气不致在 F 中冷凝而积聚过多，操作中蒸馏瓶应放在比蒸气温度高约 10℃的热浴中，或使用小火加热。必须控制加热速度使蒸气能够全部在冷凝管中冷凝下来。如果随水蒸气挥发的物质具有较高的熔点，在冷凝后易于析出固体，应当调小冷却水的流速，使它冷凝后仍保持液态。假如已有固体析出，并且接近堵塞时，可暂时停止冷却水的流通，甚至需要将冷却水暂时放去，以使物质熔融后随水流入接收器中。必须注意，当冷凝管夹套中要重新通入冷却水时，需要小心并且缓慢地流进，以免冷凝管因骤冷而破裂。万一冷凝管被堵塞，应立即停止蒸馏，并且设法疏通。诸如使用玻棒将堵塞的物质捅出来或在冷凝管夹套中灌以热水使之熔出。

在蒸馏需要中断或者蒸馏完毕时，一定要先打开 T 形管 C 接通大气(若没有 T 形管，可以先拆开连接水蒸气发生器及导气管的胶管)，然后停止加热，否则 F 中的液体会倒吸到 A 中。在蒸馏过程中，如果发现安全管 B 中的水位迅速升高，则表示系统中发生了堵塞，此时应当立刻打开弹簧夹，然后再移去热源。待排除了堵塞后再继续进行水蒸气蒸馏。如由于水蒸气的冷凝而使蒸馏瓶内液体量增加，可适当加热蒸馏瓶。但要控制蒸馏速度，以每秒 2～3 滴为宜，以免发生意外。

当馏出液无明显油珠、澄清透明时，便可停止蒸馏。其顺序是先旋开螺旋夹，然后移去热源，否则可能发生倒吸现象。

实验三　用水蒸气蒸馏分离苯甲醛

【实验目的】

(1)了解水蒸气蒸馏的基本原理、使用范围和被蒸馏物应具备的条件。

(2)熟练掌握常量水蒸气蒸馏仪器的组装和使用方法。

【实验药品及仪器】

苯甲醛、水蒸气发生器、圆底烧瓶、T 形管、弹簧夹、克氏蒸馏头、空心塞、直形冷凝管、真空接液管、接收器、橡皮管。

【实验步骤】

(1)按图 3.6 安装好装置。

(2)加入 15 mL 苯甲醛。

(3)加热蒸馏：加热前先打开 T 形管螺旋夹，直到有蒸气时再关上螺旋夹，使蒸气通入蒸馏烧瓶，必要时蒸馏烧瓶可加热促使其快速蒸馏，以免其水分大量增加。

(4)当馏出液变澄清时候，先打开 T 形管螺旋夹，再停止加热。

(5)用分液漏斗分出水后，用干燥剂干燥，过滤，收集产品，称重，计算收率。

【思考题】

(1)进行水蒸气蒸馏时，蒸气导入管的末端为什么要插入到接近于容器的底部？

（2）在水蒸气蒸馏过程中，安全管中水位上升很高说明什么问题？如何处理才能解决呢？

（3）画出水蒸气蒸馏的装置，注明所用仪器的名称，简述操作步骤及进行水蒸气蒸馏时应注意的问题。

（4）适合水蒸气蒸馏的有机化合物必须具备哪三个条件？在哪些情况下常用水蒸气蒸馏作为分离提纯的方法？

3.1.4 分馏

3.1.4.1 分馏概述

液体混合物中的各组分，若其沸点相差很大，可用普通蒸馏法分离开；若其沸点相差不太大，则用普通蒸馏法就难以精确分离，而应当用分馏的方法分离。如果将两种挥发性液体的混合物进行蒸馏，通过相图可以看出（图3.7所示为苯-甲苯混合物相图）：在沸腾温度下，其气相与液相达成平衡，蒸气中低沸点组分A的含量高于液相中A的含量，气相中B的含量低于液相中B的含量。将此蒸气冷凝成液体，其组成与气相组成等同，这就是进行了一次简单的蒸馏。如果将蒸气凝成的液体重新蒸馏，即又进行一次气液平衡，再度产生的蒸气中所含低沸点组分A又有所增高，将此蒸气再经过冷凝而得到的液体中A的含量当然更高。这样，利用一连串系统的重复蒸馏，最后能得到接近纯的A和B两种液体。但是这样做既费时间，且在重复多次蒸馏操作中的损失也很大。

利用分馏柱进行分馏，实际上就是在分馏柱内使混合物进行多次汽化和冷凝（通过二元相图可以更好地理解分馏原理）。当上升的蒸气与下降的冷凝液互相接触时，上升的蒸气部分冷凝放出热量使下降的冷凝液部分汽化，两者之间发生了热量交换。其结果，上升蒸气中易挥发组分增加，而下降的冷凝液中高沸点组分增加。如此继续多次，就等于进行了多次气液平衡，即达到了多次蒸馏的效果。这样，靠近分馏柱顶部易挥发物质的组分的比率高，而在烧瓶里高沸点组分的比率高。当分馏柱的效率足够高时，开始从分馏柱顶部出来的几乎是纯净的易挥发组分，而最后在烧瓶里残留的则几乎是纯净的高沸点组分。

需要指出的是，具有恒沸点的二组分（或三组分，见表3.1和3.2）混合物不能用分馏方法将其分离开来，只能得到组成比例一定的混合物，即共沸混合物（图3.8所示为乙醇-水共沸相图）。

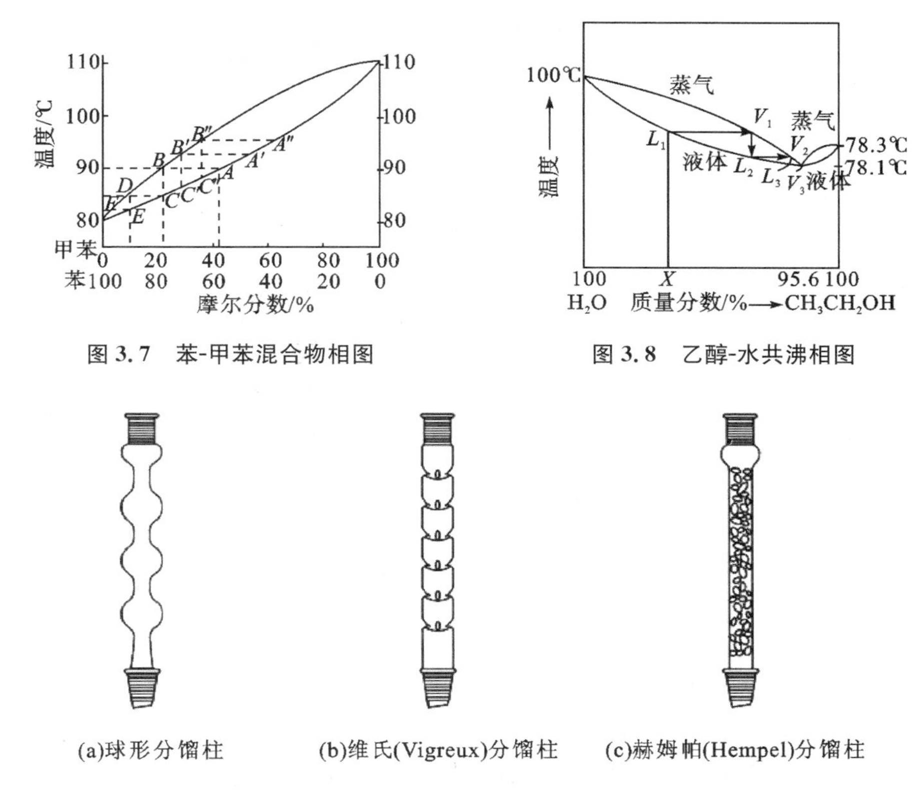

图 3.7　苯-甲苯混合物相图

图 3.8　乙醇-水共沸相图

(a)球形分馏柱　(b)维氏(Vigreux)分馏柱　(c)赫姆帕(Hempel)分馏柱

图 3.9　常用的分馏柱

分馏柱的作用是利用柱内刺突、螺旋轴或填充物，使馏液在柱内不断冷凝与蒸发，经过多次的液相与气相的热交换，使得较低沸点组分不断上升，最后被蒸馏出来，而较高沸点组分不断流回加热的容器中，从而达到分离的目的。所以在分馏时，柱内不同高度的各段，其组分浓度（或温度）是不同的。相距越远，组分浓度（或温度）的差别就越大。也就是说，在柱的动态平衡下，沿着分馏柱存在着组分浓度（或温度）梯度。因此，分馏柱效率与柱的高度、绝热性能和填充物类型等有关。实验室最常用的分馏柱如图3.9所示。其中球形分馏柱的分馏效率较差，通常加入玻璃环填充物。

分馏柱的效率用理论塔板数来衡量。分馏柱中的混合物经过一次汽化和冷凝的热力学平衡过程，相当于一次普通蒸馏所达到的理论浓缩效率，当分馏柱达到这一浓缩效率时，就具有一块理论塔板。分馏柱的理论塔板数越多，分离效果越好。二组分液体混合物分离所需理论塔板数与二组分沸点差之间的关系见表3.3。

表 3.3　二组分液体混合物分离所需理论塔板数与二组分沸点差之间的关系

沸点差值/℃	108	72	54	43	36	20	10	7	4	2
分离所需理论塔板数	1	2	3	4	5	10	20	30	50	100

回流比是指在单位时间内由柱顶冷凝返回柱中液体的量与蒸出物的量之比。回流比大，分离效果更好。

3.1.4.2　分馏实验装置

简单的分馏装置由蒸馏烧瓶、分馏柱、蒸馏头、温度计、冷凝管、接液管、接收瓶等组成，如图 3.10 所示。

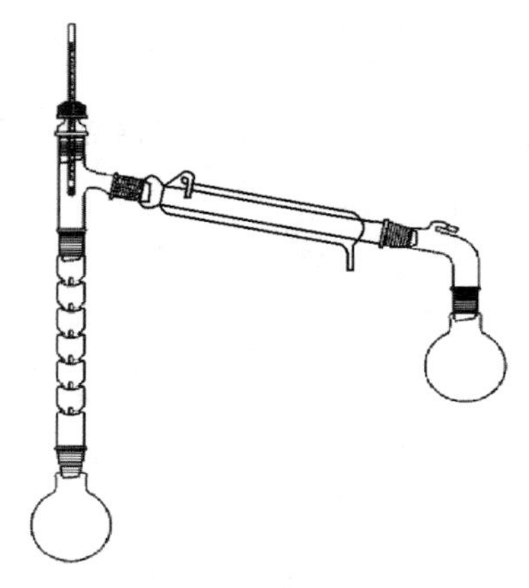

图 3.10　分馏装置图

3.1.4.3　分馏实验操作

(1)将待分馏物质倒入圆底烧瓶，其量以不超过烧瓶容量的 1/2 为宜，投入几粒沸石，安装分馏装置，经检查合格，通冷却水，根据待分馏液的沸点范围选择合适的热浴或直接加热。

(2)待液体开始沸腾，温度计水银球部出现液滴时，调节加热温度，使蒸气全部冷凝回流，维持 5 min 后，加热使液体平稳沸腾，当蒸气上升至分馏柱顶部，使蒸气缓慢上升以保持分馏柱内有一个均匀的温度梯度，温度梯度决定分馏效果的好坏，温度梯度可以通过调节馏出液速度来实现，馏出液速度越快，柱内温度梯度越小，分馏效果不好。另外，也可通过回流比来控制温度梯度。一般回流比控制在 4∶1，即流回到蒸馏瓶 4 滴，从冷凝管流出 1 滴。选择合适的回流比，控制馏出液滴出液速度为 2 秒 1 滴。根据实验规定的要求，分段收集馏分，记录各馏分的沸点范围及体积。

(3)在分馏过程中，要防止液泛，即蒸气都聚集在分馏柱中冷凝，不能进入冷凝管，或蒸气直接把分馏柱内冷凝的液体直接冲到冷凝管中。为防止液泛，必要时可把分馏柱用保温材料包起来。保持柱温，防止蒸气大量冷凝在分馏柱内。

实验四　从杂醇油中分离异戊醇

异戊醇(3-甲基丁醇)，isoamyl alcohol(3-methyl-1-butanol)，无色液体，有令人不愉快的气味。熔点为－117.2℃，沸点为 132.5℃，微溶于水，可混溶于醇、醚。主要用作照相化学药品、香精、分析试剂，以及用于有机合成、制药等。

所有碳水化合物发酵生产乙醇都会产生一些其他的醇，蒸出乙醇后的残余物称为杂醇油。不同原料酿酒所产生的杂醇油的比例均不同，其主要成分有异戊醇、1-丙醇、1-丁醇、2-甲基-1-丙醇、2-甲基-2-丁醇、2-甲基-1-丁醇、1-戊醇等。将杂醇油加入氯化钠，放置一段时间后分出水相，油层用无水碳酸钾干燥后进行分馏，可以得到异戊醇。

【实验目的】

(1)了解用分馏法分离和提纯液体化合物的原理和意义。

(2)掌握分馏装置的使用方法。

【实验药品及仪器】

杂醇油、50 mL 圆底烧瓶、韦氏分馏柱、螺口接头、温度计、直形冷凝管、真空接液管、接收器。

【实验步骤】

在 50 mL 圆底烧瓶上安装分馏柱，柱内填充 1 cm 玻璃环(或填充玻璃珠)，柱外用石棉绳或石棉布缠绕，分馏柱上安装分馏头、温度计、直形水冷凝管、冷凝管接尾接管及接收瓶。

将干燥过的杂醇油 35 mL 加入烧瓶中，加入几粒沸石，电热套加热，液体开始沸腾后，控制加热速度，使蒸气经过 7～8 min 升至柱顶，并使馏出液以 5～6 s 馏出 1 滴的速度进行分馏。分别收集 80℃～114℃，115℃～120℃，121℃～128℃和 129℃～132℃ 4 个馏分，量出各馏分的体积。

【产品的表征】

(1)测定 121℃～128℃和 129℃～132℃两个馏分的折光率，并与异戊醇的文献折光率进行对比，判断哪个馏分为异戊醇。

(2)将折光率正确的馏分进行气相色谱分析，并与标准异戊醇样品色谱对照。气相色谱条件：色谱仪 SP-2305，柱温为 85℃，色谱柱 2 m×4 mm(不锈钢)，载气 H_2，30 mL · min^{-1}，TCD 热导检测器，汽化室温度 150℃，担体 6201 红色，检测室温度 130℃，固定液 PEG-20M，样品量为 2 μL。

【思考题】

(1)分馏和蒸馏在原理及装置上有哪些异同？如果是两种沸点很接近的液体组成的混合物能否用分馏法来分离提纯呢？

(2)用分馏法提纯液体时，为什么分馏柱必须保持一定的回流比？

(3)什么是共沸混合物？为什么不能用分馏法分离共沸混合物？

(4)为什么杂醇油需要干燥后进行分馏？不干燥对分离效果有什么影响？

实验五　用分馏法分离丙酮-水混合物

丙酮(acetone)是一种透明、无色、易挥发的有辛辣气味的液体。沸点为56℃;闪点为−18℃;自燃点为538℃;爆炸极限为2.5%～13%。蒸气有甜味,似薄荷香味。在实验室中,它的性质稳定,可以作为一种良好的有机溶剂,在有机化学实验制备反应中,它是非常重要的有机原料,可通过亲核反应来制备很多有机中间体。在工业上是用来制造涂料、清漆、除漆剂、橡胶、塑料、炸药、染料、人造丝和摄影用化学物质的重要原料。

丙酮具有轻微毒性,对神经系统有麻醉作用,并对黏膜有刺激作用。有高度易燃性,在室温下其蒸气与空气会形成爆炸性混合物。当丙酮发生燃烧时候,用干粉、抗溶泡沫灭火剂、卤素灭火剂或二氧化碳来灭火。

【实验目的】

(1)了解用分馏法分离和提纯液体化合物的原理和意义。

(2)掌握分馏装置的使用方法。

【实验药品及仪器】

50%丙酮水溶液、50 mL圆底烧瓶、韦式分馏柱、螺口接头、温度计、直形冷凝管、真空接液管、接收器。

【实验步骤】

(1)丙酮-水混合物的分馏。

按图3.10装好仪器,并准备三只15 mL量筒作为接收器,分别注明A,B,C。在50 mL圆底烧瓶内放置1∶1丙酮-水混合液30 mL并加2粒沸石。开始缓慢加热,并尽可能精确地控制加热温度,使馏出液以1滴/秒的速度蒸出。将初馏液收集于量筒A,注意并记录柱顶温度及接收器A的流出液总体积。继续蒸馏,记录每增加1 mL馏出液时的温度及总体积。温度达62℃时更换B量筒接收,温度达98℃时用量筒C接收,直至蒸馏烧瓶中残液为1～2 mL时停止加热。记录三种馏分的体积,待分馏柱内液体流回到烧瓶时测量并记录残留液体积。以柱顶温度为纵坐标,馏出液体积为横坐标绘成分馏曲线并讨论分离效率。

(2)丙酮-水混合物的蒸馏。

为了比较蒸馏和分馏的分离效果,可将30 mL的1∶1丙酮-水混合液放置于50 mL蒸馏烧瓶中,进行普通蒸馏操作,按分馏操作中规定的温度范围收集各馏分。在同一张纸上作温度-体积曲线图(即蒸馏曲线)。从普通蒸馏曲线可看出,无论是丙酮还是水,在普通蒸馏中都不能以纯净状态分离;从分馏曲线可以看出分馏柱的作用，曲线转折点为丙酮和水的分离点，基本可将丙酮分离出。

【思考题】

(1)分馏和蒸馏在原理及装置上有哪些异同？如果是两种沸点很接近的液体组成的混合物能否用分馏来提纯呢？

(2)用分馏法提纯液体时，为什么分馏柱必须保持一定的回流比？

(3)什么是共沸混合物？为什么不能用分馏法分离共沸混合物？

3.1.5 萃取

3.1.5.1 萃取概述

萃取是分离和提纯有机化合物常用的方法之一。通常被萃取的是固体或液体物质。应用萃取可以从固体或液体混合物中提取出所需要的物质，也可以用来洗去混合物中少量杂质。通常称前者为“萃取”，后者为“洗涤”。萃取和洗涤是有机化学实验中用来提取或纯化有机化合物的常用操作。

萃取和洗涤是利用物质在不同溶剂中的溶解度的不同来进行分离的操作。萃取和洗涤在原理上是一样的，只是目的不同。从混合物中抽取的物质，如果是我们需要的，这种操作叫做萃取；如果是我们不要的，这种操作叫做洗涤。萃取是利用物质在两种不互溶(或微溶)溶剂中溶解度或分配比的不同来达到分离、提取或纯化目的的一种操作。根据萃取对象的不同，分为液液萃取和固液萃取。

在实验中用得最多的是对水溶液中有机物质的萃取。将含有机化合物的水溶液用有机溶剂萃取时，有机化合物就在两液相间进行分配。在一定温度下，有机化合物在有机相中和在水相中的浓度之比为一常数，此即所谓“分配定律”。

假如一物质在液相 A 和 B 中的浓度分别为 c_A 和 c_B，则在一定温度条件下，$c_A/c_B=k$，k 是一常数，称为“分配系数”，它可以近似地看做此物质在两溶剂中溶解度之比。

设在 V(mL)的水中溶解 m_0(g)的有机物，每次用 S(mL)与水不互溶的有机溶剂(有机物在此溶剂中一般比在水中的溶解度大)重复萃取，经过 n 次萃取后的剩余量为 m_n，则有

$$m_n=m_0(\frac{kV}{kV+S})^n$$

因为上式中$\frac{kV}{kV+S}$恒小于 1，所以 n 越大，m_n 就越小，也就是说把溶剂分成几份作多次萃取比用全部量的溶剂作一次萃取为好。但必须注意，上面的式子只适用于几乎和水不互溶的溶剂。

另外一类萃取原理是萃取剂能与被萃取物质起化学反应。这种萃取通常用于从化合物中移去少量杂质或分离混合物。常用的这类萃取剂如 5%氢氧化钠

溶液、5%或10%的碳酸钠溶液、碳酸氢钠水溶液、稀盐酸、稀硫酸及浓硫酸等。碱性的萃取剂可以从有机相中移出有机酸,或从溶于有机溶剂的有机化合物中除去酸性杂质(使酸性杂质形成钠盐溶于水中);稀盐酸及稀硫酸可从混合物中萃取出有机碱性物质或用于除去碱性杂质;浓硫酸可应用于从饱和烃中除去不饱和烃、从卤代烷中除去醇及醚等。

3.1.5.2 萃取操作

(1)液液萃取。

萃取用分液漏斗的选择:在实验中用分液漏斗进行液液萃取。应选择容积比液体体积大一倍以上的分液漏斗。先将活塞擦干,在离活塞孔稍远处薄薄地涂一层润滑脂如凡士林(注意切勿将活塞孔沾污,以免污染萃取液),塞好后再把活塞旋转几圈,使涂的凡士林均匀,看上去透明即可。在使用之前在漏斗中放入水振摇,检查活塞与顶塞是否渗漏,确认不漏水方可使用。

将漏斗放在固定在铁架上的铁圈中,关好活塞,将要萃取的水溶液和萃取剂(萃取剂一般为溶液体积的1/3)依次自上口倒入漏斗中,塞紧顶塞(注意顶塞不能涂润滑脂)。取下分液漏斗,用右手手掌顶住漏斗顶塞,左手握住漏斗支管活塞处,大拇指压紧支管活塞,把分液漏斗放平并前后振荡(如图3.11所示)。开始振荡要慢,振荡几次后,使漏斗的上口向下倾斜,下部支管口指向斜上方无人处,左手仍握在活塞支管处,用拇指和食指旋开活塞,释放出漏斗内的蒸气或产生的气体,使内、外压力平衡,此操作也称“放气”(图3.11)。如此重复至放气时只有很小压力后,再剧烈振荡2~3 min,然后再将漏斗放回铁圈中静置。待两层液体完全分开后,打开顶塞,再将活塞缓缓旋开,下层液体自支管活塞放出至接收瓶。若萃取剂的密度小于被萃取液的密度,下层液体要尽可能放干净,有时两相间可能出现一些絮状物,也应同时放去;然后将上层液体从分液漏斗的上口倒入锥形瓶中,切不可从活塞放出,以免被残留的萃取液污染。将下层液体倒回分液漏斗中,再用新的萃取剂萃取,重复上述操作,萃取次数一般为3~5次。若萃取剂的密度大于被萃取液的密度,下层液体从支管活塞放入接收瓶中,但不要将两相间可能出现一些絮状物放出;再从漏斗口加入新萃取剂,重复上述操作。

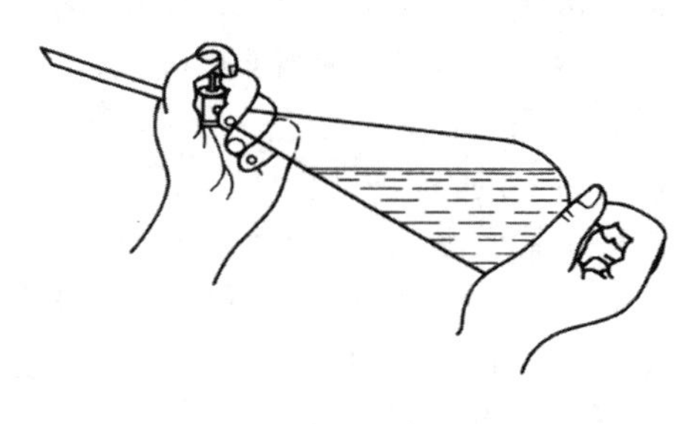

图3.11 萃取操作

在萃取时,特别是当溶液呈碱性时,常常会产生乳化现象,有时由于存在少量轻质的沉淀、溶剂互溶、两液相的相对密度相差较小等原因,也可能使两液相不能很清晰地分开。用来破坏乳化的方法有：

①长时间静置。②两种溶剂(水与有机溶剂)能部分互溶而发生乳化，可以加入少量电解质(如氯化钠)利用"盐析效应"，以降低有机物在水中的溶解度，而加以破坏。在两相相对密度相差很小时，也可以加入食盐，以增加水相的相对密度。③因溶液碱性而产生乳化，常可加入少量稀硫酸或采用过滤等方法除去。萃取溶剂的选择要根据被萃取物质在此溶剂中溶解度而定，同时要易于和溶质分离开。所以最好用低沸点的溶剂。一般水溶性较小的物质可用石油醚萃取；水溶性较大的可用苯或乙醚；水溶性极大的用乙酸乙酯等。第一次萃取时，使用溶剂的量，常要较以后几次多一些，这主要是为了补足由于它稍溶于水而引起的损失。

(2)固液连续萃取。

固体物质的萃取，通常是用长期浸出法或采用索氏提取器(脂肪提取器，图3.12)。前者是靠溶剂长期的浸润溶解而将固体物质中的需要物质浸出来。这种方法虽不需要任何特殊器皿，但效率不高，而且溶剂的需要量较大。索氏提取器是利用溶剂回流及虹吸原理，使固体物质连续不断地为纯的溶剂所萃取，因而效率较高。

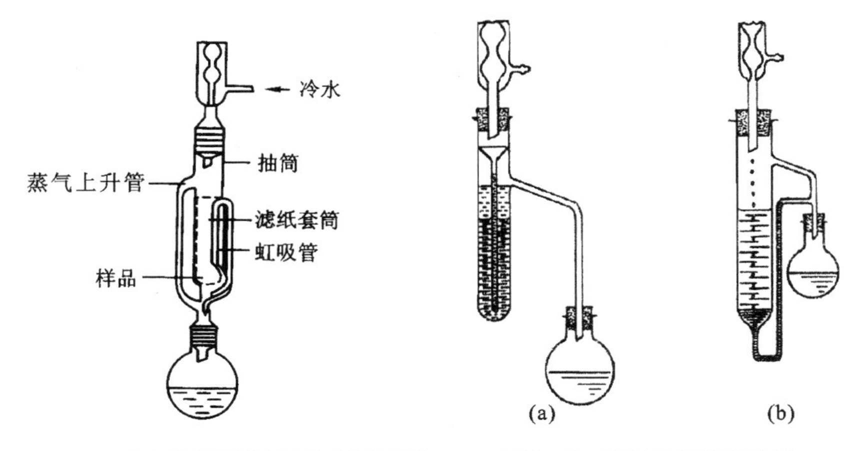

图3.12　固液连续萃取装置(索氏提取器)　　图3.13　液液连续萃取装置

萃取前应先将固体物质研细，以增加溶剂浸润的面积，然后将固体物质放在滤纸套筒内，置于提取器中。提取器的下端和盛有溶剂的烧瓶连接，上端接冷凝管。当溶剂沸腾时，蒸气通过玻璃导气管上升，被冷凝器冷凝成为液体，滴入提取器中，当溶剂液面超过虹吸管的最高处时，立即虹吸流回烧瓶。这样利用溶剂回流和虹吸作用，使固体的可溶物质富集到烧瓶中，然后用其他方法将萃取到的物质从溶液中分离出来。固液连续萃取实验见 4.14 天然产物的提取中的实验五十六。

(3)液液连续萃取。

当有机化合物在原溶剂中比在萃取剂中更易溶解时，就必须使用大量溶剂并多次萃取。为了减少萃取溶剂的量，最好采用连续萃取。连续萃取分两种情况：一种是自密度较大的溶液中用密度较小的溶剂进行萃取(如用乙醚萃取水溶液)；另外一种是自密度较小的溶液中用密度较大的溶剂进行萃取。

第一种是自密度较大的溶液中用密度较小的溶剂进行萃取(如图 3.13(a))。将待萃取的溶液倒入连续萃取器中，装上冷凝管并通上冷却水，在烧瓶中加入萃取剂，并用热浴加热。当萃取溶剂受热蒸发，蒸气经连续萃取器导气支管进入冷凝管，溶剂蒸气在冷却水的冷却下，在冷凝管中凝结成液体，经连续萃取器中的接触底部的长导液管进入待萃取的溶液中进行萃取。由于萃取溶剂密度较小，经过萃取后的溶剂会回到待萃取的溶液的上面，等到上面的溶剂超过导气支管口时，萃取溶剂携带被萃取出的物质流回到烧瓶中，溶剂蒸发后再参与萃取，如此便进行了连续萃取，被萃取出的物质在烧瓶中逐渐富集。然后用其他方法(如蒸馏)将萃取出的物质从溶液中分离出来。

第二种是自密度较小的溶液中用密度较大的溶剂进行萃取(如图 3.13(b))，先加入萃取溶剂，再将待萃取的溶液倒入连续萃取器中，装上冷凝管并通上冷却水，在烧瓶中加入萃取剂，并用热浴加热。当萃取溶剂受热蒸发，蒸气经连续萃取器导气支管进入冷凝管，在冷凝管中凝结成液体滴入待萃取的溶液中进行萃取。由于萃取溶剂较重，经过萃取后的溶剂会沉于底部，当连续萃取器的液体高度超过支管中的液面高度时，由于虹吸作用，萃取溶剂又会回到烧瓶中，蒸发后再参与萃取，如此便进行了连续萃取，而被萃取出的物质富集到烧瓶中，最后用其他方法(如蒸馏)将萃取到的物质从溶液中分离出来。

实验六　液液萃取法从水中分离乙酸

乙酸(acetic acid)，熔点为 16.6℃，沸点为 117.9℃，相对密度为 1.049 2。易挥发，是一种具有强烈刺激性气味的无色液体，当温度低于它的熔点时，就凝结成冰状晶体，所以又叫冰醋酸。乙酸易溶于水和乙醇及其他有机溶剂。乙酸是食醋的主要成分(普通的醋含 6%～8%的乙酸)。

根据乙酸在水溶液中的离解能力，它是一种弱酸，但是乙酸是具有腐蚀性的，其蒸气对眼和鼻有刺激性作用。乙酸是一种简单的羧酸，是一种重要的化学试剂和化工原料。乙酸也被用来制造电影胶片所需要的醋酸纤维素和木材用胶黏剂中的聚乙酸乙烯酯，以及很多合成纤维和织物。在家庭中，乙酸稀溶液常被用作除垢剂。食品工业方面，在食品添加剂列表E260中，乙酸是规定的一种酸度调节剂。

【实验目的】

(1)掌握萃取的基本原理、分液漏斗的使用方法。

(2)学习利用酸碱法进行多组分的分离提纯。

【实验药品及仪器】

5%的乙酸水溶液、乙醚、标准氢氧化钠溶液、酚酞指示剂、分液漏斗、滴定管、三角烧瓶。

【实验步骤】

量取5 mL 5%的乙酸溶液倒入100 mL的分液漏斗中，加入14 mL乙醚，塞好玻璃塞子，轻轻振荡，小心放出分液漏斗中的气体，再振荡、放气，如此重复几次。然后把漏斗静置在固定在铁架台的铁环上，3～5 min后，使漏斗玻璃塞子上的凹槽和漏斗上部小孔对齐或取下塞子，使体系与大气相通。静置分层后，慢慢开启下端活塞，放出下层溶液于锥形瓶内，然后向锥形瓶内加5 mL水。用标准氢氧化钠溶液滴定，用酚酞作指示剂，计算留在水中乙酸的含量。将上层乙醚从漏斗口倒入指定回收瓶子中。

另取5 mL 5%的乙酸，先用7 mL乙醚按上述方法萃取一次。将下层溶液再用7 mL乙醚萃取一次。放出下层液体，加5 mL水，用标准氢氧化钠溶液滴定，用酚酞作指示剂，计算留在水中乙酸的含量。比较第一次萃取和第二次萃取的结果。

【思考题】

(1)萃取法的原理是什么?

(2)如何提高萃取效果?

3.1.6 重结晶

从有机反应混合物中分离出的固体有机化合物往往是不纯的，其中常夹杂一些反应副产物、未作用的原料及催化剂等，纯化这类物质通常是用合适的溶剂进行重结晶。

3.1.6.1 重结晶概述

固体有机物在溶剂中的溶解度与温度有密切关系。一般是温度升高，溶解度增大。若把固体溶解在热的溶剂中达到饱和，冷却时即由于溶解度降低，溶液变成过饱和而析出结晶。利用溶剂对被提纯物质及杂质的溶解度不同，可以使被提纯物质从过饱和溶液中析出，而让杂质全部或大部分仍留在溶液中(若在溶剂中溶解度极小，则配成饱和溶液后被热过滤除去)，从而达到提纯目的。

3.1.6.2　实验操作

(1)溶剂的选择。

在重结晶时需要知道哪一种溶剂最适合被提纯物质的重结晶提纯，可以通过查阅手册或实验来决定采用什么溶剂。对于未知固体有机化合物的重结晶溶剂，只有通过实验来选择。

当一种物质在一些溶剂中的溶解度太大，而在另一些溶剂中的溶解度又太小，不能选择到一种单一合适的溶剂时，常可使用混合溶剂而得到满意的结果。混合溶剂，就是把对某一物质溶解度很大和溶解度很小的而又能互溶的两种溶剂混合起来的溶剂。

重结晶溶剂的选择原则：

①不与被提纯物质起化学反应。

②在较高温度时能溶解大量的被提纯物质。而在室温或更低温度时，只能溶解很少量的该种物质。

③对杂质的溶解度非常大或非常小(前一种情况在冷却时，杂质留在母液中；后一种情况热滤时杂质被滤出)。

④沸点相对较低，经挥发易与结晶分离除去。溶剂的沸点太低，受热前后温度变化小，溶解度改变不大，不宜作为重结晶用；沸点太高，附着在晶体表面的溶剂不易挥发除去。

⑤能给出结晶较好的晶体。

⑥无毒或毒性很小，价廉易得，便于操作。

⑦在无合适单一溶剂可选时，可选用混合溶剂。

表 3.4　常用溶剂及物理常数

溶剂	沸点/℃	冰点/℃	相对密度	与水的混溶性	易燃性
水	100.0	0	1.00	+	0
甲醇	65.0	＜0	0.79	+	+
95%乙醇	78.1	＜0	0.80	+	++
乙酸	117.9	16.7	1.05	+	+
丙酮	56.2	＜0	0.79	+	+++

续表

溶剂	沸点/℃	冰点/℃	相对密度	与水的混溶性	易燃性
乙醚	34.5	<0	0.71	－	＋＋＋＋
石油醚	30.0～60.0	<0	0.64	－	＋＋＋＋
乙酸乙酯	77.1	<0	0.90	－	＋＋
苯	80.1	5	0.88	－	＋＋＋＋
氯仿	61.7	<0	1.48	－	0
四氯化碳	76.5	<0	1.59	－	0
混合溶剂	乙醇-水　乙醚-甲醇　乙酸-水　乙醚-丙酮　丙酮-水　乙醚-石油醚　吡啶-水　苯-石油醚				

重结晶溶剂选择的实验方法：取 0.1 g 以下的待提纯物质，研细后放入一小试管中，用滴管逐滴滴加溶剂，并不断振摇及加热试管。若此物质在 1 mL 冷的或温的溶剂中全溶，则此溶剂不适用。若加入的溶剂达 1 mL 还未全溶，可小心加热试管至沸腾，并分批加入溶剂(每次加入 0.5 mL 并加热使沸腾)。若加入的溶剂量达到 4 mL，而物质仍然不能全溶，则必须寻求其他溶剂。如果该物质能在 1～4 mL 的沸腾的溶剂中溶解，则将试管进行冷却，观察结晶析出情况，如果结晶不能自行析出，可用玻璃棒摩擦溶液液面下的试管壁，或再用冰水冷却，以使结晶析出。若结晶仍不能析出，则此溶剂不适用。如果结晶能正常析出，要注意析出的量。多试验几种溶剂并进行比较，最后选用结晶收率最好的溶剂来进行重结晶。

若单一溶剂不行，可以选择混合溶剂。把上述实验中对待提纯物质溶解度很大和溶解度很小的而又能互溶的两种溶剂混合起来。具体方法如下：取 0.1 g 以下的待提纯物质，研细后放入一小试管中，用滴管逐滴滴加易溶溶剂使之刚好全部溶解(0.5～1 mL)，然后滴加溶解度很小的溶剂，至出现混浊，加热混合溶液变清，再滴加溶解度很小的溶剂至出现混浊，再加热至溶液变清，最后使溶液在沸腾时刚好变清为止，再确定两溶剂的比例。

(2)溶解。

将待结晶物质置于锥形瓶中，加入较需要量(手册查得的溶解度或试验方法得到的)稍少的适宜溶剂，在锥形瓶上加上冷凝管，在水浴或空气浴上加热到微沸，并保持一段时间，使之溶解(用水重结晶时也可以在烧杯中溶解)。若未完全溶解，可再逐渐添加溶剂，每次加入后均需再加热使溶液沸腾，直至物质完全溶解(注意判断是否有不溶性杂质存在，以免误加过多的溶剂)。溶剂应尽可能避免过量。但由于在热过滤时溶剂容易挥发而减少，因此权衡溶剂的用量，一般可比需要量多加20%左右的溶剂(添加溶剂时，注意避免着火)。

(3)脱色。

当溶质全部溶解后，若溶液中含有有色物质而待重结晶物质无色，则要加活性炭煮沸5～10 min脱色。加活性炭时应将溶液稍冷却后再添加，以免溶液暴沸而自容器中冲出。使用活性炭应避免过量，因为活性炭也能吸附一部分被纯化的物质。一般用量为干燥粗产品量的1%～5%(根据颜色深浅确定用量)，若还有颜色可再用1%～5%的量重复上述操作(最好一次脱色完毕)。

(4)热过滤(除去活性炭和不溶杂质)。

溶液脱色后，即可趁热过滤，热过滤的装置如图3.14所示。过滤易燃溶剂的溶液时，必须熄灭附近的火源。为了过滤得较快，可选用一短颈的三角玻璃漏斗，这样可避免晶体在颈部析出而造成堵塞。在过滤前，要将漏斗、折叠滤纸以及收集滤液的锥形瓶放在烘箱中预先烘热。待过滤时，再将上面烘热的仪器取出迅速装配好，折叠滤纸向外突出的棱边，应紧贴于漏斗壁上。在过滤前，先用少量热的溶剂湿润，以免干滤纸吸收溶液中的溶剂，使结晶析出而堵塞滤纸孔。过滤时，漏斗上应盖上表面皿(凹面向下)，减少溶剂的挥发。盛滤液的容器一般用锥形瓶(锥形瓶在热水浴中保温或加热)，只有水溶液才收集在烧杯中。过滤若保温得好，一般只有很少的结晶在滤纸上析出(如果此结晶在热溶剂中溶解度很大，则可用少量热溶剂洗下，否则还是弃之为好，以免得不偿失)。若结晶较多，用刮刀刮回到原来的瓶中，再加适量的溶剂溶解并过滤。滤毕后，用洁净的塞子塞住盛溶液的锥形瓶，放置冷却。如果溶液稍冷却就析出结晶及过滤的溶液较多，最好用热水漏斗。热水漏斗要预先加热，在过滤易燃溶剂时一定要熄灭火焰。

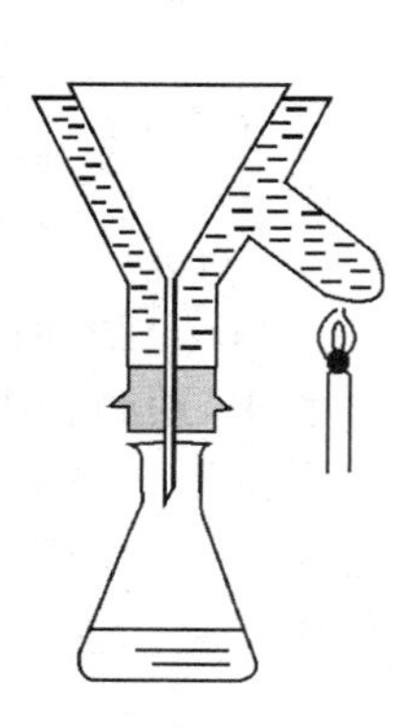

图3.14 热过滤

(5)冷却结晶。

将盛滤液的带塞子的锥形瓶，在室温或保温下静置使之缓缓冷却(若在滤液中已有结晶析出，可加热使之溶解)。这样得到的结晶往往比较纯净、均匀且有较大的晶体。若要快速得到晶体，可以将滤液在冷水浴(或冰水浴)冷却下搅动结晶，但得到的晶体较小。快速冷却结晶会使产品中杂质较多，因此一般用自然冷却结晶。

有时由于滤液中有焦油状物质或胶状物存在，使结晶不易析出，或有时因形成过饱和溶液也不析出结晶，在此情况下，可用玻璃棒摩擦器壁以形成粗糙面，使溶质分子呈定向排列而形成结晶，此过程在平滑面上较迅速和容易；或者投入晶种(同一物质的晶体,若无此物质的晶体,可用玻璃棒蘸一些溶液稍干后即会析出晶体),供给定型晶核,使晶体迅速形成。

有时被纯化的物质呈油状析出,油状物质长时间静置或足够冷却后虽也可以固化,但这样的固体往往含有较多杂质(首先,杂质在油状物中溶解度常较在溶剂中的溶解度大;其次,析出的固体中还会包含一部分母液),纯度不高。用大量溶剂稀释,虽可防止油状生成,但将使产物大量损失。这时可在将析出油状物的溶液加热下多加一些溶液,使油状物全部溶解,然后慢慢冷却结晶。若还有油状物析出可剧烈搅拌混合物,使油状物在均匀分散的状况下固化,这样包含的母液就大大减少。但最好还是重新选择溶剂,使之能得到有晶形的产物。

(6)结晶的分离与洗涤(抽气过滤)。

析出的晶体可以用布氏漏斗进行抽气过滤,将结晶从母液中分离出来。抽滤装置如图 3.15 所示,抽滤瓶的侧管用较耐压的橡皮管和水泵相连(最好在其中间接一安全瓶,再和水泵相连,以免操作不慎,使泵中的水倒流)。布氏漏斗中铺的圆形滤纸要剪得比漏斗内径略小,使之紧贴于漏斗的底壁。在抽滤前先用少量溶剂把滤纸湿润,然后打开水泵将滤纸吸紧,防止固体在抽滤时自滤纸边沿吸入瓶中。用玻璃棒将液体和结晶分批倒入漏斗中,并用少量滤液洗出黏附于容器壁上的晶体。布氏漏斗中晶体要用少量同一溶剂进行洗涤,以除去存在于晶体表面的母液。用量尽量要少以减少损失。洗涤时先将胶管拔去停止抽气,在晶体上加少量溶剂,用玻璃棒小心搅动,使所有的晶体浸润。静置一会儿,待晶体均匀地被浸润后再进行抽气,一般洗涤 1～2 次即可。为使溶剂和结晶更好地分开,最好在进行抽气的同时用洁净的玻璃塞在结晶表面用力挤压。抽滤结束前先将抽滤瓶与水泵间连接的胶管拆开,或将安全瓶上的活塞打开接通大气(以免水泵中的水倒流入吸滤瓶中),再关闭水泵。

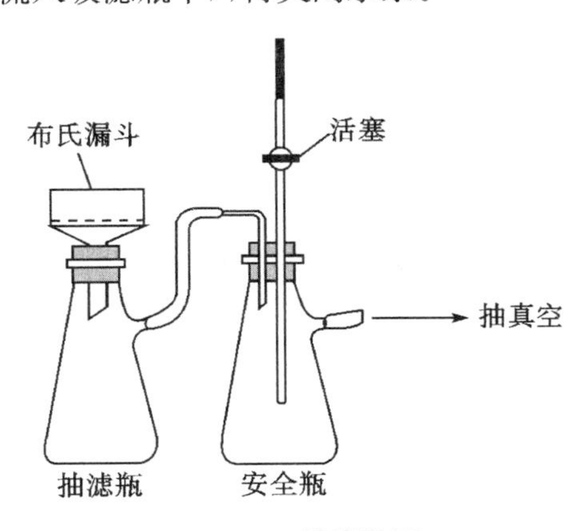

图 3.15　抽滤装置

如重结晶溶剂的沸点较高，在用原溶剂至少洗涤一次后，可用低沸点的溶剂洗涤，使最后的结晶产物易于干燥(要注意此溶剂必须是能和第一种溶剂互溶而对晶体是不溶或微溶的)。过滤少量晶体时，可用霍氏漏斗。抽滤所得的母液，如还有用处，可移置于其他容器中。较大量的有机溶剂，一般应用蒸馏法回收。如母液中溶解的物质还能利用，可将母液适当浓缩，冷却结晶后回收得到一部分纯度较低的晶体，再进一步提纯。

(7)结晶的干燥。

抽滤和洗涤后的结晶，表面上还吸附有少量溶剂，尚需用适当的方法进行干燥。常用的方法有空气晾干、烘干、用滤纸吸干。干燥后的产物可以测定熔点来检验其纯度。

空气晾干：把抽干的固体物质转移到表面皿上铺成薄而均匀的一层，用一张滤纸覆盖避免灰尘玷污，然后在室温下放置几天干燥。

烘干：一些对热稳定的化合物，可以在低于该化合物熔点的温度下进行干燥。可用红外灯、烘箱、蒸汽浴等方式进行干燥。但必须注意，因溶剂的存在，结晶可能在较其熔点低很多的温度下就开始熔融了，因此必须注意控制温度并经常翻动晶体。

滤纸吸干：有时吸附溶剂的晶体在过滤时很难抽干，这时将晶体放在几层滤纸上，上面再用滤纸挤压吸出溶剂。但易在晶体上玷污滤纸纤维。

实验七　乙酰苯胺的重结晶

乙酰苯胺(acetanilide)，是一种无色有光泽、鱼鳞片状结晶体，略带苯胺及醋酸的气味。熔点为112℃，沸点为305℃，在乙醇、氯仿、丙酮、丙三醇中可溶，难溶于冷水而易溶于热水，遇明火、高热能够燃烧。

乙酰苯胺在有机合成中有重要的用途，常用来保护芳香环上的氨基，使其不被反应试剂破坏。在工业上，主要用作制青霉素G的培养基等。

【实验目的】

(1)了解重结晶提纯的原理，掌握重结晶提纯有机化合物的方法。

(2)掌握过滤(抽滤)的操作技术，学会使用抽气水泵。

【实验药品及仪器】

粗制乙酰苯胺、250 mL烧杯、玻璃棒、量筒、热水漏斗、布式漏斗、抽滤瓶、滤纸。

【实验步骤】

将 2 g 粗制的乙酰苯胺及 70 mL 水加入到 250 mL 烧杯中，加热至沸腾，并用玻璃棒不断搅拌，使固体溶解。若尚有未溶解的固体，可继续加入少量热水（每次加入 3～5 mL），直至固体全溶为止。若加入溶剂，加热后不见未溶物减少，则可能是不溶性杂质，这时不必再加溶剂。移去热源，取下烧杯稍冷后再加入一定量的活性炭于溶液中，搅拌后，盖上表面皿，继续加热，微沸 5～10 min。

热过滤后，滤液在室温下放置，自然冷却，待晶体析出后，减压过滤，吸干，使结晶与母液尽量分开。停止吸滤，在布氏漏斗中加入少量冷水，使晶体润湿，用玻璃棒搅松晶体，减压吸干。洗涤晶体 1～2 次。

把产品烘干，测其熔点，计算回收产率。

【思考题】

（1）重结晶法一般包括哪几个步骤？各步骤的主要目的如何？重结晶溶剂应具备哪些条件？使用活性炭脱色时应注意什么问题？抽滤过滤应注意什么问题？

（2）重结晶时，溶剂的用量为什么不能过量太多，也不能用量过少？正确的应该如何？

（3）怎样鉴定你合成的有机化合物的纯度？请尽你所知列出至少三种简便易行的非大型仪器的方法。

（4）进行重结晶实验时，取得怎样的结果才算是好结果？重结晶最合适的溶剂应具备哪些性质？实验时如果发生了下述情况，对重结晶的结果会有什么影响？

①抽滤得到的晶体，在干燥前没有用新鲜的冷溶剂洗涤；

②抽滤得到的晶体，在干燥前用新鲜的热溶剂洗涤；

③脱色时不慎使用了过量的活性炭；

④产品是从油状物固化凝块后经过粉碎得到的，而油状物是从热溶液中析出的；

⑤将盛有热溶液的锥形瓶或烧杯立即放入冰水中快速冷却。

3.1.7　色谱技术

色谱法是分离、提纯和鉴定有机化合物的重要方法之一，具有微量、快速、简便和高效率等优点。

色谱法的基本原理是利用混合物中的各组分在某一物质中的吸附或溶解性能（即分配）的不同，或其他亲和作用性能的差异，使含混合物的气体或溶液流经该物质时，进行反复的吸附或分配等作用，从而将各组分分开。流动的含混合物的气体或溶液称为流动相，固定的物质称为固定相（可以是固体或固定液）。

按其作用原理不同，色谱可分为吸附色谱、分配色谱、离子交换色谱、排阻色谱等；按其操作不同，色谱可分为薄层色谱、柱色谱、纸色谱、气相色谱和高效液相色谱等。

3.1.7.1 柱色谱

常用的柱色谱有吸附柱色谱和分配柱色谱两类。前者常用氧化铝和硅胶作固定相，后者以硅胶、硅藻土、纤维素等为支持剂，以其吸收较大量的液体作为固定相，支持剂本身不起分离作用。

吸附柱色谱是在色谱柱内装入固体吸附剂，将被分离样品的溶液从柱顶加入，并被柱顶的吸附剂吸附，然后从顶部加入洗脱剂（流动相）。由于吸附剂对样品各组分的吸附能力的不同，各组分以不同的速率随洗脱剂向下移动，被吸附剂吸附弱的组分以较快的速率随洗脱剂向下移动。被吸附剂吸附愈强，化合物溶解在洗脱剂中则愈少，沿洗脱剂移动的距离则愈小。

柱色谱可用于分离比较大量（克数量级）的物质，而薄层色谱分离的量比较小，一般在毫克数量级。

（1）吸附剂（固定相）。

常用吸附剂有氧化铝、硅胶、活性炭等。吸附剂对有机物的吸附作用有多种形式。以氧化铝作为固定相时，非极性或弱极性有机物与氧化铝之间有诱导力，吸附较弱；极性有机物同氧化铝之间可能有偶极力或氢键作用，有时还有成盐作用，吸附较强。这些作用的强度依次为：

成盐作用力＞配位作用力＞氢键作用力＞偶极-偶极作用＞诱导力

有机物的极性越强，在氧化铝上的吸附就越强。

色谱用的氧化铝可分酸性、中性和碱性三种。酸性氧化铝用1%盐酸浸泡后用蒸馏水洗至氧化铝悬浮液的pH为4～4.5，用于分离羧酸、氨基酸等酸性物质；中性氧化铝pH值为7.5，用于分离中性物质，应用最广；碱性氧化铝pH为9～10，用于分离生物碱、胺和其他碱性化合物等。

吸附剂的活性与其含水量有关。含水量越低，活性越高。吸附剂的活化一般是用加热的办法，氧化铝或硅胶的活性分五级。

表3.5 吸附剂的活性与含水量的关系

活性	Ⅰ	Ⅱ	Ⅲ	Ⅳ	Ⅴ
氧化铝含水量/%	0	3	6	10	15
硅胶含水量/%	0	5	15	25	38

硅胶是中性的吸附剂，可用于分离各种有机物，是应用最为广泛的固定相材料之一。

活性炭常用于分离极性较弱或非极性有机物。

吸附剂的粒度越小，比表面越大，分离效果越明显，但流动相流过越慢，有时会产生分离带重叠，适得其反。

(2)溶质的结构和吸附能力。

化合物的吸附性和它们的极性成正比，化合物分子含有极性较大的基团时吸附性也较强。氧化铝对各种化合物的吸附能力按以下次序递减：

酸和碱＞醇、胺、硫醇＞酯、醛、酮＞芳香族化合物＞卤化物、醚＞烯＞饱和烃

(3)洗脱剂(展开剂，流动相)。

色谱法使用的溶剂(流动相)又称洗脱剂(或称展开剂)。一般根据被分离物中各种成分的极性、溶解度和吸附剂活性等来考虑。在色谱分离过程中混合物中各组分在吸附剂和展开剂之间发生吸附-溶解分配，强极性展开剂对极性大的有机物溶解的多，弱极性或非极性展开剂对极性小的有机物溶解的多。首先使用极性最小的溶剂，使最容易脱附的组分分离。然后加入不同比例的极性溶剂配成洗脱剂，将极性较大的化合物自色谱柱中洗脱下来。常用洗脱剂的极性顺序：

乙酸＞吡啶＞水＞醇类(甲醇＞乙醇＞丙醇)＞丙酮＞乙酸乙酯＞乙醚＞氯仿＞二氯甲烷＞甲苯＞环己烷＞正己烷＞石油醚

越靠后洗脱能力越低。当一种溶剂不能实现很好的分离时，选择使用不同极性的溶剂分级洗脱。如一种溶剂作为展开剂只洗脱了混合物中一种化合物，对其他组分不能展开洗脱，需换一种极性更大的溶剂进行第二次洗脱。这样分次用不同的展开剂可以将各组分分离。

3.1.7.2　纸色谱

纸色谱(或称纸层析)是以滤纸为支持物(或称载体)，让样品溶液在纸上展开达到分离的目的。主要用于多官能团或高极性化合物如醇类、羟基酸、氨基酸、蛋白质、糖类化合物、天然色素和黄酮类等的分离分析，具有微量、快速、高效和灵敏度高等优点。

纸色谱需在密闭的色谱缸中展开，形式多样。纸色谱的原理比较复杂，主要是分配过程，固定相是附着在滤纸上的水，流动相是事前被水饱和的溶剂，称为展开剂。在滤纸的一定部位点上样品(图3.16)，当有机相沿滤纸流动经过原点时，即在滤纸上的水与流动相间发生多次分配，结果在流动相中具有较大溶解度的物质随溶剂移动的速率较快，而在水中溶解度较大的物质随溶剂移动的速率较慢，从而达到分离的目的。

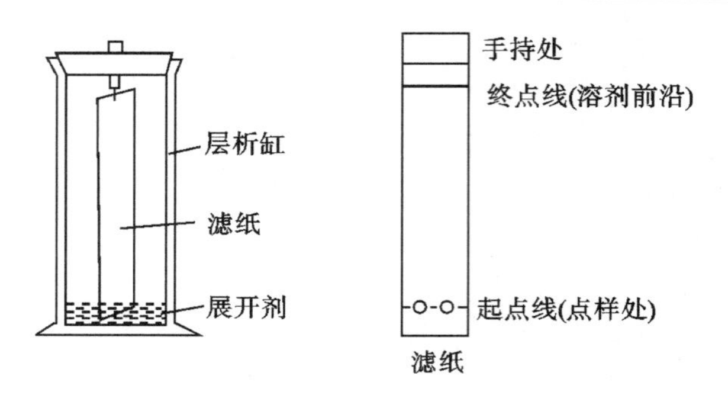

图 3.16　纸色谱装置

纸色谱用的溶剂一般要求：①纯度高，有时仅含 1%的杂质，也会相当大地改变被分离物质的 R_f 值。在溶剂移动和挥发过程中，也会形成杂质的浓集区域而影响检出。②有一定的化学稳定性。若在展开过程中容易被氧化的溶剂不宜作为展开剂。③容易从滤纸上除去。

物质被分离后，通常用比位移值(R_f)表示物质移动的相对距离。

$$R_f=\frac{\text{溶质移动的距离}}{\text{溶剂移动的距离}}$$

各种物质的 R_f 值随要分离化合物的结构、滤纸的种类、溶剂、温度等不同而异。但在上述条件固定的情况下，R_f 对每一种化合物来说是一个特定数值。所以纸色谱是一种简便的微量分析方法，它可以用来鉴定不同的化合物，还可用于物质的分离和定量测定。但由于对 R_f 影响因素很多，实验值与文献值往往有出入，所以在鉴定时经常用标准样品对照。

因为许多化合物是无色的，色谱之后，需要在纸上喷某种显色剂，使化合物显色以确定移动距离。不同物质所用的显色剂是不同的，如氨基酸用茚三酮，生物碱用碘蒸气，有机酸用溴酚蓝等，也可用物理或生物方法来鉴定。

3.1.7.3　薄层色谱

薄层色谱(thin-layler chromatography，简称 TLC)，有吸附薄层色谱和分配薄层色谱等，是快速分离和定性分析少量物质的一种很重要的实验技术，它兼有柱色谱和纸色谱的优点。薄层色谱不仅适用于微量样品的分离，也适用于少量样品的精制(可达 500 mg)，特别适用于挥发性较小，或在较高温度下容易发生变化的化合物分离。由于薄层色谱操作简单，试样和展开剂用量少，展开速度快，所以应用广泛。薄层色谱还有以下应用：

(1)判断两种化合物是否相同(同一展开条件下是否有相同的比移值)。

(2)确定混合物中含有的组分数。

(3)检测反应过程。

(4)探索柱色谱分离条件和监测柱色谱分离过程。

薄层色谱和柱色谱在原理上基本相同。薄层色谱是把吸附剂或支持剂铺在玻璃板上,形成薄薄的平面涂层,干燥后在涂层的一端点样,放入一个盛有少量展开剂的有盖容器中,展开剂接触到吸附剂涂层,借毛细作用向上移动。与柱色谱过程相同,经过在吸附剂和展开剂之间的多次吸附-溶解作用,将混合物中各组分分离成孤立的样点,实现混合物的分离。

影响 R_f 值的因素很多,如薄层的厚度,吸附剂的种类、粒度、活度(吸附能力),展开剂的纯度、组成及挥发性,展开方式(上行或下行),层析缸的形状、大小及饱和程度,外界温度等。但是,在固定的条件下,某化合物的 R_f 值是一个常数。因此,在条件完全相同的情况下,R_f 值可以作为鉴定和检出该化合物的指标,就像测定熔点或其他物理常数一样。为了获得相同的色谱条件,通常是把未知样和标准样同时滴加在同一块薄层板上,对测得的比移值进行比较对照,确定是否为同一化合物。

(1)吸附剂及其选择。

和柱色谱相似,薄层色谱的吸附剂常用的是硅胶和氧化铝,为了增加薄层的强度,一般常加入一定量的黏合剂,常用的有煅石膏、羧甲基纤维素钠(CMC)、淀粉等。

硅胶分为"硅胶 H"——不含黏合剂;"硅胶 G"——含煅石膏作黏合剂;"硅胶 HF_{254}"——含荧光物质,可在波长 254 nm 紫外光下观察荧光;"硅胶 GF_{254}"——含有煅石膏和荧光剂等类型。氧化铝也分为氧化铝 G、氧化铝 GF_{254} 及氧化铝 HF_{254}。其中最常用的是氧化铝 G 和硅胶 G。加黏合剂的薄层板称为硬板,不加黏合剂的称为软板。

氧化铝的极性比硅胶大,比较适用于分离极性较小的化合物(烃、醚、醛、酮、卤代烃等),因为极性化合物能被氧化铝较强烈地吸附,分离效果较差,R_f 值较小。相反,硅胶适用于分离极性较大的化合物(羧酸、醇、胺等),而非极性化合物在硅胶板上吸附较弱,R_f 值都较大,分离效果较差。

(2)展开剂及其选择。

选择展开剂需要根据吸附剂的种类、活度和被分离混合物的组成及各成分的性质的具体情况而定。一般的原则是,被分离物质和展开剂之间的极性关系应符合"相似相溶原理",也就是说,被分离物质的极性较小,展开剂的极性也就较小,被分离物质的极性较大,展开剂的极性也就较大。在确定出展开剂的大致范围之后,可以通过实际的薄层实验进行筛选和最后确定。若所选展开剂使混合物中所有的组分点都移到了溶剂前沿,此溶剂的极性过强;若所选展开剂几乎不能使混合物中的组分点移动,留在了原点上,此溶剂的极性过弱。

常用溶剂作为展开剂的极性大小顺序为：

石油醚＜环己烷＜四氯化碳＜三氯乙烯＜苯＜甲苯＜二氯甲烷＜氯仿＜乙醚＜乙酸乙酯＜乙酸甲酯＜丙酮＜正丙醇＜甲醇＜吡啶＜酸

在更多的情况下，是很难找到理想的单一溶剂的展开剂。此时，常用两种或两种以上的混合溶剂作为展开剂。先用一种极性较小的溶剂为基础溶剂展开混合物，若展开不好，用极性较大的溶剂与前一溶剂混合，调整极性，再次试验，直到选出合适的展开剂组合比例。合适的混合展开剂常需多次仔细试验才能确定。

(3)薄层板的制备。

制备薄层板的玻璃板要求平整、光滑、干净。将吸附剂调成糊状，然后将其涂布在玻璃板上，注意所铺的薄层应尽可能的均匀，而且厚度为 0.25～1 mm。玻璃板的大小为 150 mm×30 mm 或 100 mm×30 mm 左右，厚度约为2.5 mm。薄层的涂布有如下几种方法。

①平铺法：可用自制的涂布器(图 3.17)。将洗净的几块玻璃板摆在涂布器中间，上下两边各夹一块比前者厚 0.25～1 mm 的玻璃板，将浆料倒入涂布器的槽中，然后将涂布器自左向右推去，即可将浆料均匀铺于玻璃板上。

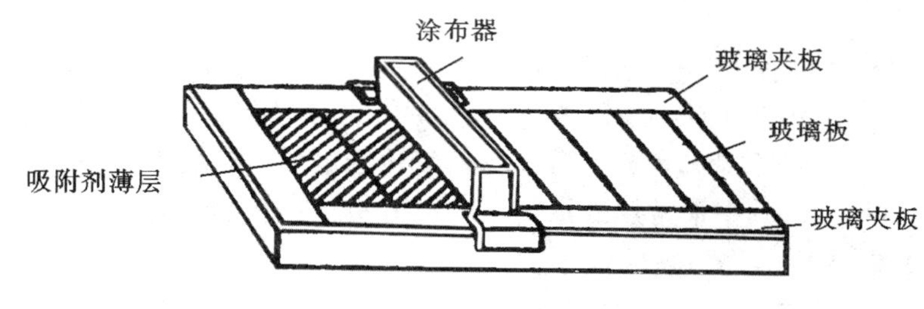

图 3.17　薄层涂布器

②倾注法：将调好的浆料倒在玻璃板上，用手左右摇晃，使表面均匀光滑，然后把玻璃板放于已校正水平面的平板上晾干。

③浸涂法：把两块干净玻璃板背靠背贴紧，浸入吸附剂与溶剂调制的浆液中，取出后分开，晾干。

(4)薄层板的活化。

制成的薄层板在室温中晾干后需放进烘箱内进一步加热活化。硅胶板于 105℃～110℃烘 30 min，氧化铝板于 150℃～160℃烘 4 h。活化好的薄层板应保存在干燥器中。如果需要，可对薄层板的活性进行测定。

①不含黏合剂的氧化铝和硅胶的活性测定多采用海氏(Hermenek)法：取 0.02 mL 染料混合液(由偶氮苯 30 mg、对甲氧基偶氮苯、苏丹黄、苏丹红和对氨

基偶氮苯各 20 mg 分别溶于 50 mL 四氯化碳配制而成)，分别滴于氧化铝(或硅胶)干板上(薄层：90 mm×240 mm×0.6 mm)，用四氯化碳展开(薄板与展开缸底夹角为 10°～20°)。然后按表 3.6 中 R_f 值确定其活性级别。

②含黏合剂的硅胶吸附剂活性测定，采用斯托尔(Stahl)方法：取对二甲氨基偶氮苯、靛酚蓝、苏丹红三种染料各 10 mg，溶解于 1 mL 氯仿中，把该溶液点在薄层板上，点的直径为 1～2 mm，用正己烷-乙酸乙酯(9∶1)展开，30～60 min 内溶剂上行 10 cm，如果三种染料的比移值(R_f)大小为对二甲氨基偶氮苯＞靛酚蓝＞苏丹红，则与Ⅱ级氧化铝的活性相当。

表 3.6　氧化铝及硅胶海氏定级法

偶氮染料	氧化铝(硅胶)活度级别 R_f 值			
	Ⅱ	Ⅲ	Ⅳ	Ⅴ
偶氮苯	0.59(0.61)	0.74(0.70)	0.58(0.83)	0.95(0.86)
对甲氧基偶苯	0.16(0.28)	0.49(0.43)	0.69(0.67)	0.89(0.79)
苏丹黄	0.01(0.18)	0.25(0.30)	0.57(0.53)	0.78(0.64)
苏丹红	0.00(0.11)	0.10(0.13)	0.33(0.40)	0.56(0.50)
对氨基偶氮苯	0.00(0.04)	0.03(0.07)	0.08(0.20)	0.19(0.20)

注：表内括号中数字为硅胶活性级的 R_f 值。

(5)点样。

将样品用低沸点溶剂配成 1%～5%的溶液，用内径小于 1 mm 的毛细管点样。点样前，先用铅笔在薄层板上距一端 1 cm 处画一横线作为起始线，然后用毛细管吸取适量样品溶液，点到薄层板的起始线上，点样后斑点直径不宜大于 2 mm；点与点之间的距离一般为 1.5～2 cm。样品浓度过大，会引起斑点拖尾。浓度过小又会造成斑点扩散，影响分离效果。如果浓度过小，可以在同一位置重复点样数次，但后次点样需等前次样点干燥后方能进行；点样完毕，待溶剂晾干后才可以展开。

(6)展开。

薄层展开要在盛有展开剂的密闭容器(又称色谱缸或层析缸)中进行。除了专用的色谱缸外，常见玻璃标本缸、染色缸、广口瓶、大量筒、大试管等可作为其代用品。提前加入展开剂，其高度为 0.5～1.0 cm，待层析缸内的展开剂蒸气达到饱和后再展开。常用的展开方式有以下几种：

①上行法：最常用的一种展开方式，将点有样点的薄层端向下浸入展开剂中，上端以倾斜状或垂直状靠在内壁或支架上(图 3.18(b))。如果是干板只能

与平面成5°～10°的近水平倾斜放置(图3.18(a))。

②下行法:此法与上行法的操作相反,薄层样点朝上,展开剂是从上向下通过薄层。展开剂放于另一小槽内,展开剂与薄层之间是通过用展开剂沾湿的滤纸条或纱布条作为桥梁进行转移的。由于展开剂受吸附和重力的双重作用,因此,下行法展开速度较快。

③双向展开法:先在一个方向用一种展开剂展开,然后将薄层板调换90°角位置,换用另外一种展开剂再展开一次的方法称为双向展开。由于此法分离效果较好,因此,常用于某些复杂成分或 R_f 值较小的成分的展开。

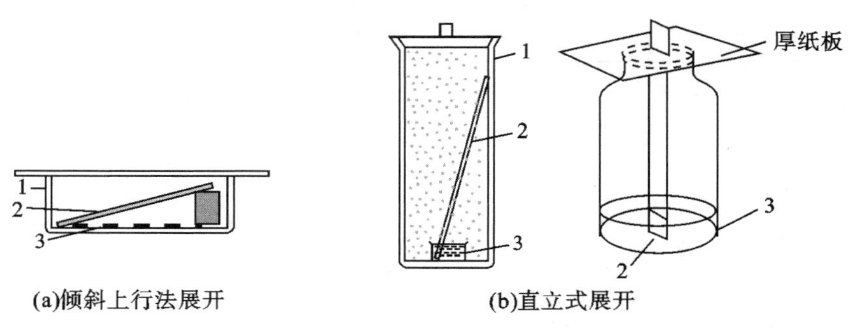

1—色谱缸　2—薄层板　3—展开剂

图3.18　上行展开法

(7)显色。

分离的化合物若有颜色,很容易识别出各个样点。但多数情况下化合物没有颜色,要识别样点,必须使样点显色。通用的显色方法有显色剂显色、碘蒸气显色和紫外线显色。

①显色剂显色:对于特殊有机物使用专用的显色剂显色,如三氯化铁溶液、水合茚三酮丙酮溶液、磷钼酸溶液等,用盛有显色剂溶液的喷雾器喷板显色。还可用腐蚀性显色剂(如浓硫酸、浓盐酸、浓磷酸等)。

②碘蒸气显色:将展开的薄层板挥发干展开剂后,放在盛有碘晶体的封闭容器中,升华产生的碘蒸气能与大多数有机物分子形成黄棕色的缔合物,完成显色。

③紫外线显色:用掺有荧光剂的固定相材料(如硅胶 GF_{254} 等)制板,展开后用紫外线照射展开的干燥薄层板,板上的有机物会吸收紫外线,在板上出现相应的暗点。

3.1.7.4　气相色谱

气相色谱(gas chromatography, GC)是一种以气体为流动相的柱色谱分离分析技术。流动相气体又称为载气(carrier gas),一般为化学惰性气体,如氮气、氦气等。根据固定相的状态不同,可将其分为气固色谱和气液色谱。由于在气液色谱中可供选择的固定液种类很多,容易得到好的选择性,所以有极大的实用价值。

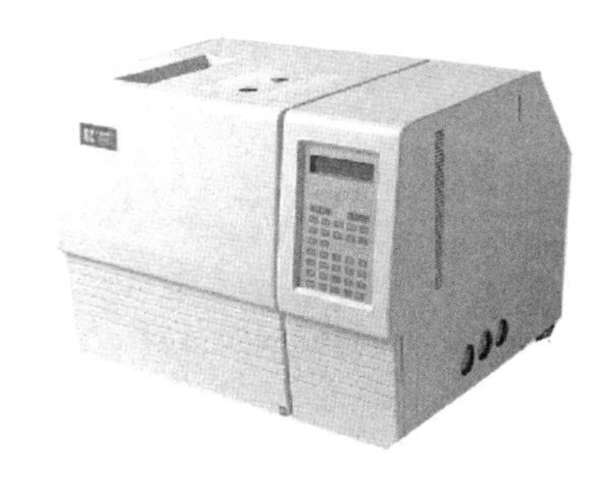

图3.19　GC7890型气相色谱仪

气相色谱仪能分离气体及在操作温度下能成为气体但又不分解的物质。它可在极短时间内同时分离及测定多种组分,并可与质谱法(MS)或红外光谱法(IR)结合使用,应用广泛。

(1)气相色谱仪的五个基本系统:

①载气系统:一般由气源钢瓶、减压阀、净化器、稳压恒流装置、压力表和流量计以及供载气连续运行的密闭管路组成。

②进样系统:包括进样器和汽化室两部分,进样就是把样品快速而定量地加到色谱柱上端,以便进行分离。

③分离系统:由色谱柱和色谱炉组成。色谱柱可分为填充柱和毛细管柱两类。常用的填充柱内径为2～4 mm,柱长1～3 m,具有广泛的选择性,应用很广。毛细管柱内径0.1～0.5 mm,柱长30～300 m。毛细管柱的质量传送阻力小且管柱长,其渗透性好,分离效率高,分析速度快;但柱容量低,进样量小,要求检测器灵敏度高,操作条件严格。色谱炉的作用是为样品各组分在柱内的分离提供适宜的温度。

④检测系统:检测系统主要为检测器(detector),是一种能把进入其中各组分的量转换成易于测量的电信号的装置。根据检测原理的不同可分为浓度型和质量型两类。浓度型检测器测量的是载气中组分浓度瞬间的变化,即检测器的响应值正比于载气中组分的浓度,如热导检测器(TCD)和电子捕获检测器(ECD)。质量型检测器测量的是载气中所携带的样品进入检测器的速度变化,即检测器的响应信号正比于单位时间内组分进入检测器的质量,如氢焰离子化检测器(FID)和火焰光度检测器(FPD)。

⑤放大记录系统:该系统是一种能自动记录由检测器输出的电信号的装置。

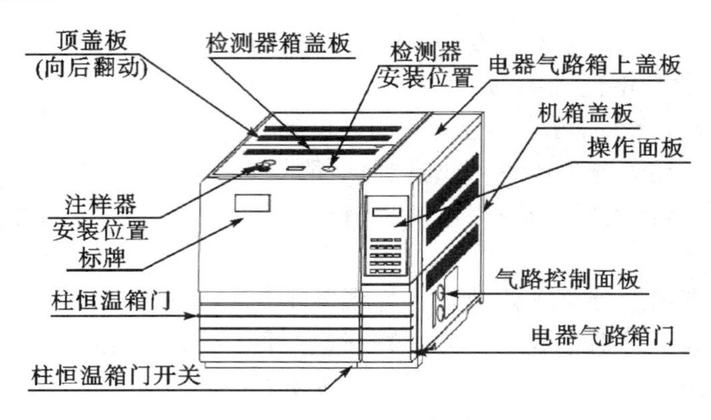

图 3.20　气相色谱仪示意图

(2)气相色谱仪(GC7890)操作规程。

①开机。检查所有电路、气路,确保正常。打开载气(N_2)钢瓶主阀,调节减压阀压力使载气流量为适当值,调节气体流速至所需流速,打开电源开关。

②分析条件设定及测定。根据分析物质需要设置柱温、进样器温度和检测器温度。待检测器温度升高到 100℃以上,打开空气、氢气阀门,分别调节其流量为合适值。按[点火]键,点燃检测器的火焰。

打开微机中的在线工作站,点击通道 1 或 2,查看基线,待基线平稳后,可进样 0.2～0.5 μL,同时迅速点击样品采集进行分析测定。

③关机。分析完毕,先关闭氢气和空气阀门,将火焰熄灭,将柱温、进样器温度和检测器温度设定为室温,当柱箱温度降至接近室温时才能关闭主机电源,最后关闭载气阀门。

(3)注意事项。

检测器用氢气做燃气,如果氢气气路是打开的,而且色谱柱没有连接在检测器上,这时氢气就会泄露在柱箱内,如果柱箱升温就有爆炸的危险。因此,在色谱柱与检测器没有连接时,氢气气路必须关掉。检测器排出的废气必须接到室外,防止意外事故的发生。

含酸、碱、盐、水、金属离子的化合物不能分析。

取样前用溶剂反复洗针,再用要分析的样品至少洗 2～5 次以避免样品间的相互干扰。需直接进样品,要将注射器洗净后,将针筒抽干避免外来杂质的干扰。进样器所取样品要避免带有气泡以保证进样重现性。

检测器温度不能低于进样口温度,否则会污染检测器,进样口温度应高于柱温的最高值,同时化合物在此温度下不分解。

3.1.7.5　高效液相色谱

高效液相色谱(High performance liquid chromatography, HPLC)是利用

液体作为流动相的一种色谱分离分析技术。高效液相色谱仪由高压输液系统、进样系统、分离系统、检测系统、记录系统等五大部分组成。用高压输液泵将具有不同极性的单一溶剂或不同比例的混合溶剂、缓冲液等流动相泵入装有固定相的色谱柱，经进样阀注入样品，由流动相带入色谱柱内，各组分被分离后依次进入检测器。当有样品组分流过检测器时，检测器把组分浓度转变成电信号，经过放大，用记录器记录下来就得到色谱图。色谱图是定性、定量分析的依据。

根据分离机制不同，液相色谱可分为液固吸附色谱、液液分配色谱、化合键合色谱、离子交换色谱以及分子排阻色谱等类型。

HPLC非常适合分子量较大、难气化、不易挥发或对热敏感的物质、离子型化合物及高聚物的分离分析，能完成难度较高的分离工作，具有高柱效、高选择性、分析速度快、灵敏度高、重复性好、应用范围广等优点。在化学、化工、医药、环保等科学领域获得广泛的应用。

(1)HPLC的操作过程。

①开机操作：打开电源，待电压稳定后打开计算机；打开各组件电源，再打开工作站。

②打开色谱泵开关，先以所用流动相冲洗系统一定时间[①]。正式进样分析前30 min左右开启D灯或W灯，以延长灯的使用寿命。

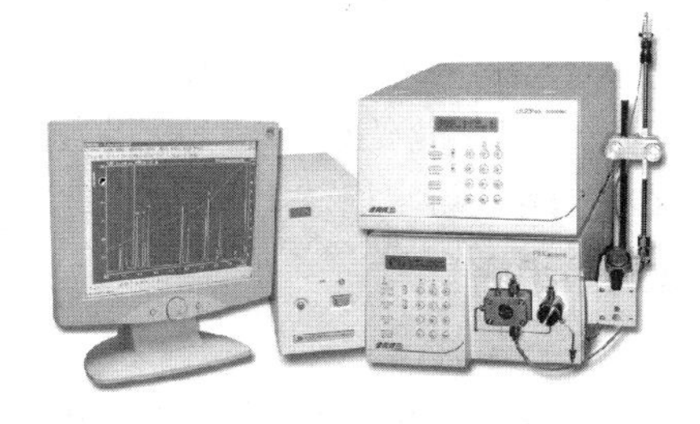

图3.21 高效液相色谱仪

③进样检测。

④实验结束后，先用水或低浓度甲醇水溶液冲洗整个管路30 min以上，再用甲醇冲洗。冲洗过程中关闭D灯或W灯。

⑤关机：先关闭泵、检测器等，再关闭工作站，然后关闭总电源。

⑥使用者须认真履行仪器使用登记制度，出现问题及时报告。

(2)使用液相色谱仪注意事项：

①使用前仔细阅读附带的说明书，注意适用范围，如pH值范围、流动相类型等。

②流动相应选用色谱纯试剂、高纯水或双蒸水，酸碱液及缓冲液需经过滤后使用，过滤时注意区分水系膜和油系膜的使用范围。水相需经常更换，防止长菌变质。

③采用过滤或离心方法处理样品，确保样品中不含固体颗粒。

④使用手动进样器进样前必须用样品液清洗进样针筒3遍以上，并排除针

---

① 如所用流动相为含盐流动相，必须先用水冲洗20 min以上再换上含盐流动相。

筒中的气泡，进样量尽量小。

⑤溶剂瓶中的沙芯过滤头容易破碎，在更换流动相时注意保护，当发现过滤头变脏或长菌时，不可用超声洗涤，可用5%稀硝酸溶液浸泡后再洗涤。

⑥如所用流动相为含盐流动相，反相色谱柱使用后，先用水或低浓度甲醇水溶液（如5%甲醇水溶液），再用甲醇冲洗。

⑦色谱柱不使用时，应用甲醇冲洗，取下后紧密封闭两端保存。

实验八　柱色谱分离甲基橙-亚甲蓝

【实验目的】

学习柱色谱分离提纯有机化合物的方法。

【实验仪器及药品】

色谱柱（可用酸式滴定管代替）、锥形瓶（或抽滤瓶）、滴液漏斗。

活性氧化铝（100～200目）、0.1 g·L^{-1}甲基橙-亚甲蓝的乙醇混合液、95%乙醇、醋酸与水（1∶1）混合溶剂。

【实验步骤】

(1)装柱。

柱色谱装置包括色谱柱、滴液漏斗、接收瓶。

色谱柱分玻璃制的和有机玻璃制的，后者只用于水作展开剂的场合。色谱柱下端配有旋塞，色谱柱的柱直径为其长度的1/10～1/4。常用色谱柱的柱直径在0.5～10 cm之间。

色谱柱的装填有干法和湿法两种方法。

干法装柱时，先在柱底塞上少许脱脂棉（或玻璃纤维），再加入一些细粒海砂，从柱中加入溶剂至柱高的3/4，打开下面的活塞，使溶剂以每秒一滴的速度流出，从柱顶慢慢不间断地加入吸附剂，并用木棒轻轻敲打柱身下部，使其装填均匀、紧密，无气泡和裂痕。当装至柱高度的3/4处，在吸附剂上覆盖一层0.5 cm厚的海砂①。

湿法装柱与干法装柱大体相同，先在柱中加入溶剂至柱高的1/4，将准备好的吸附剂氧化铝用适量洗脱剂乙醇调成可流动的糊，小心不间断地加入色谱柱中，加入时不停敲击柱身，务必使吸附剂装填均匀，不能有气泡和裂痕，还必须使吸附剂始终被乙醇覆盖。整个操作过程一直保持上述流速不变。

---

① 加入海砂的目的是加料时不致把吸附剂冲起，影响分离效果。

(2)装样与洗脱。

当溶剂液面刚好流至砂面时，立即将待分离的甲基橙-亚甲蓝的乙醇混合液 1 mL，小心加入柱中[①]。当加入溶液流至砂面时，立即用 0.5 mL 的 95%乙醇洗下管壁的有色物质。

待液面接近氧化铝上的海砂时，旋开滴液漏斗旋塞，滴加乙醇。滴加速度以 1～2 滴/秒为适度。若洗脱速率较慢，可以用水泵抽滤减压。在柱上可看见蓝色和黄色的色带，继续加入乙醇洗脱，直到亚甲蓝完全被洗脱。改用醋酸和水做洗脱剂，可将甲基橙洗脱下来。整个过程中，应使洗脱剂始终覆盖吸附剂。

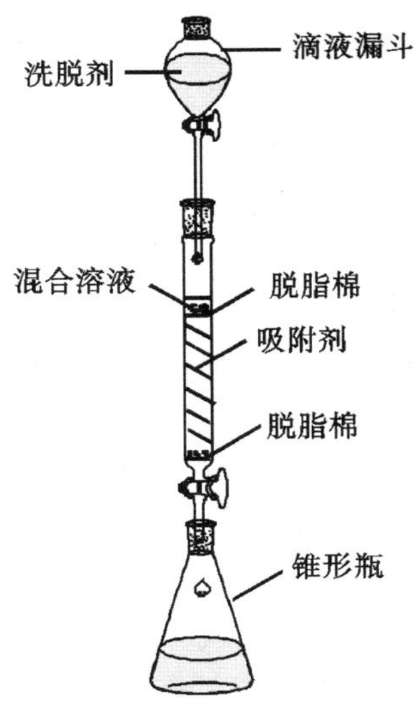

图 3.22　柱色谱装置

【思考题】

(1)什么是吸附色谱的固定相？什么是吸附色谱的流动相？固定相和流动相各具有什么性质？

(2)装柱不均匀或有气泡、裂痕时，将会有什么后果？

实验九　纸色谱

【实验目的】

学习纸色谱及其应用。

【实验仪器及药品】

层析缸(约 10 cm×20 cm)、层析滤纸(约 6 cm×15 cm)、喷雾器、电吹风或电烘箱、毛细管、尺子、铅笔。

0.5%脯氨酸水溶液、0.5%亮氨酸水溶液、两种氨基酸的混合溶液、展开剂(正丁醇∶醋酸∶无水乙醇∶水＝4∶1∶1∶2 混合清液)、0.5%茚三酮无水乙醇溶液。

【实验步骤】

(1)层析滤纸的选择：滤纸应厚薄均匀，能吸收一定量的水，对光检测时透光度均匀，不得有污点，应有一定的强度，滤纸对溶剂的渗透速度适当，滤纸中不含

---

① 最好用移液管将欲分离溶液转移至柱中。

有水或有机溶剂可溶的杂质，对氨基酸分析有干扰的铜、铁元素的含量分别在 1.5×10^{-6} 和 10×10^{-6} 以下。实验室常用的国产色谱滤纸有杭州新华造纸厂生产的定性滤纸、定量滤纸和层析滤纸，以新华1号滤纸最为普遍。如果需要加大点样量，可选择较厚的新华3号滤纸。切成约6 cm×15 cm纸条。

(2)点样：用铅笔在滤纸一端距底边2 cm处轻画一平行线①，在线上标出三个点，各点间距离约为1.5 cm，并用铅笔标明各点对应样品的代号。用毛细管吸取0.5%脯氨酸水溶液、0.5%亮氨酸水溶液、两种氨基酸的混合溶液少许在对应点进行点样②，样点直径为2 mm左右，最好将混合样点在中间点的位置。注意同一毛细管只能用于一种物质的点样。每个点应点样2～3次，每次点样后，风干或电吹风吹干才能再次点样。

(3)饱和与展开：将点好样品的滤纸悬吊于装有展开剂的层析缸中，用盖盖好。注意不可使滤纸与溶剂接触。静置20～30 min(一般为1～2 h)让溶剂蒸气对滤纸进行饱和。

点样端向下，将饱和后滤纸的样点以下垂直浸入展开剂中，展开剂液面在点样点以下约1 cm处，用盖盖好，展开约1 h。溶剂的前沿升到接近滤纸顶端时，取出滤纸，立即用铅笔画出溶剂前沿所在位置，吹干。

(4)显色：用喷雾器向滤纸均匀喷洒显色剂0.5%茚三酮无水乙醇溶液，以滤纸基本打湿为宜。然后用电吹风热风缓缓吹干并加热滤纸，直到显示出紫色斑点为止③。

(5)测量 R_f 值与鉴定：用铅笔将所有斑点的轮廓描出来，并确定出各斑点的重心位置，该点即为斑点位置。分别量出点样点到溶剂前沿的距离和各斑点位置的距离，计算各斑点的 R_f 值。比较各斑点的 R_f 值大小，确定两个斑点各是什么物质。

【思考题】

(1)纸色谱点样时，样品点过大或样品量过大有什么弊病？为什么？

(2)色谱缸为什么要密闭？

(3)样品点为什么必须在展开剂的液面之上？

---

① 层析滤纸应用镊子夹取，不能用手拿(或展开时把手持处剪掉)，因手指印含有氨基酸，实验方法足以检出。

② 点样时毛细管要垂直，轻轻触及即可。

③ 显色时温度不易太高。茚三酮显色有的需要3～4 h。若显色不明显时，可放置过夜，再测 R_f 值。

实验十　薄层色谱

【实验目的】

学习薄层色谱及其应用。

【实验仪器及药品】

层析缸、玻璃板(约 10 cm×3 cm)、喷雾器、毛细管、小层析缸(或广口瓶)。

硅胶 G、95%乙醇、0.1%精氨酸、0.1%丙氨酸、精氨酸和丙氨酸的混合溶液、0.1%羧甲基纤维素钠水溶液、展开剂(正丁醇∶醋酸∶水=12∶3∶5)、显色剂(0.5%茚三酮丙酮溶液)。

【实验步骤】

(1)制板(以硅胶板为例)。

选择合适的玻璃板①(经常使用显微镜上的载玻片),依次用水和乙醇洗净,晾干。称取 2.5 g 硅胶 G 于小烧杯,加 0.1%羧甲基纤维素钠水溶液 8 mL。调制时慢慢搅拌,勿使产生气泡。将糊倒在玻璃板上,摇动摊平,放置在桌面上,放置 10～15 min 后,放入 105℃～115℃烘箱中 30 min,使其活化②。冷却后放置于干燥器中备用。

(2)点样。

在距薄层板底部 2 cm 处用铅笔轻轻画出一条平行于玻璃板底边的细线。在线上等距离画 3 个点,用毛细管蘸取精氨酸、丙氨酸以及两者的混合溶液,在薄层板 3 个点上点样,每个点 3 次。每点一次要等干后再点下一次。

(3)展开。

往层析缸中加入展开剂,10 min 后层析缸中展开剂蒸汽饱和。吹干样点,一端斜放于层析缸中。展开剂要接触到吸附剂下沿,但切勿接触到样点③。盖上盖子,展开。待展开剂上行到薄层板上端 2/3 处时,取出薄层板,再画出展开剂的前沿线。

(4)显色,计算 R_f 值。

---

① 制备薄层板的玻璃板要平整、光滑、干净。

② 要注意铺制薄层板时吸附剂糊要均匀、无气泡,晾干后才能烘干活化。

③ 点样要适量,展开时样点不可触及展开剂。

展开剂完全挥发后，将薄层板喷以茚三酮丙酮溶液，用电吹风吹干，即显出紫色斑点。量出点样点到斑点中心的距离及点样点到溶剂前沿的距离，计算各组分的 R_f 值。

【思考题】

(1)在一定的操作条件下为什么可利用 R_f 值来鉴定化合物?

(2)展开剂的高度若超过了点样线，对薄层色谱有何影响?

3.1.8 升华

利用升华可除去不挥发性杂质，或分离不同挥发度的固体混合物。升华常可得到较高纯度的产物，但操作时间长，损失也较大，在实验室里只用于较少量(1～2 g)物质的纯化。升华是纯化固体有机化合物的一种方法，它所需的温度一般较蒸馏低，但是只有在其熔点温度以下具有相当高(高于 2.6 kPa)蒸气压的固态物质，才可用升华来提纯。

3.1.8.1 基本原理

升华是指物质自固态不经过液态直接转变成蒸气的现象。在有机化学实验操作中，不管物质蒸气是如何产生的，只要是物质从蒸气不经过液态而直接转变成固态的过程都称之为升华。一般来说，对称性较高的固态物质，具有较高的熔点，且在熔点温度以下具有较高的蒸气压，易于用升华来提纯。

一种物质的正常熔点是固、液两相在大气压下平衡时的温度。而固、液、气三相在大气压下平衡的温度——即三相点的温度。三相点的温度和正常的熔点差别很小。在三相点以下，物质只有固、气两相。若降低温度，蒸气就不经过液态而直接变成固态；若升高温度，固态也不经过液态而直接变成蒸气。因此一般的升华操作皆应在三相点温度以下进行。若某物质在三相点温度以下的蒸气压很高，因而气化速率很大，就可以容易地从固态直接变为蒸气，且此物质蒸气压随温度降低而下降非常显著，稍降低温度即能由蒸气直接转变成固态，则此物质可容易地在常压下用升华方法来提纯。

3.1.8.2 升华装置

简单的常压、减压升华装置如图 3.23 和图 3.24 所示。常压升华装置主要由蒸发皿、刺有小孔的滤纸、玻璃漏斗等组成。减压升华装置由吸滤管、冷凝指、水泵组成(图 3.24)。

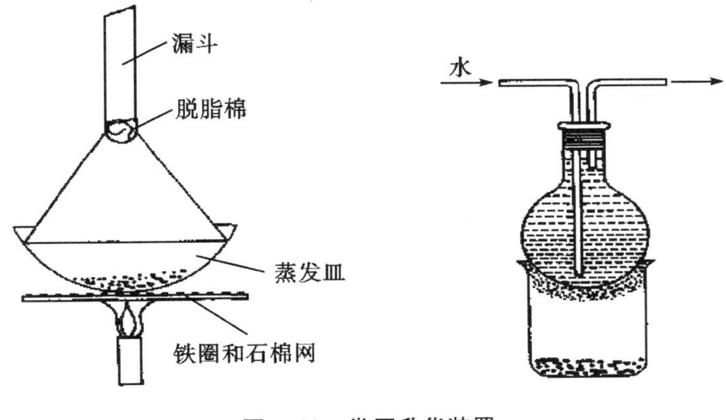

图 3.23　常压升华装置

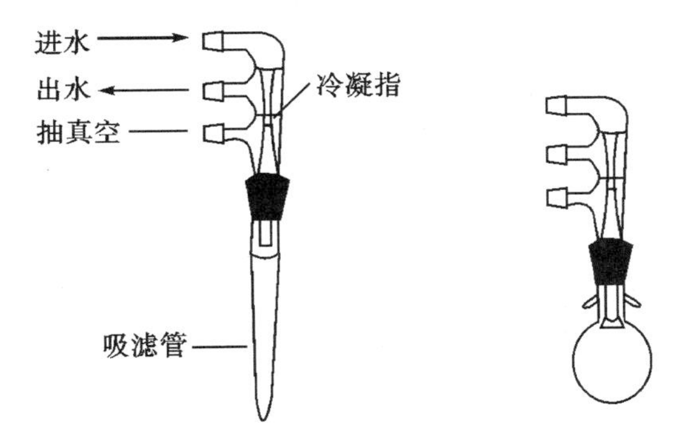

图 3.24　减压升华装置

3.1.8.3　升华操作

(1)常压升华：在蒸发皿中放置粗产物，上面覆盖一张刺有许多小孔的滤纸(最好在蒸发皿的边缘上先放置大小合适的用石棉纸做成的窄圈，用以支撑此滤纸)。然后将大小合适的玻璃漏斗倒盖在上面。漏斗的颈部塞有玻璃毛或脱脂棉花团，以减少蒸气逃逸。在石棉网上渐渐加热蒸发皿(最好能用空气浴、砂浴或其他热浴)，小心调节火焰，控制浴温低于被升华物质的熔点，使其慢慢升华。蒸气通过滤纸小孔上升，冷却后凝结在滤纸上或漏斗壁上。必要时漏斗外壁可用湿布冷却。

(2)减压升华：将固体物质放在吸滤管中，然后将装有“冷凝指”的橡皮塞紧密塞住管口，利用水泵减压，接通冷却水流，将吸滤管浸在水浴或油浴中加热，使之升华。

3.1.9 实验室常用有机溶剂的纯化

在有机化学实验中，经常使用各类溶剂作为反应介质或用来分离提纯粗产物。由于反应的特点和物质的性质不同，对溶剂规格的要求也不相同。有些反应（如格氏试剂的制备反应）对溶剂的要求较高，即使微量杂质或水分的存在，也会影响实验的正常进行。这种情况下，就需对溶剂进行纯化处理，以满足实验的正常要求。现介绍几种实验室中常用有机溶剂的纯化。

3.1.9.1 乙醚

沸点为34.51℃，折光率为1.352 6。普通乙醚常含有2%乙醇和0.5%水。久置的乙醚常含有少量过氧化物，不能满足实验的要求。可用下述方法进行处理，制得纯化乙醚。

过氧化物的检验和除去：在干净的试管中放入2～3滴浓硫酸，1 mL 2%碘化钾溶液（若碘化钾溶液已被空气氧化，可用稀亚硫酸钠溶液滴到黄色消失）和1～2滴淀粉溶液，混合均匀后加入乙醚，出现蓝色即表示有过氧化物存在。除去过氧化物可用新配制的硫酸亚铁稀溶液（配制方法是$FeSO_4$ 60 g、100 mL水和6 mL浓硫酸）。将100 mL乙醚和10 mL新配制的硫酸亚铁溶液放在分液漏斗中洗数次，至无过氧化物检出为止。

醇和水的检验和除去：乙醚中放入少许高锰酸钾粉末和一粒氢氧化钠。放置后，氢氧化钠表面附有棕色树脂，即证明有醇存在。水的存在用无水硫酸铜检验。先用无水氯化钙除去大部分水，再经金属钠干燥。其方法是：将100 mL乙醚放在干燥锥形瓶中，加入20～25 g无水氯化钙，瓶口用软木塞塞紧，放置1天以上，并间歇摇动，然后蒸馏，收集33℃～37℃的馏分。用压钠机将1 g金属钠直接压成钠丝放于盛乙醚的瓶中，用带有氯化钙干燥管的软木塞塞住。或在木塞中插一末端拉成毛细管的玻璃管，这样，既可防止潮气浸入，又可使产生的气体逸出。放置至无气泡发生即可使用；放置后，若钠丝表面已变黄变粗，需再蒸一次，然后再压入钠丝。

3.1.9.2 乙醇

沸点为78.5℃，折光率为1.361 6，相对密度为0.789 3。制备无水乙醇的方法很多，根据对无水乙醇质量的要求不同而选择不同的方法。

98%～99%的乙醇制备方法：①利用苯、水和乙醇形成低共沸混合物的性质，将苯加入乙醇中，进行分馏，在64.9℃时蒸出苯、水、乙醇的三元恒沸混合物，多余的苯在68.3℃与乙醇形成二元恒沸混合物被蒸出，最后蒸出乙醇。工业多采用此法。②用生石灰脱水。于100 mL 95%乙醇中加入新鲜的块状生石灰20 g，回流3～5 h，然后进行蒸馏。

99%以上的乙醇，可采用下列方法：①在100 mL 99%乙醇中，加入7 g金属钠，待反应完毕，再加入 27.5 g 邻苯二甲酸二乙酯或 25 g 草酸二乙酯，回流 2～3 h，然后进行蒸馏。金属钠虽能与乙醇中的水作用，产生氢气和氢氧化钠，但所生成的氢氧化钠又与乙醇发生平衡反应，因此单独使用金属钠不能完全除去乙醇中的水，须加入过量的高沸点酯，如邻苯二甲酸二乙酯与生成的氢氧化钠作用，抑制上述反应，从而达到进一步脱水的目的。②在 250 mL 干燥的圆底烧瓶中，加入 0.6 g 干燥纯净的镁丝和 10 mL 99.5%的乙醇，安装回流冷凝管，冷凝管上口附加一支无水氯化钙干燥管。在沸水浴上加热至微沸，移去热源，立刻加入几粒碘（注意此时不要振荡），可见随即在碘粒附近发生反应。若反应较慢，可稍加热，若不见反应发生，可补加几粒碘。当金属镁全部作用完毕，再加入 100 mL 99.5%乙醇和几粒沸石，水浴加热回流 1 h。改成蒸馏装置，补加沸石后，水浴加热蒸馏，收集 78.5℃馏分，贮存在试剂瓶中，用橡胶塞或接口塞封口。此法制得的乙醇，纯度可达 99.99%。

由于乙醇具有非常强的吸湿性，所以在操作时，动作要迅速，尽量减少转移次数以防止空气中的水分进入，同时所用仪器必须事前干燥好。

3.1.9.3　丙酮

丙酮的沸点为 56.2℃，折光率为 1.358 8，相对密度为 0.789 9。市售丙酮中往往含有少量的水及甲醇、乙醛等还原性杂质，可采用下述两种方法提纯。

(1)在 250 mL 圆底烧瓶中，加入 100 mL 丙酮和 0.5 g 高锰酸钾，安装回流冷凝管，水浴加热回流。若混合液紫色很快消失，则需补加少量高锰酸钾，继续回流，直到紫色不再消失为止。改成蒸馏装置，加入几粒沸石，水浴加热蒸出丙酮，用无水碳酸钾干燥 1 h。将干燥好的丙酮倾入 250 mL 圆底烧瓶中，加入沸石，安装蒸馏装置(全部仪器均须干燥!)。水浴加热蒸馏，收集 55.0℃～56.5℃馏分。用此法纯化丙酮时，需注意丙酮中含还原性物质不能太多，否则会过多消耗高锰酸钾和丙酮，使处理时间增长。

(2)将 100 mL 丙酮装入分液漏斗中，先加入 4 mL 10%硝酸银溶液，再加入 3.6 mL 1 mol·L^{-1}氢氧化钠溶液，振摇 10 min，分出丙酮层，再加入无水硫酸钾或无水硫酸钙进行干燥。最后蒸馏收集 55℃～56.5℃馏分。此法比方法(1)要快，但硝酸银较贵，只适合小量纯化用。

3.1.9.4　乙酸乙酯

乙酸乙酯，沸点为 77.06℃，折光率为 1.372 3，相对密度为 0.900 3。市售的乙酸乙酯含量一般为 95%～98%，常含有微量水、乙醇和乙酸。可采用下列两种方法进行纯化。

(1)可先用等体积的 5%碳酸钠溶液洗涤，再用饱和氯化钙溶液洗涤，酯层倒入干燥的锥形瓶中，加入适量无水碳酸钾干燥 1 h 后，蒸馏，收集 77.0℃～

77.5℃馏分。

(2)于1 000 mL乙酸乙酯中加入100 mL乙酸酐,10滴浓硫酸,加热回流4 h,除去乙醇和水等杂质,然后进行蒸馏。馏液用20～30 g无水碳酸钾振荡,再蒸馏。产物沸点为77℃,纯度可达99%以上。

3.1.9.5 石油醚

石油醚为轻质石油产品,是低相对分子质量烷烃类的混合物。其沸程为30℃～150℃,收集的温度区间一般为30℃左右。根据沸程不同可分为30℃～60℃、60℃～90℃和90℃～120℃等不同规格。石油醚中常含有少量沸点与烷烃相近的不饱和烃,难以用蒸馏法进行分离,此时可用浓硫酸和高锰酸钾将其除去。方法如下:在150 mL分液漏斗中,加入100 mL石油醚,用10 mL浓硫酸分两次洗涤,再用10%硫酸与高锰酸钾配制的饱和溶液洗涤,直至水层中紫色不再消失为止。用蒸馏水洗涤两次后,将石油醚倒入干燥的锥形瓶中,加入无水氯化钙干燥1 h。蒸馏,收集需要规格的馏分。若需绝对干燥的石油醚,可加入钠丝(与纯化无水乙醚相同)。

3.1.9.6 氯仿

沸点为61.7℃,折光率为1.445 9,相对密度为1.483 2。氯仿在日光下易氧化成氯气、氯化氢和光气(剧毒),故氯仿应贮于棕色瓶中。市场上供应的氯仿多用1%酒精作稳定剂,以消除氯仿分解产生的光气。氯仿中乙醇的检验可用碘仿反应;游离氯化氢的检验可用硝酸银的醇溶液。除去乙醇的方法是用水洗涤氯仿5～6次后,将分出的氯仿用无水氯化钙干燥24 h,再进行蒸馏,收集60.5℃～61.5℃馏分。另一种纯化方法:将氯仿与少量浓硫酸一起振荡两三次。每200 mL氯仿用10 mL浓硫酸,分去酸层以后的氯仿用水洗涤,干燥,然后蒸馏。除去乙醇后的无水氯仿应保存在棕色瓶中并置于暗处避光存放,以免光化作用产生光气。

3.1.9.7 苯

沸点为80.1℃,折光率为1.501 1,相对密度为0.876 5。普通苯常含有少量水和噻吩,噻吩的沸点84℃,与苯接近,不能用蒸馏的方法除去。噻吩的检验:取1 mL苯加入2 mL溶有2 mg吲哚醌的浓硫酸,振荡片刻,若酸层变蓝绿色,即表示有噻吩存在。噻吩和水的除去:将苯装入分液漏斗中,加入相当于苯体积1/7的浓硫酸,振摇使噻吩磺化,弃去酸液,再加入新的浓硫酸,重复操作几次,直到酸层呈现无色或淡黄色并检验无噻吩为止。将上述无噻吩的苯依次用10%碳酸钠溶液和水洗至中性,再用氯化钙干燥,进行蒸馏,收集80℃的馏分,最后用金属钠脱去微量的水得无水苯。

3.1.9.8 四氢呋喃

沸点为66℃,折光率为1.405 0,相对密度为0.889 2。四氢呋喃与水能混溶,并常含有少量水分及过氧化物。如要制得无水四氢呋喃,可用氢化铝锂在隔绝潮气下回流(通常1 000 mL需2~4 g氢化铝锂)除去其中的水和过氧化物,然后蒸馏,收集66℃的馏分(蒸馏时不要蒸干,将剩余少量残液倒出)。精制后的液体加入钠丝,并应在氮气氛中保存。处理四氢呋喃时,应先用小量进行试验,在确定其中只有少量水和过氧化物,作用不致过于激烈时,方可进行纯化。四氢呋喃中的过氧化物可用酸化的碘化钾溶液来检验。如过氧化物较多,另行处理为宜。

3.1.9.9 二氧六环

沸点为101℃,熔点为12℃,折光率为1.442 4,相对密度为1.033 6。二氧六环能与水任意混合,常含有少量二乙醇缩醛与水,久贮的二氧六环可能含有过氧化物(鉴定和除去参阅乙醚)。二氧六环的纯化方法:在500 mL二氧六环中加入8 mL浓盐酸和50 mL水的溶液,回流6~10 h,在回流过程中,慢慢通入氮气以除去生成的乙醛。冷却后,加入固体氢氧化钾,直到不能再溶解为止,分去水层,再用固体氢氧化钾干燥24 h。然后过滤,在金属钠存在下加热回流8~12 h,最后在金属钠存在下蒸馏,压入钠丝密封保存。精制过的1,4-二氧六环己烷应当避免与空气接触。

3.1.9.10 吡啶

沸点为115.5℃,折光率为1.509 5,相对密度为0.981 9。分析纯的吡啶含有少量水分,可供一般实验用。如要制得无水吡啶,可将吡啶与粒状氢氧化钾(钠)一同回流,然后隔绝潮气蒸出备用。干燥的吡啶吸水性很强,保存时应将容器口用石蜡封好。

3.1.9.11 甲醇

沸点为64.96℃,折光率为1.328 8,相对密度为0.791 4。普通未精制的甲醇含有0.02%丙酮和0.1%水。而工业甲醇中这些杂质的含量达0.5%~1%。为了制得纯度达99.9%以上的甲醇,可将甲醇用分馏柱分馏。收集64℃的馏分,再用镁去水(与制备无水乙醇相同)。甲醇有毒,处理时应防止吸入其蒸气。

3.1.9.12 二甲亚砜(DMSO)

沸点为189℃,熔点为18.5℃,折光率为1.478 3,相对密度为1.100。二甲亚砜能与水混合,可用分子筛长期放置加以干燥。然后减压蒸馏,收集76℃/1.6 kPa(12 mmHg)馏分。蒸馏时,温度不可高于90℃,否则会发生歧化反应生成二甲砜和二甲硫醚。也可用氧化钙、氢化钙、氧化钡或无水硫酸钡来干燥,然后减压蒸馏。也可用部分结晶的方法纯化。二甲亚砜与某些物质混合时可能发生爆炸，如氢化钠、高碘酸或高氯酸镁等，应予注意。

3.1.9.13　N,N-二甲基甲酰胺(DMF)

沸点为149℃～156℃，折光率为1.430 5，相对密度为0.948 7。无色液体，与多数有机溶剂和水可任意混合，对有机和无机化合物的溶解性能较好。N,N-二甲基甲酰胺含有少量水分，常压蒸馏时有些分解，产生二甲胺和一氧化碳。在有酸或碱存在时，分解加快，加入固体氢氧化钾(钠)在室温放置数小时后，即有部分分解。因此，最常用硫酸钙、硫酸镁、氧化钡、硅胶或分子筛干燥，然后减压蒸馏，收集76℃/4.8 kPa(36 mmHg)的馏分。如含水较多时，可加入其1/10体积的苯，在常压及80℃以下蒸去水和苯，然后再用无水硫酸镁或氧化钡干燥，最后进行减压蒸馏。纯化后的N,N-二甲基甲酰胺要避光贮存。N,N-二甲基甲酰胺中如有游离胺存在，可用2,4二硝基氟苯产生颜色来检查。

3.1.9.14　二氯甲烷

沸点为40℃，折光率为1.424 2，相对密度为1.326 6。使用二氯甲烷比氯仿安全，因此常常用它来代替氯仿作为比水重的萃取剂。普通的二氯甲烷一般能直接做萃取剂用。如需纯化，可用5%碳酸钠溶液洗涤，再用水洗涤，然后用无水氯化钙干燥，蒸馏收集40℃～41℃的馏分，保存在棕色瓶中。

3.1.9.15　二硫化碳

沸点为46.25℃，折光率为1.631 9，相对密度为1.263 2。二硫化碳为有毒化合物，能使神经组织中毒。具有高度的挥发性和易燃性，因此，使用时应避免与其蒸气接触。对二硫化碳纯度要求不高的实验，在二硫化碳中加入少量无水氯化钙干燥几小时，在水浴55℃～65℃下加热蒸馏、收集。如需要制备较纯的二硫化碳，在试剂级的二硫化碳中加入0.5%高锰酸钾水溶液洗涤三次，除去硫化氢再用汞不断振荡以除去硫。最后用2.5%硫酸汞溶液洗涤，除去所有的硫化氢(洗至没有恶臭为止)，再经氯化钙干燥，蒸馏收集。

3.2　有机化合物的表征技术

3.2.1　熔点的测定

熔点是指物质在大气压力下固态与液态处于平衡时的温度。纯净的固体有机物，一般都有固定的熔点，且熔点范围(又称熔程或熔距，是指由始熔至全熔的温度间隔)很小，一般不超过1℃。含有杂质的物质，其熔点较纯物质低，且熔程较长。

3.2.1.1　纯物质的熔点

纯物质在任何温度下都有相应的蒸气压，温度升高其蒸气压一般总是增大。

图3.25中曲线 SM 是物质固相的蒸气压与温度的关系，曲线 ML 是物质液相的蒸气压与温度的关系，固相时的蒸气压随温度变化的速率比液相随温度变化的速率要大。两条蒸气压-温度曲线相交于一点 M（因为两条线斜率不同，所以有交点），此时固相与液相的蒸气压相等，固、液两相可以同时平衡并存。与这一点相对应的温度 T_M 就是该物质的熔点。交点 M 是一个热力学平衡点，与它对应的蒸气压和温度都是唯一确定值，甚至当温度超过熔点几十分之一度时，只要有足够的时间，固体就会全部转变成液体。因此，纯物质有固定的和敏锐的熔点。

加热纯净化合物，温度不到熔点时以固相存在，加热使温度上升。达到熔点时，开始有少量液体出现，此后固、液相平衡。继续加热，温度不再变化，此时加热所提供的热量使固相不断转变为液相，两相间仍为平衡，最后的固体熔化后，继续加热则温度线性上升（如图3.26所示）。因此在接近熔点时，加热速度一定要慢，每分钟温度升高不能超过2℃，只有这样，才能使整个熔化过程尽可能接近于两相平衡条件，测得的熔点也越精确。

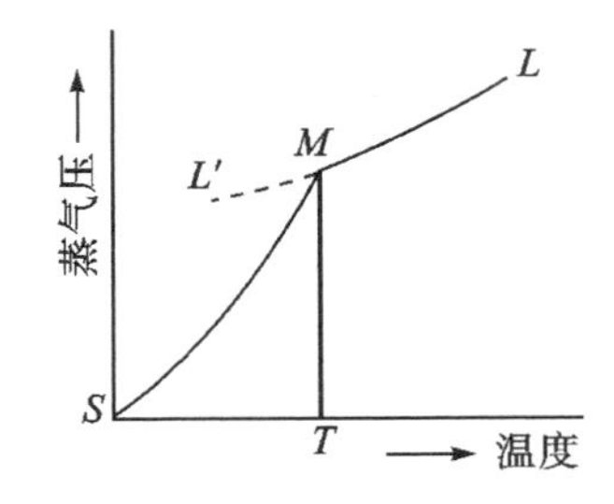

图3.25　纯物质温度与蒸气压曲线

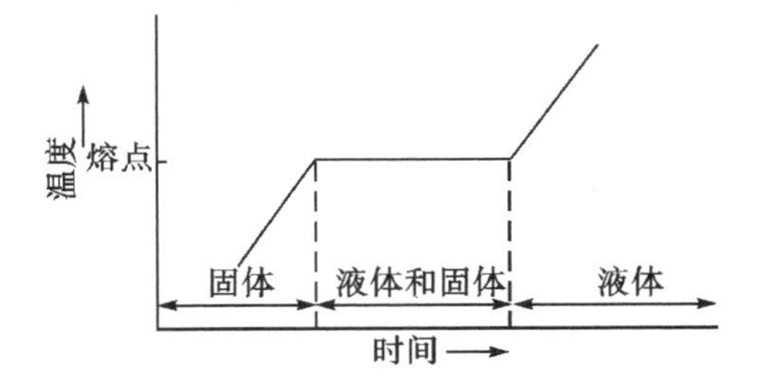

图3.26　纯物质加热时温度随时间的变化

3.2.1.2　杂质对熔点的影响

当纯净化合物含杂质时（假定两者不形成固溶体），根据拉乌耳（Raoult）定律可知，在一定的压力和温度条件下，在溶剂中增加溶质，导致溶剂蒸气分压降低（图3.27中 M_1L_1），固、液两相交点 M_1 即代表含有杂质化合物达到熔点时的固、液相平衡共存点，T_1 为含杂质时的熔点，显然，此时的熔点较纯物质低。

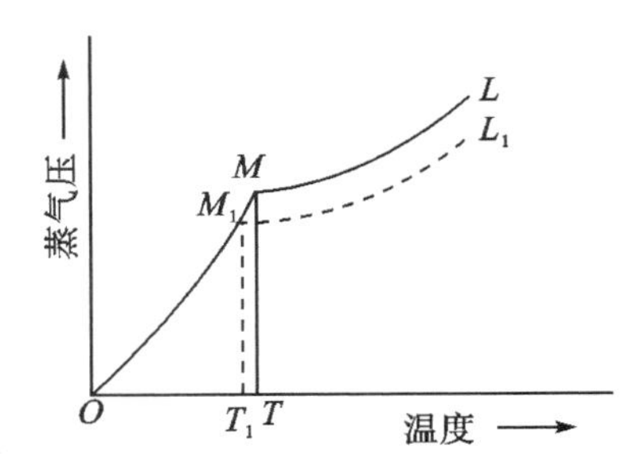

图3.27　杂质对物质熔点的影响

若混有杂质则熔点有明确变化，不但熔点往往下降，而且熔程也扩大。因此，熔点是晶体化合物纯度的重要指标。有机化合物熔点一般不超过350℃，较易测定，故可借测定熔点来鉴别未知有机物和判断有机物的纯度。

在鉴定某未知物时，如测得其熔点和某已知物的熔点相同或相近时，不能认为它们为同一物质。还需把它们混合,测该混合物的熔点,若熔点仍不变,才能认为它们为同一物质;若混合物熔点降低,熔程增大,则说明它们属于不同的物质。故此种混合熔点试验,是检验两种熔点相同或相近的有机物是否为同一物质的最简便方法。

3.2.1.3　温度计的校正

用普通温度计测定的熔点与真实熔点常常有一定的偏差。其原因可能来自两方面:一是温度计的刻度不准确,或是在长期使用中,反复加热与冷却而导致温度计的零点变动。二是由于温度计的刻度是在汞柱全部均匀受热的情况下刻出来的,而在测定熔点时,仅将温度计的一部分浸入热溶液中,有一大段汞柱外露在浴液面以上。结果外露的汞柱所指示的温度值,就会偏低。因此,若要得到精确的熔点值,必须对温度计进行校正。常用的校正方法是:选用纯净化合物的熔点作标准或选用标准温度计校正。

表 3.7　供校正温度计刻度用的化合物的熔点

化合物	熔点/℃	化合物	熔点/℃
水-冰	0	乙酰苯胺	114
α-萘胺	50	苯甲酸	122
二苯胺	53.5	脲	132
对硝基苯甲酸乙酯	56	水杨酸	159
苯甲酸苯酯	69	对苯二酚	170
8-羟基喹啉	76	马尿酸	187
香荚兰醛	82	3,5 二硝基苯甲酸	205
间二硝基苯	89.5	蒽	216
α-萘酚	96	对硝基苯甲酸	239
邻苯二酚	104	酚酞	265
间苯二酚	112	蒽醌	285

用纯净化合物的熔点作标准进行校正。具体步骤是:将待校正的温度计浸入水-冰(蒸馏水冻结的)的混合液中,标定其零点。然后用此温度计,分别测定一系列已知熔点的标准样品的熔点。用观察到的熔点值 t_2(℃)作纵坐标,以观察值 t_2 与标准熔点值 t_1 之差数 Δt 为横坐标作图,即得到一条校正曲线(如图3.28所示)。从曲线中可直接读出温度计在各个温度时的差值(用此法校正的温度计,可不必再作外露汞柱读数校正)。表 3.11 是供校正温度计刻度用的纯化

合物及其熔点。

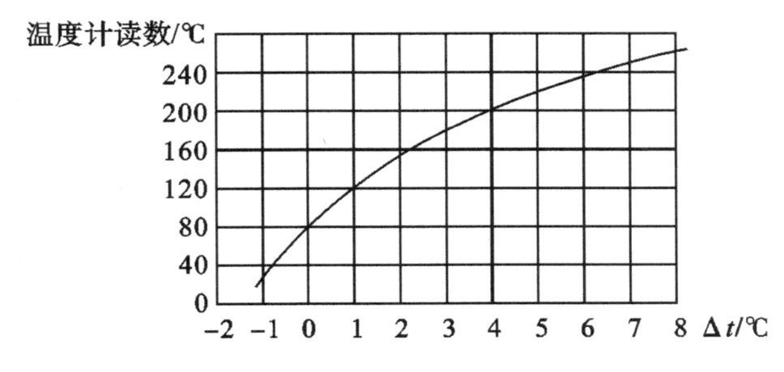

图 3.28　温度计刻度校正曲线

3.2.1.4　熔点的测定方法

(1)毛细管熔点测定法。

①样品的装入:将样品研细,把毛细管开口一端插入样品堆中,就有少量样品进入毛细管中。然后将毛细管封口端向下在垂直的长约 50 cm 的玻璃管中自由下落,使样品紧密堆积在毛细管的下端,反复多次,直到样品高 2～3 mm 为止。样品装入要均匀,结实,不应留有空隙,毛细管外的样品粉末要擦干净,以免污染热浴液体。

②仪器装置:Thiele 管(提勒管),又称 b 形管或熔点测定管,如图 3.29 所示。将 b 形管固定于铁架台上,装入液体石蜡作为浴液,其用量以略高于 b 形管的上侧管为宜。装好样品的熔点管,用少许浴液黏附于温度计下端,并用橡皮圈固定于温度计上,使熔点管装样品的部分位于水银球的中部。温度计插入配有缺口软木塞中。然后将此带有熔点管的温度计,小心插入 b 形管中,并使温度计的水银球位于 b 形管两侧管的中间。在 b 形管的倾斜部位加热,受热的浴液做沿管上升运动,从而促成了整个 b 形管内浴液呈对流循环,使得温度均匀。

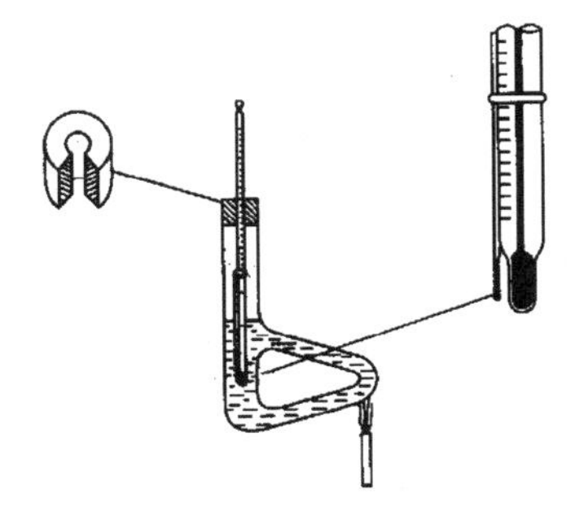

图 3.29　提勒管(b 形管)

表 3.8　常用的浴液

浴液	适用的温度范围/℃
水	100℃以下
液体石蜡	230℃以下
浓硫酸	220℃以下

续表

浴液	适用的温度范围/℃
浓硫酸＋硫酸钾	325℃以下
聚有机硅油	350℃以下
无水甘油	150℃以下
真空泵油	250℃以下
邻苯二甲酸二丁酯	150℃以下

③测定方法：一般是在快速加热下，粗略测定化合物的熔点，然后再作第二次测定。第二次测定前，先待热浴的温度下降约 30℃，换过一根装好样品的毛细管，慢慢地加热，开始时升温速度可以较快，以每分钟上升约 5℃的速度升温，到距离熔点 10℃～15℃时，调整火焰使每分钟上升 1℃～2℃。愈接近熔点，升温速度应愈慢。一般可在加热中途，试将热源移去，观察温度是否上升，若停止加热后温度亦停止上升，说明加热速度是比较合适的。当接近熔点时，加热要更慢，每分钟上升 0.2℃～0.3℃。当毛细管中样品开始塌落和有湿润现象，出现小液滴时，表示样品已开始熔化，为始熔，记下温度；继续微热至微量固体样品消失变为透明液滴时为全熔，记下温度。例如，某化合物在 112℃塌落（或萎缩），113℃时有液滴出现，在 114℃时全部成为透明液体，应记录为：熔点为 113℃～114℃，112℃塌落（或萎缩），记录该化合物的颜色变化。每个样品测 2～3 次，初熔点和全熔点的平均值为熔点，再将各次所测熔点的平均值作为该样品的最终测定结果。

（2）双浴式测定法。

如图 3.30 所示，熔点管黏附于温度计水银球旁，和在 b 形管中相同。试管口配一个开口软木塞，插入温度计，其水银球应距试管底 0.5 cm。将试管经开口软木塞后再插入 250 mL 平底（或圆底）烧瓶内，试管底部至瓶底约 1 cm 处，瓶内装入约占烧瓶 2/3 体积的液体石蜡，试管内也放入一些液体石蜡，其液面高度与瓶内相同。慢慢升温测定熔点。

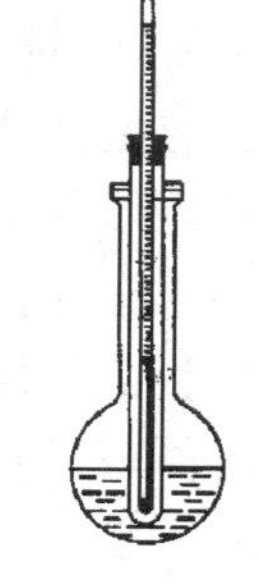

图 3.30　双浴式测定

（3）用显微熔点测定仪测定熔点。

仪器的基本构造：显微熔点测定仪，主要由两大部分组成。一是显微镜，可放大 50～100 倍；二是加热台，加热台安装在显微镜的载物台上，中心有一透光小孔，附有温度计，用电热丝加热，用可调变压器调控温度，其详细部件及安装顺序如图3.31所示。

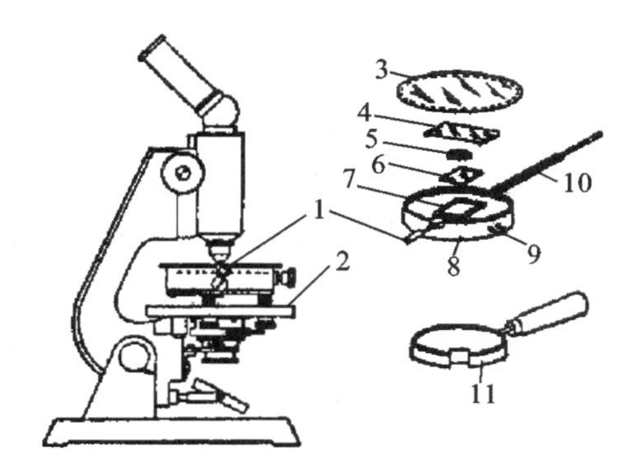

1—调节载片支持器的把手；2—显微镜台；3—有磨砂边的圆玻璃盖；4—桥玻璃；
5—薄的覆片；6—特殊玻璃载片；7—可移动的载片支持器；8—中间有小孔的加热器；
9—与电阻连接的接头；10—温度计；11—冷却加热板的铝盖

图3.31　显微熔点仪的构造

显微熔点测定仪测定熔点操作：取一块显微镜用盖玻片洗净、拭干作为载片，用刮刀挑几粒待测样品晶体，放在载片6上，再用一块玻片5盖上。用镊子夹住载片，并放置在加热台上，用刮刀拨动载片，使晶体位于透光孔上；打开光源，调节显微镜焦距，再拨动载片使晶体对准光孔并清晰地呈现在视野中。然后小心盖上桥玻璃4(或小玻环加玻盖)，再盖上配备的圆形厚玻璃盖。开启电源加热，用可调变压器调节加热速率。自目镜中仔细观察样品晶形的变化和温度计汞柱上升情况。当温度升到距熔点10℃左右时，切断电源，待温度开始下降后，再继续以每分钟2℃的速率加热，到距熔点3℃附近时，再减慢到每分钟升高0.2℃～0.3℃的速率加热。此时要注意观察晶体变化，当晶体棱角变圆浑时，表明已开始熔化(初熔)，记录此初熔温度；继而晶体变成透明液滴(全熔)，记录此终熔温度，即为该物质的熔点。如果结晶迅速地熔化成透明液滴并连成片，说明熔点已过，这是加热过快造成，需要重新测定。

测定完毕，停止加热，稍冷，用镊子去掉圆玻盖，取出桥玻璃和载片，将一块带循环冷水的厚铝块盖放在加热台上，加速冷却。随后用丙酮拭洗载片，晾干，以备再用。待仪器完全冷却后，整理好全部零部件，安放在仪器箱中。

用熔点测定仪测定熔点具有下列优点：①可测定微量样品(数颗晶体)；②能看到熔化前和熔化时的变化情况；②可测定高熔点样品(室温约350℃)。

(4)几种特殊化合物熔点的测定。

易升华的物质：熔点毛细管装样后用火封口，用毛细管熔点测定法测定熔点。

易分解的物质：分解为化学过程，分解的温度与加热时间和速率有关，与毛细管直径、壁厚以及毛细管内样品填充紧密程度都有关。一般能熔化的物质若有分解过程，多在熔点之前分解，然后全部熔化。有机盐及其他盐类化合物根据加热速率不同而有不同的熔点，因为加热过程有分解现象。例如，酪氨酸慢慢加热时在 280℃熔化，加热速率快时，熔化温度可达 314℃～318℃，经常可见文献中有附注“分解”。这种情况实验结果无重复性。

易吸潮的物质：用两端封闭的毛细管，避免加热过程中吸潮引起熔点下降。因为改变压力对熔点测定影响甚微，当改变压力数十倍时，熔点只相差 1℃的几十分之一。

实验十一　乙酰苯胺熔点的测定

【实验目的】

（1）了解熔点测定的原理及意义。

（2）掌握毛细管熔点测定法和显微熔点测定仪测定熔点的操作方法。

【实验用品】

乙酰苯胺、尿素、乙酰苯胺、液体石蜡、b 形管、带缺口塞的温度计、铁架台、熔点管、酒精灯、表面皿、长玻璃管、显微熔点仪。

【实验步骤】

（1）毛细管熔点测定法。

①熔点管的制备：用玻璃管拉制成直径为 1 mm、长 7～8 cm 的毛细管，将一端用酒精灯外焰封口（与外焰成 40°角转动加热）。防止将毛细管烧弯或封出疙瘩。

②样品的装入：取 0.1～0.2 g 预先研细并烘干的乙酰苯胺[①]，堆积于干净的表面皿上，将毛细管开口一端插入样品堆中，就有少量乙酰苯胺进入毛细管中。然后将毛细管封口端向下在垂直的约 50 cm 的玻璃管中自由下落，使样品紧密堆积在毛细管的下端，反复多次，直到样品高 2～3 mm 为止。样品装入要均匀，结实，不应留有空隙，毛细管外的样品粉末要擦干净，以免污染热浴液体。

③熔点的测定：如图 3.32 所示，将 b 形管固定于铁架台上，装入液体石蜡作为浴液，其用量以略高于 b 形管的上侧管为宜。装好样品的熔点管，用少许浴液

---

① 样品应研成细粉并要紧密地装填在毛细管中，这样才能传热迅速、均匀，结果准确。

黏附于温度计下端，并用橡皮圈固定于温度计上，使熔点管装样品的部分位于水银球的中部。温度计插入配有缺口软木塞中，刻度应面向木塞缺口。然后将此带有熔点管的温度计，小心插入b形管中，并使温度计的水银球位于b形管两侧管的中间。在b形管的倾斜部位加热[①]，在快速加热下，测定化合物的大概熔点，然后再做第二次测定。第二次测定前，先待热浴的温度下降约30℃，换过一根毛细管[②]，慢慢地加热，开始时升温速度可以较快，以每分钟上升约5℃的速度升温，到距离熔点10℃～15℃时，调整火焰使每分钟上升1℃～2℃。愈接近熔点，升温速度应愈慢。一般可在加热中途，试将热源移去，观察温度是否上升，若停止加热后温度亦停止上升，说明加热速度是比较合适的。当接近熔点时，加热要更慢，每分钟上升0.2℃～0.3℃。当毛细管中样品开始塌落和有湿润现象，出现小液滴时，表示样品已开始熔化，为始熔，记下温度；继续微热至微量固体样品消失变为透明液滴时为全熔，记下温度。

④测定或鉴定未知样品：领取一个未知的化合物样品，先粗测一次，确定大致的熔点范围，然后像已知样品那样仔细测定2～3次，取平均值。将测定值与指导教师给出的数据对照，确定是哪一个化合物。必要时取标准样品与未知样品混合后测其熔点，观察熔点是否降低。若混合物熔点与纯净物相同，即为同一化合物。

实验结束后，一定要待熔点浴冷却后，方可将液体石蜡倒回瓶中。温度计冷却后，用废纸擦去液体石蜡，方可用水冲洗，否则温度计极易炸裂。

熔点测定好后，温度计的读数须对照温度计校正图进行校正，求出其真实熔点。

(2)用显微熔点测定仪测定乙酰苯胺和未知样品的熔点。比较两种测定方法。

【思考题】

(1)如何用熔点测定的方法来确定A和B是否是同一物质？

(2)测熔点时，若遇到下列情况，将产生什么样的结果？

①熔点管不洁净。

②熔点管底部未完全封闭，尚有一针孔。

③熔点管壁太厚。

---

① 掌握升温速度是准确测定熔点的关键，愈接近熔点，升温的速度应愈慢。若浴液升温太快，样品在熔化过程中产生滞后，其结果使观察的温度比真实值高。

② 熔化的样品冷却后又凝固成固体，再重新加热所测得的熔点往往就不准确，所以一根毛细管中的样品只能用一次。

④样品未完全干燥或含有杂质。

⑤加热太快。

⑥样品研得不细或装得不紧密。

(3)是否可以使用第一次测过熔点时已经熔化的有机化合物再作第二次测定呢？为什么？

3.2.2 沸点的测定

液体的分子由于分子运动有从表面逸出的倾向，这种倾向随着温度的升高而增大，进而在液面上部形成蒸气。当分子由液体逸出的速度与分子由蒸气中回到液体中的速度相等，液面上的蒸气达到饱和，称为饱和蒸气。它对液面所施加的压力称为饱和蒸气压。实验证明，液体的蒸气压只与温度有关(图3.32)。即液体在一定温度下具有一定的蒸气压。这是指液体与它的蒸气平衡时的压力，与体系中存在的液体和蒸气的绝对量无关。

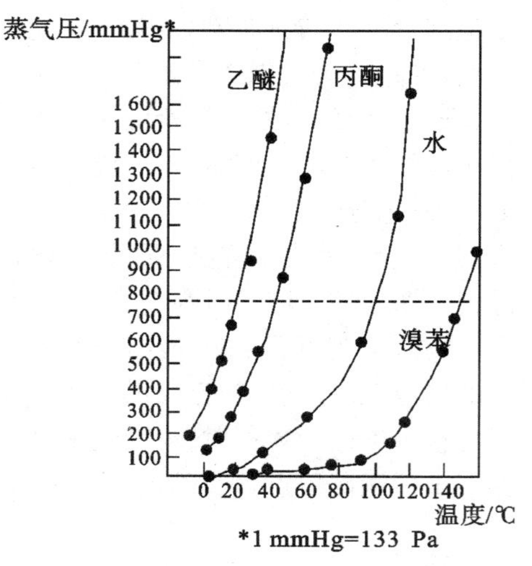

图3.32 温度与蒸气压关系

当液体的蒸气压增大到与外界施于液面的总压力(通常是大气压力)相等时，就有大量气泡从液体内部逸出，即液体沸腾。这时的温度称为液体的沸点。显然液体的沸点与所受外界压力的大小有关。因此，报道一个化合物的沸点时，一定要注明测定沸点时外界的大气压。通常所说的沸点，是指在101.3 kPa(760 mmHg)压力下液体沸腾时的温度。例如水的沸点为100℃，是指在101.3 kPa压力下水在100℃时沸腾。在其他压力下测定的沸点应注明压力。如在12.3 kPa(92.5 mmHg)时，水在50℃沸腾，这时水的沸点可表示为50℃/12.3 kPa。

当液体中溶入其他物质时，溶剂的蒸气压总是降低，而所形成的溶液的沸点则与溶质的性质有关。在一定的压力下，纯的液体有机化合物具有固定的沸点(沸程0.5℃～1.5℃)。因此，一般可以利用测定化合物的沸点来鉴别某一化合物是否纯净，但是具有固定沸点的液体不一定都是纯净的化合物，因为某些有机化合物常和其他组分形成二元或三元共沸混合物，它们也有固定的沸点。如95.6%乙醇与4.4%水的固定的沸点为78.2℃。

实验十二　乙醇沸点的测定

【实验目的】

(1)熟悉测定沸点的原理,了解测定沸点的意义。

(2)掌握测定沸点的操作要领和方法。

【实验用品】

乙醇、浓硫酸、b形管、带缺口塞的温度计、铁架台、酒精灯。

【实验步骤】

(1)常量法:即用蒸馏法来测定乙醇的沸点,见实验一。

(2)微量法:即利用沸点测定管来测定液体的沸点(图3.33)。

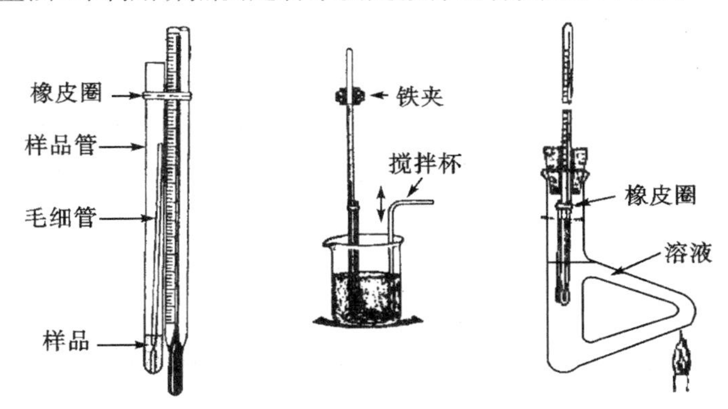

图3.33　微量法测沸点装置

取一根内径5～8 mm、长6～7 cm的玻璃管,用小火封闭其一端,作为沸点管的外管。在该外管中加入乙醇,液柱高1 cm。在此管中放入一根长7～8 cm,内径约1 mm的上端封闭的毛细管,即其开口处浸入样品中。把这一微量沸点管用橡皮圈固定于温度计水银球旁,并插入加热浴中(若用小烧杯作热浴时,要不断搅拌,以便加热均匀)。用提勒管作热浴,装置类似熔点测定装置。加热①,由于气体膨胀,内管中不断有小气泡冒出。继续加热至接近该液体沸点时,将出现一连串的小气泡从内管快速逸出,此时应停止加热,使液浴的温度自行下降,气泡的逸出速度渐渐地减慢,仔细观察,最后一个气泡出现而刚欲缩回到毛细管的瞬间温度②(此时毛细管内液体的蒸气压与外界大气压力平衡),亦就是该液

① 加热不能过快,以防液体全部汽化。

② 微量法测定时,观察最后一个气泡缩回时的温度应准确。

体的沸点。每支毛细管只可用于一次测定，一个样品的测定需重复2～3次，测得平行数据误差不得超过1℃。

3. 将微量法测定结果与常量法测定结果进行比较。

【思考题】

(1)什么叫沸点？液体的沸点和大气压有什么关系？文献里记载的某物质的沸点是否即为你们那里的沸点温度？

(2)如果液体具有恒定的沸点，那么能否认为它是单纯物质？

(3)为什么用微量法测定沸点时，沸点的温度是当液体样品最后一个气泡刚欲缩回至毛细管时的温度？

3.2.3 折光率的测定

折光率是物质的物理常数，固体、液体和气体都有折光率。折光率常作为有机物纯度鉴定的依据。

当光从一种介质进入到另一种介质时，在两种介质的分界面上，会发生折射现象。根据折射定律，波长一定的单色光，在一定的温度、压力等外界条件下，折光率是光线入射角的正弦与折射角的正弦之比，也等于光在这两介质中的传播速度之比，即

$$n=\frac{\sin\alpha}{\sin\beta}$$

当光由介质 A 进入介质 B 时，如果介质 A 对于介质 B 是光疏物质，则折射角 β 必小于入射角 α，当入射角为90°时，$\sin\alpha=1$，这时折射角达到最大，称为临界角，用 β_0 表示。很明显，在一定条件下，β_0 也是一个常数，它与折光率的关系是

$$n_{\mathrm{D}}=\frac{1}{\sin\beta_0}\quad(\text{D表示钠光})$$

可见，测定临界角 β_0，就可以得到折光率，这就是阿贝折光仪的基本光学原理，如图3.34所示。

为了测定 β_0 值，阿贝折光仪采用了“半暗半明”的方法，就是让单色光由0～90°的所有角度从介质A射入介质B，这时介质B中临界角以内的整个区域均有光线通过，因此是明亮的，而临界角以外的全部区域没有光线通过，因此是暗的，明暗两区界线十分清楚。如果在介质B的上方用一目镜观察，就可以看见一个分界线十分清楚的半明半暗视场，如图3.35所示。

因各种液体的折光率不同，要调节入射角始终为90°，在操作时只需旋转棱镜转动手轮即可。从刻度盘上可直接读出折光率。

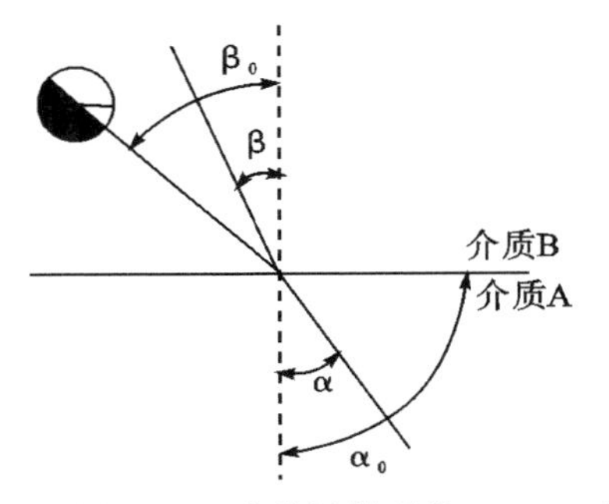

图 3.34　光的折射现象

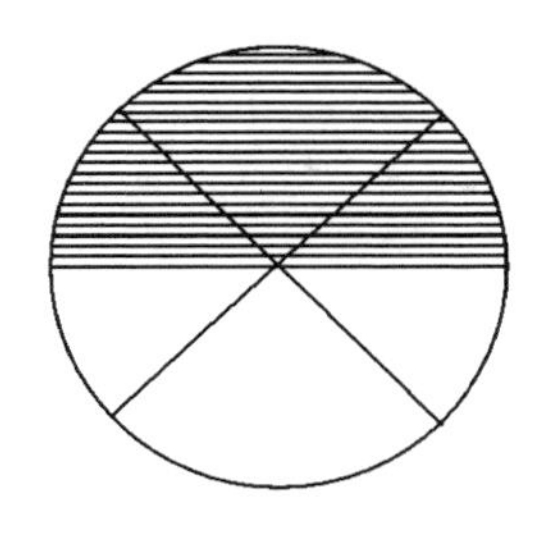

图 3.35　折光仪在临界角时的目镜视野图

折光率的测定不仅用于有机化合物纯度的鉴定，还可应用于以下几个方面：

(1)根据液体反应物与生成物折射率的改变情况，检测反应进行程度。

(2)分馏时，与沸点配合，收集不同馏分。

(3)检验原料、溶剂、中间体和产品纯度。

(4)未知物经结构确定后，作为物理常数之一。

阿贝折光仪的结构如图 3.36 所示：

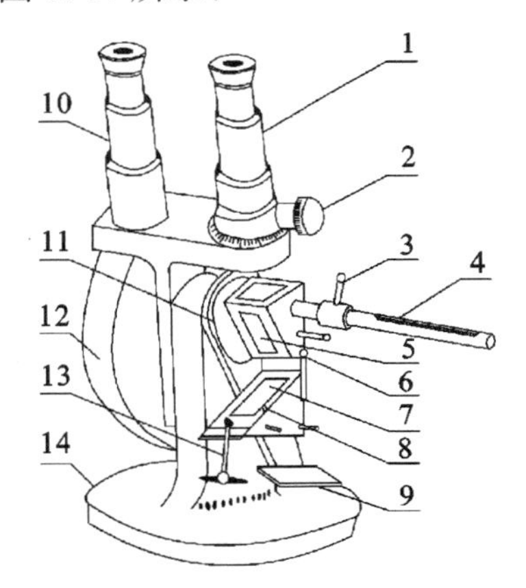

1—测量望远镜；2—消色散手柄；3—恒温水入口；4—温度计；5—测量棱镜；6—铰链；7—辅助棱镜；8—加液槽；9—反射镜；10—读数望远镜；11—转轴；12—刻度盘罩；13—锁钮；14—底座

图 3.36　阿贝折光仪

实验十三　丙酮折光率的测定

【实验目的】

(1)了解测定折光率的原理及阿贝折光仪的基本构造，掌握折光仪的使用方法。

(2)了解测定化合物折光率的意义。

【实验用品】

阿贝折射仪、丙酮(A. R)、无水酒精、蒸馏水、镜头纸、滴管。

【实验步骤】

(1)仪器校正。

①用蒸馏水校正:

a. 将折光仪置于靠近窗户的桌子上或普通照明灯前[①],但不能曝于直照的日光中。

b. 用乳胶管把测量棱镜和辅助棱镜上保温套的进出水口与恒温槽串接起来,装上温度计,恒温 20℃,温度以折光仪上温度计读数为准[②]。

c. 将棱镜锁紧扳手松开,将棱镜擦干净(注意:用无水酒精或其他易挥发溶剂,用镜头纸擦干)。

d. 用滴管将 2～3 滴蒸馏水滴入两棱镜中间[③],合上并锁紧。

e. 调节棱镜转动手轮,使折射率读数恰为 1.333 0。(蒸馏水在不同温度下的折射率为:$n_D^{10}=1.333\ 7$;$n_D^{20}=1.333\ 0$;$n_D^{30}=1.332\ 0$;$n_D^{40}=1.330\ 7$)[④]。

f. 从测量镜筒中观察明暗分界线是否与十字交叉点重合。若不重合,则调节右面镜筒下方的方形螺旋,使十字交叉点准确地和分界线重合。若视场出现色散,可调节色散棱镜手轮至色散消失。

②用标准玻璃块校正:

a. 松开棱镜锁紧扳手,将棱镜拉开。

b. 在玻璃块的抛光底面上滴 1-溴化萘(高折光率液体),把它贴在折光棱镜的面上,玻璃块的抛光侧面应向上,使测量镜筒视场明亮。然后按上述方法进行,使标准玻璃上的数值与测定值一致。

(2)样品折光率测定方法。

①旋开棱镜锁紧扳手,滴加数滴丙酮于磨砂面棱镜上,液体无气泡并充满视

---

① 阿贝折光仪有消色散装置,故可直接使用日光或普通灯光,测定结果与用钠光灯结果一样。

② 通入恒温水约 20 min,温度才能恒定,若实验时间有限,不附恒温水槽,该步操作可以省略。室温下测得的折射率可根据温度每增加 1℃液体有机化合物的折射率减少约 4×10^{-4} 的数值,换算出所需温度下近似的折射率。

③ 阿贝棱镜质地较软,用滴管加液时,不能让滴管碰到棱镜面上,以免划伤。并合棱镜时,应防止待测液层中存在气泡。

④ n_D^{10} 表示用钠光在 10℃时测定的折光率。

场，旋紧棱镜锁紧扳手。调节反射镜，使视场最亮、最清晰。

②旋转棱镜转动手轮，直至观察到视场中出现明暗分界线为止。若出现彩色带，旋转色散棱镜手轮，使明暗分界线清晰。调节棱镜转动手轮，使分界线对准十字交叉点上。

③记下读数值。重复2～3次，取其平均值。

④旋开棱镜，用镜头纸擦净棱镜，晾干后关闭，放进木箱。

测固体折光率时，接触液1-溴代萘的用量要适当，不能涂得太多，过多待测玻璃或固体容易滑下、损坏。

【思考题】

(1)能否用阿贝折射仪来测折射率大于折光棱镜折光率的液体？为什么？

(2)为什么用标准玻璃块校准时要滴一滴高折光率液体？

附：WYA-1S数字阿贝折射仪（图3.37）

一、操作步骤及使用方法

(1)按下“POWER”波形电源开关，聚光照明部件中照明灯亮，同时显示窗显示00000。有时先显示“-”，数秒后显示00000。

(2)打开折射棱镜部件，移去动擦镜纸，这张擦镜纸是仪器不使用时放在两棱镜之间，防止在关上棱镜时，可能留在棱镜上细小硬粒弄坏棱镜工作表面。擦镜纸只需用单层。

图3.37　WYA-1S数字阿贝折射仪

(3)检查上、下棱镜面，并用水或酒精小心清洁其表面。测定每一个样品以后也要仔细清洁两块棱镜表面，因为留在棱镜上少量的原来样品将影响下一个样品的测量准确度。

(4)将被测样品放在下面的折射棱镜的工作表面上。如样品为液体，可用干净滴管吸1～2滴液体样品放在棱镜工作表面上，然后将上面的进光棱镜盖上。如样品为固体，则固体样品必须有一个经过抛光加工的平整表面。测量前需将这抛光表面擦清，并在下面的折射棱镜工作表面上滴1～2滴折射率比固体样品折射率高的透明液体（如溴代萘），然后将固体样品抛光面放在折射棱镜工作表面上，使其接触良好。测固体样品时不需将上面的进光棱镜盖上。

(5)旋转聚光照明部件的转臂和聚光镜筒使上面的进光棱镜的进光表面（测液体样品）或固体样品前面的进光表面（测固体样品）得到均匀照明。

(6)通过目镜观察视场，同时旋转调节手轮，使明暗分界线落在交叉线视场中。如从目镜中看到视场是暗的，可将调节手轮逆时针旋转。看到视场是明亮的，则将调节手轮顺时针旋转。明亮区域是在视场的顶部。在明亮视场情况下可旋转目镜，调节视度看清晰交叉线。

(7)旋转目镜方缺口里的色散校正手轮，同时调节聚光镜位置，使视场中明暗两部分具有良好的反差和明暗分界线具有最小的色散。

(8)旋转调节手轮，使明暗分界线准确对准交叉线的交点。

(9)按“READ”读数显示键，显示窗中00000消失，显示“-”数秒后“-”消失，然后显示被测样品的折射率。

(10)检测样品温度，可按“TEMP”温度显示键，显示窗将显示样品温度。

(11)样品测量结束后，必须用酒精或水(样品为糖溶液)进行小心清洁。

(12)本仪器折射棱镜中有通恒温水结构，如需测定样品在某一特定温度下的折射率，仪器可外接恒温器，将温度调节到你所需温度再进行测量。

二、仪器校正

仪器定期进行校准，或对测量数据有怀疑时，也可以对仪器进行校准。校准用蒸馏水或玻璃标准块。如测量数据与标准有误差，可用钟表螺丝刀通过色散校正手轮中的小孔，小心旋转里面的螺钉，使分划板上交叉线上下移动，然后再进行测量，直到测数符合要求为止。样品为标准块时，测数要符合标准块上所标定的数据。

表3.9　不同温度下水的折光率

温度/℃	折射率/n_D	温度/℃	折射率/n_D
18	1.333 16	25	1.332 50
19	1.333 08	26	1.332 39
20	1.332 99	27	1.332 28
21	1.332 89	28	1.332 17
22	1.332 80	29	1.332 05
23	1.332 70	30	1.331 93
24	1.332 60	～	～

三、主要技术参数和规格

(1)测量范围：折射率 n_D　　1.300 0～1.700 0

(2)测量准确度(平均值)：折射率 n_D　　±0.000 02

(3)蔗糖质量分数(锤度Brix)显示范围：　　0～95%

(4)温度显示范围：　　0～50℃

3.2.4 旋光度的测定

具有光学活性的物质能使平面偏振光的振动平面发生旋转，旋转的角度叫做旋光度，以 α 表示。能使平面偏振光的振动平面向右旋转的物质，叫右旋体，用(+)或 d 表示。向左旋转的物质，叫左旋体，用(−)或 l 表示。测定旋光度的仪器叫旋光仪。

旋光仪有直接目测旋光仪和自动数字式旋光仪。

目测旋光仪主要部件：钠光灯、起偏镜、样品管、检偏镜、目镜等。

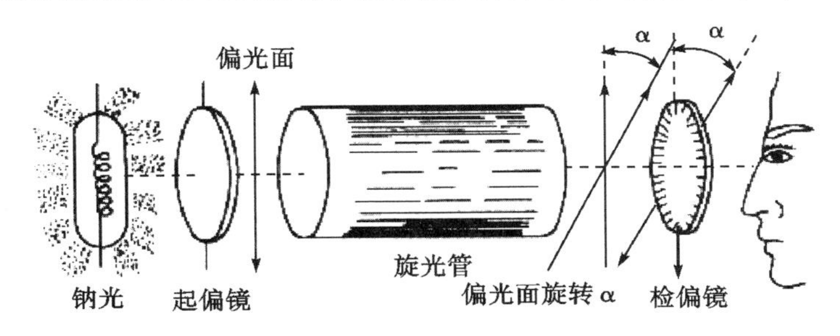

图3.38 旋光仪测定示意图

光线从光源经过起偏镜，再经过盛有旋光性物质的旋光管时，因物质的旋光性致使偏振光旋转一定角度，不能通过第二个棱镜，因此，必须把检偏镜转动同一角度才能通过。由标尺盘上转动的角度，可以指示检偏镜的转动角度，即为该物质的旋光度。

物质的旋光度与溶液的质量浓度、溶剂、温度、旋光管长度和所用光源的波长等都有关系，如固定实验条件，则测得的物质的旋光度即为常数，它能反映该旋光性物质的本性，叫做比旋光度，以 $[\alpha]_\lambda^t$ 表示，因此常用比旋光度 $[\alpha]_\lambda^t$ 来表示各物质的旋光性。比旋光度与测得的旋光度 α 有以下的关系：

$$\text{溶液的比旋光度}=[\alpha]_\lambda^t=\frac{\alpha}{l\cdot c}$$

$$\text{纯液体的比旋光度}=[\alpha]_\lambda^t=\frac{\alpha}{l\cdot \rho}$$

式中，α 为旋光仪测得的旋光度；l 为旋光管的长度，单位为 dm；λ 为所用光源的波长，通常为钠光源，以 D 表示；t 为测定时的温度；c 为样品的浓度(即 1 mL 溶液中所含样品的克数)。例如 $[\alpha]_D^{50}=+66.5°$，它表明在测量温度为 50℃，所用光源为钠光(波长为 589.3 nm)时，该旋光物质的比旋光度为右旋 66.5°。

若已知某溶液的比旋光度，且测出样品管的长度 l 和旋光度 α，可根据下式求出待测溶液的浓度，即

$$c=\frac{\alpha}{l[\alpha]_{\lambda}^{t}}$$

为了准确判断旋光度大小，通常旋光仪采用三分视场的方法来测量旋光溶液的旋光度。从旋光仪目镜中观察到的视场分为三个部分，一般情况下，中间部分和两边部分的亮度不同。当转动检偏镜时，中间部分和两边部分将出现明暗交替变化。图 3.39 中列出三种典型情况。

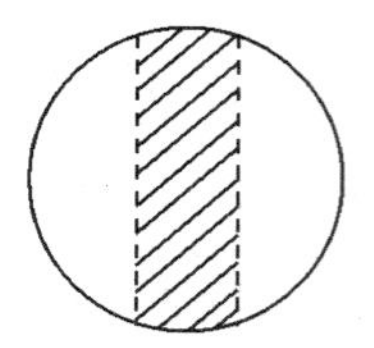

(a)大于(或小于)零度视场

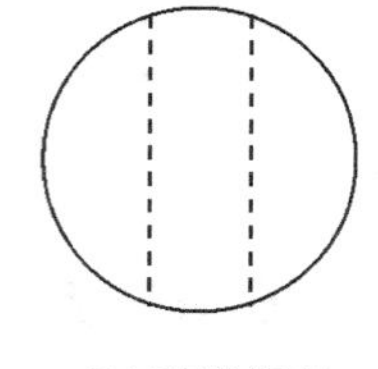

(b)零度视场

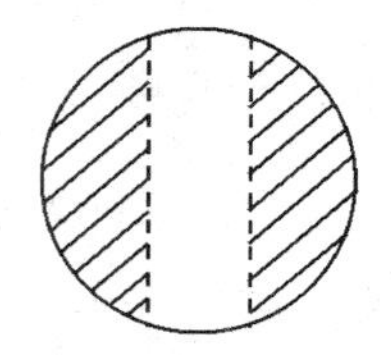

(c)小于(或大于)零度视场

图 3.39　三分视场

通常取图 3.39(b)所示的视场为参考视场，并将此时检偏镜的位置作为刻度盘的零点，故称该视场为零度视场。当放进了待测旋光液的试管后，由于溶液的旋光性，使偏振光的振动面旋转了一定角度，使零度视场发生了变化，只有将检偏镜转过相同的角度，才能再次看到图 3.39(b)所示的视场，这个角度就是旋光度，它的数值可以由刻度盘和游标上读出。

WXG-4 旋光仪如图 3.40 所示。该旋光仪采用的是双游标读数，以消除刻度盘的中心偏差。每格 1°，游标分 20 格，它和刻度盘 19 格等长，故仪器的精密度为 0.05°。

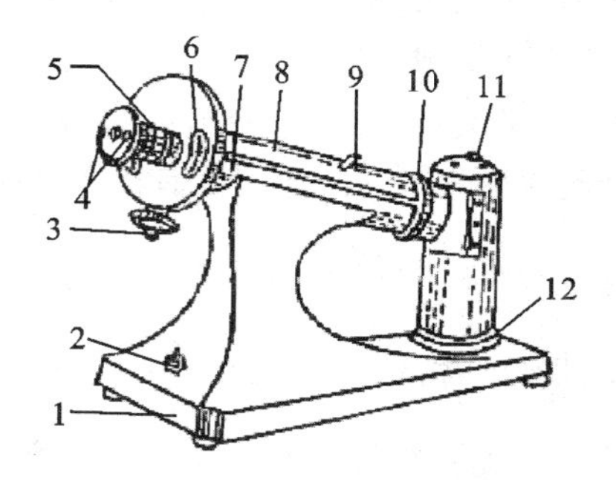

1—底座；2—电源开关；3—度盘转动手轮；4—读数放大镜；5—调焦手轮；6—度盘及游标；7—镜筒；8—镜筒盖；9—镜盖手柄；10—镜盖连接图；11—灯罩；12—灯座

图 3.40　WXG-4 旋光仪

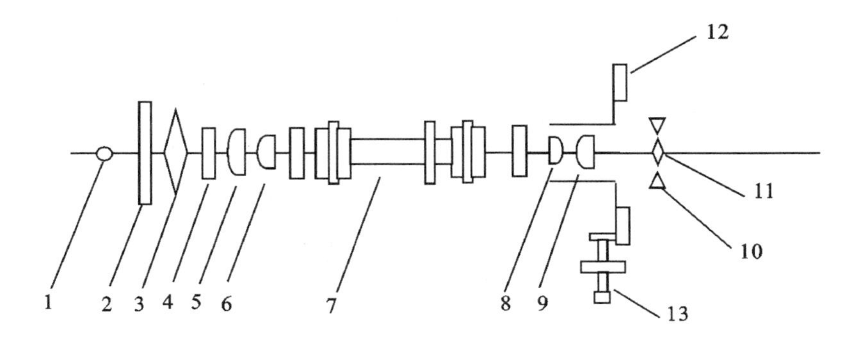

1—光源；2—毛玻璃；3—聚光镜；4—滤色镜；5—起偏镜；6—半波片；7—试管；8—检偏镜；9—物、目镜组；10—读数放大器；11—调焦手轮；12—度盘与游标；13—度盘转动手轮

图 3.41 WXG-4 旋光仪光路图

实验十四 蔗糖旋光度的测定

【实验目的】

(1)了解旋光仪的构造。

(2)掌握使用旋光仪测定物质的旋光度。

(3)学习比旋光度的计算。

【实验用品】

WXG-4 旋光仪、恒温水浴槽、温度计、容量瓶(100 mL)、蔗糖(分析纯)、烧杯、三角烧瓶、蒸馏水。

【实验步骤】

(1)蔗糖溶液的配制。

称取 10.0 g 蔗糖，放入 50 mL 小烧杯中。加 40 mL 蒸馏水，使之溶解。溶解后转移到 100 mL 容量瓶中，加少量水洗小烧杯。将液体加至容量瓶刻度线，摇匀后倒入 250 mL 三角烧瓶中。

(2)校正旋光仪零点。

①接通电源，开启电源开关，约 5 min 后，钠光灯发光正常[①]，便可使用。

---

① 钠光灯管使用时间不宜超过 4 h，长时间使用应用电风扇吹风或关熄 10～15 min，待冷却后再使用。灯管如遇有只发红光不能发黄光时，往往是因输入电压过底(不到 220 V)所致，这时应设法升高电压到 220 V 左右。

②洗净样品管，将管一端加上盖子，并向管内灌满蒸馏水，使液体形成一凸液面，然后在样品管的另一端盖上玻璃片，管内不应有气泡存在。再旋上套盖，使玻璃片紧贴于样品管，勿使漏水。但必须注意旋紧套盖时不能用力过猛，以免玻璃压碎。用滤纸将样品管擦干，再用擦镜纸将样品管的玻璃片擦净[①]，将样品管放入旋光仪内。

③调整目镜聚焦，使视野清楚，然后旋转检偏镜至观察到的三分视野暗度相等为止。记下检偏镜的旋转角 α，重复测量三次[②]，取其平均值，此平均值为零点，用来校正系统的误差。

(3)测定旋光度。

①将样品管取出，倒掉蒸馏水(空白溶剂)，用蔗糖溶液冲洗 2～3 次，加入蔗糖溶液[③]，放入旋光仪的槽中。

②然后旋转检偏镜至观察到的三分视野暗度相等为止，记录读数，重复三次求出平均值。

(4)测量未知浓度的蔗糖溶液。

将未知浓度的蔗糖溶液装入样品管，放入旋光仪中，测量其旋光度 α。将测得的旋光度 α、溶液样品管长度 l 和前面测出的比旋光度 $[\alpha]_\lambda^t$ 代入公式，求出该溶液的浓度 c。

(5)实验结束后，关闭电源。倒掉样品管中液体，用蒸馏水冲洗样品管后放好(不要弄丢样品管上的玻璃片)。

【思考题】

(1)什么是比旋光度？

(2)测定样品时，如何判断其旋光方向？

附：WZZ-2 自动旋光仪的使用方法

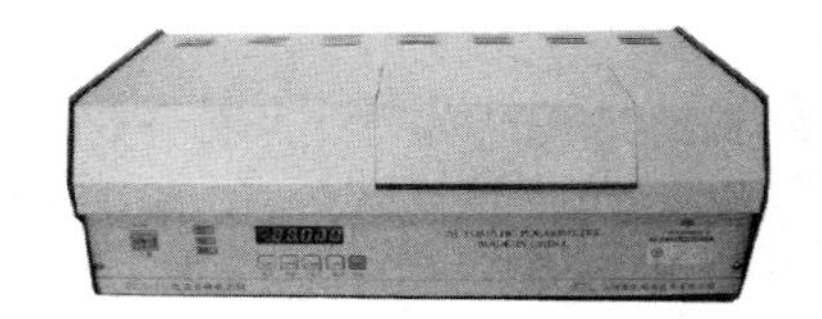

图 3.42　WZZ-2 自动旋光仪

---

① 样品管两端均应擦干净方可放入旋光仪。

② 在测量中应维持溶液温度不变。

③ 样品管中溶液不应有沉淀，否则应更换溶液。

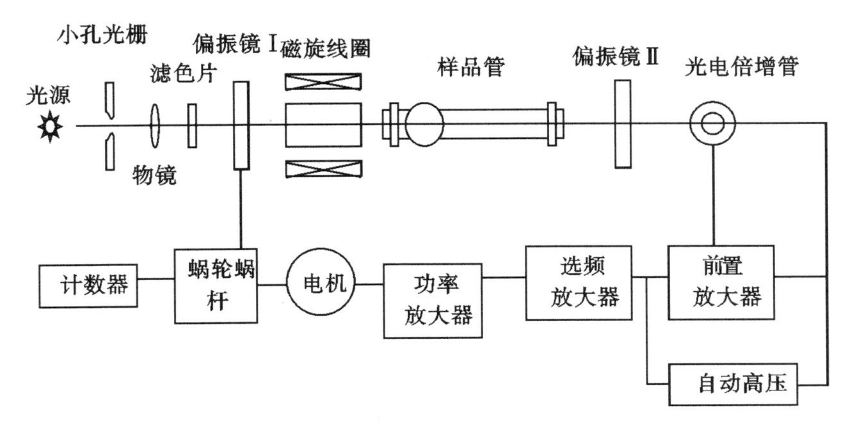

图 3.43　自动旋光仪工作原理示意图

【操作步骤】

(1)将仪器电源插头插入220 V交流电源(要求使用交流电子稳压器),并将接地线可靠接地。

(2)打开电源开关,打开光源开关。经预热5 min,钠光灯才发光稳定。

(3)打开测量开关,数码管应有数字显示。

(4)将装有蒸馏水或其他空白溶剂的样品管放入样品室,盖上箱盖,待示数稳定后,按清零按钮。样品管中若有气泡,应先让气泡浮在凸颈处;通光面两端的雾状水滴,应用软布揩干,样品管螺帽不宜旋得过紧,以免产生应力,影响读数。样品管安放时应注意标记的位置和方向。

(5)取出样品管。将待测样品注入样品管,按相同的位置和方向放入样品室内,盖好箱盖,仪器数显窗将显示出该样品的旋光度。注意样品管应用被测试样冲洗数次。

(6)逐次按下复测按钮,重复读数几次,取平均值作为样品的测定结果。

(7)如样品超过测量范围,仪器在±45°处来回振荡。此时,取出样品管,仪器即自动转回零位。此时可将试液稀释1倍再测。

(8)仪器使用完毕后,应依次关闭测量、光源、电源开关。

3.2.5　紫外光谱

紫外吸收光谱(Ultroviolet Spectroscopy,简称UV)是由于分子中价电子的跃迁而产生的。分子中价电子经紫外或可见光照射时,电子从低能级跃迁到高能级,此时电子就吸收了相应波长的光,这样产生的吸收光谱叫紫外光谱。

紫外吸收光谱的波长范围是 4～400 nm，其中 4～200 nm 为远紫外区，200～400 nm 为近紫外区，一般的紫外光谱是指近紫外区。由于空气中氧和二氧化碳吸收远紫外光（4～200 nm），因此只有在真空中进行研究，又称真空紫外。由于真空紫外要求技术高，应用极少。在近紫外区空气是没有吸收的，常见的分光光度计包括紫外和可见两部分，波长为 200～800 nm，称紫外-可见分光光度计（图 3.44）。它在有机化学研究中得到广泛的应用。通常用作物质鉴定、纯度检查，有机分子结构的研究。在定量方面，可测定结构比较复杂的化合物和混合物中各组分的含量，也可以测定物质的离解常数、络合物的稳定常数、物质分子鉴别和微量滴定中指示终点以及在高效液相色谱中做检测器等。

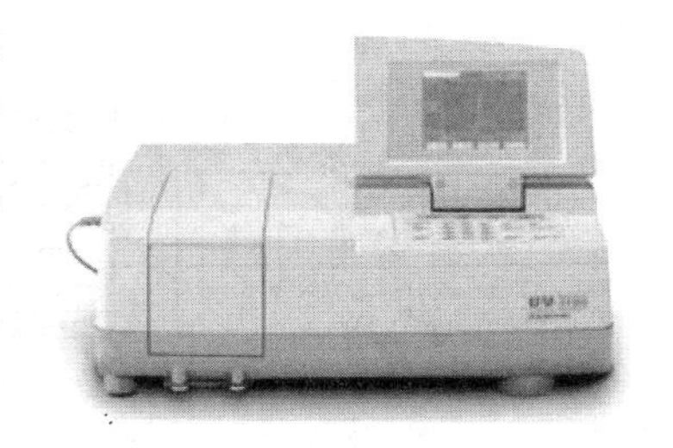

图 3.44　紫外-可见分光光度计

有机物分子电子跃迁类型有：$\sigma\rightarrow\sigma^*$，$n\rightarrow\sigma^*$，$\pi\rightarrow\pi^*$，$n\rightarrow\pi^*$。

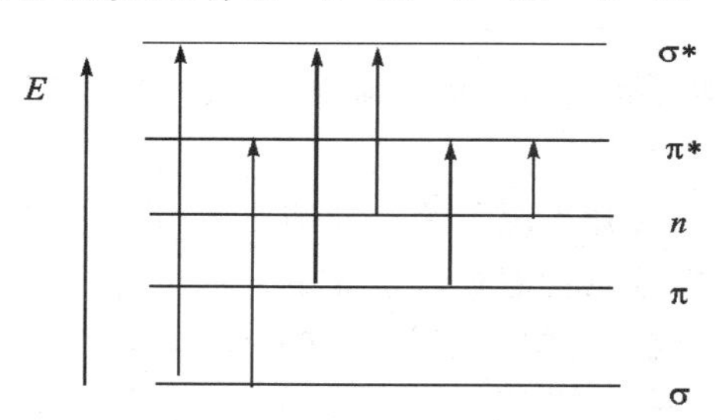

图 3.45　各种电子跃迁的相对能量

其中 $\pi\rightarrow\pi^*$ 和 $n\rightarrow\pi^*$ 跃迁在近紫外及可见区，也就是说紫外光谱只适用于分析分子中具有不饱和结构的化合物。

电子跃迁类型相同的吸收峰称为吸收带，在研究有机物结构解析光谱时，可从吸收带来推断化合物的结构。吸收带有四种类型，可通过 ε_{max} 值鉴别。

R 吸收带：为 $n\rightarrow\pi^*$ 跃迁引起的吸收带，如 C═O，—NO_2，—CHO。其特点 $\varepsilon_{max}<100(\log\varepsilon<2)$，$\lambda_{max}$ 一般在 270 nm 以上。

K 吸收带：为 $\pi\rightarrow\pi^*$ 跃迁引起的吸收带，如共轭双键。该带的特点 $\varepsilon_{max}>$ 10 000。共轭双键增加，λ_{max} 向长波方向移动，ε_{max} 随之增加。

B 吸收带：为苯的 $\pi\rightarrow\pi^*$ 跃迁引起的特征吸收带，其波长在 230～270 nm 之间，中心在 254 nm，ε 约为 204 左右，

E 吸收带：属于 $\pi\rightarrow\pi^*$ 跃迁。可分为 E_1 和 E_2 带，二者可以分别看成是苯环中的双键及共轭双键所引起的。苯的 E_1 为 180 nm，$\varepsilon_{max}>$10 000；E_2 为 200

nm，$2\,000<\varepsilon_{max}<14\,000$。

紫外吸收带的吸收强度遵从 Lambert-Beer 定律

$$A=\lg I_0/I=\lg 1/T=\varepsilon cl$$

A：吸光度；ε：消光系数；c：溶液的摩尔浓度；l：样品池长度；I_0、I 分别为入射光、透射光的强度。

利用紫外光谱确定有机分子结构有两种方法：一是将测得的谱图与标准谱图（如 Sadtler Standard Spectra）比较，如果一致，可确定为它们可能有相同的发色团分子结构。二是利用紫外光谱的一些经验规则，如 Woodward-Fieser 规则和 Scott 规则等，通过这些规则计算某些有机物的最大吸收波长 λmax 值，再和实验值对照，根据符合程度，能对有关化合物的结构作出正确的判断。

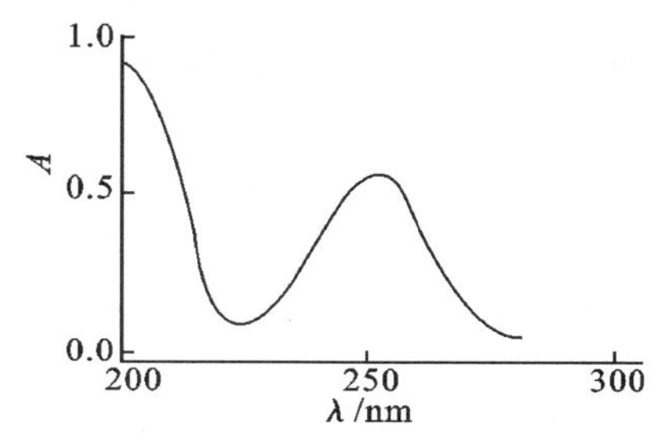

图 3.46　对甲苯乙酮的紫外光谱图

紫外光谱图是以吸光度或消光系数（ε 或 logε）为纵坐标，以波长（单位为 nm）为横坐标做图得到的紫外光吸收曲线，即紫外光谱图。曲线最大吸收峰的横坐标为该吸收峰的位置，纵坐标为它的吸收强度，以对甲苯乙酮为例，见图 3.46。

实验十五　苯甲醛紫外光谱的测定

【实验目的】

（1）了解紫外光谱的基本原理。

（2）熟悉用紫外光谱鉴定未知物的方法。

（3）了解紫外分光光度计的工作原理。

【实验用品】

UV-756MC 紫外可见分光光度计，5.2 $\mu g \cdot mL^{-1}$ 苯甲醛的乙醇溶液。

【实验步骤】

（1）样品的准备。

有机物的紫外光谱，一般都配制成样品溶液进行测定。所用的溶剂要求符合以下条件：对样品化合物有良好的溶解性能，并不与其发生反应，溶剂纯度为光谱纯，在测试区域是透明的（无吸收）。常用的溶剂有水、甲醇、乙醇、乙烷、环己烷等。

表 3.10　某些溶剂使用波长极限(nm)

溶剂	乙醚	正己烷	环己烷	乙醇	水	乙腈	1,2-二氯乙烷	氯仿
使用波长极限/nm	220	193	210	215	210	190	235	245

溶液配制还必须考虑浓度,对样品浓度的要求是使吸收强度既不超出记录范围又不能太小,一般吸收强度(A)在 0.2～0.7 之间,一般浓度为 10^{-5}～10^{-2} mol・L^{-1}。一般采用配制较浓溶液后再进行稀释的方法。以无水乙醇为溶剂,配制成浓度为 5.2 μg・mL^{-1}苯甲醛的乙醇溶液①。

(2)光谱的测定和记录。

①开机准备②:将紫外分光光度计接通电源,进行预热。

②选择扫描波段(200～370 nm)和操作条件。将无水乙醇(空白)装入 1 cm 石英比色皿③并放入参比池中,样品池中也装入无水乙醇。进行扫描,消除溶剂吸收干扰。

③再将样品池中无水乙醇更换为苯甲醛的乙醇溶液,进行扫描,即得苯甲醛在乙醇中的紫外吸收光谱。

(3)光谱的解析。

根据扫描所得的紫外光谱,确定各吸收峰的 λ_{max}值,计算 ε_{max}并进行解析。

【思考题】

(1)用于紫外光谱测定的溶剂必须具备什么条件?

(2)在苯甲醛的紫外光谱图上能有几个吸收带?它们分别属于什么类型的跃迁?

3.2.6　红外光谱

红外光谱(Infrared Spectroscopy,简称 IR),主要用来迅速鉴定分子中含有哪些官能团,以及鉴定两个有机化合物是否相同。用红外光谱和其他几种波谱技术结合,可以在较短的时间内完成一些复杂的未知物结构的测定。

3.2.6.1　基本原理

分子并不是坚硬的刚体,在分子中存在着两种基本振动形式,即伸缩振动和弯曲振动。伸缩振动伴随着键长的伸长和缩短,需要较高的能量,往往在高频区产生吸收;弯曲振动(或变角振动)包括面内弯曲和面外弯曲振动,伴随着键角的

① 溶液浓度对测量结果相当敏感,在测量过程中,必须小心仔细配制溶液。

② 不同的仪器操作程序不同,实验操作过程必须在教师指导下进行。

③ 整个实验过程必须使用石英比色皿,不可使用玻璃比色皿,在紫外区,玻璃有吸收。

扩大或缩小，需要较低的能量，通常在低频区产生吸收。分子中各种振动能级的跃迁同样是量子化的，并且在红外区内。如果用频率连续改变的红外光照射分子，当分子中某个化学键的振动频率和红外光的振动频率相同时，就产生了红外吸收。需要指出的是，并非所有的振动都会产生红外吸收，只有那些偶极矩的大小和方向发生变化的振动，才能产生红外吸收，这称为红外光谱的选择规律。

图3.47为水杨醛的红外光谱。图中横坐标为频率或波长，纵坐标为吸收百分比率或透过百分比率。

红外吸收光谱法是通过研究物质结构与红外吸收光谱间的关系，来对物质进行分析的，可以用红外光谱中吸收峰谱带的位置和峰的强度加以表征。测定未知物结构是红外光谱定性分析的一个重要用途。根据实验所测绘的红外光谱图的吸收峰位置、强度和形状，利用基团振动频率与分子结构的关系，来确定吸收带的归属，确认分子中所含的基团或键，并推断分子的结构。

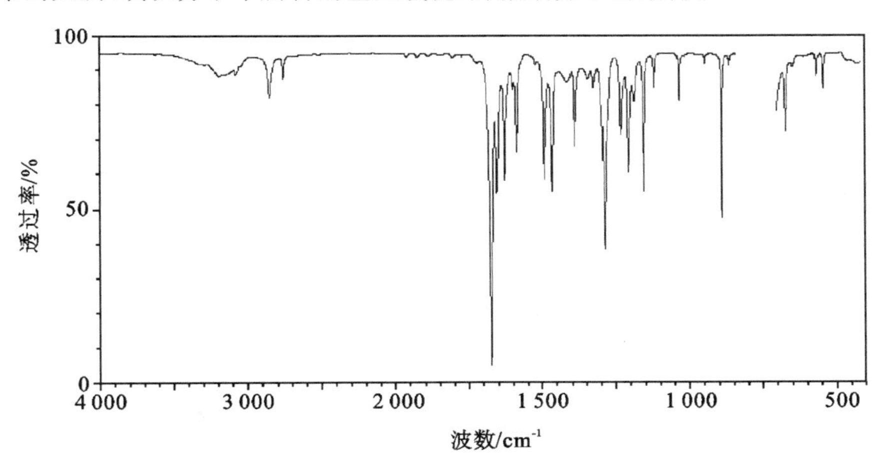

图3.47　水杨醛的红外光谱

红外光谱是测量一个有机化合物所吸收的红外光的频率和波长。一般最有用的红外区域的频率范围在4 000～650 cm^{-1}（波数），或用波长表示为2.5～15 μm，也称中红外区。分子吸收红外光能，使分子的振动由基态激发到高能态，产生红外吸收光谱。

3.2.6.2　红外光谱的测定方法

(1)工作原理。

测定分子红外光谱运用红外光谱仪或称红外分光光度计。其原理与紫外分光光度计类似。双臂红外光谱仪的光源通常是电阻丝或电加热棒。从光源发出的红外光被反射镜分成两个强度相同的光束，一束为参考光源，一束通过样品称为样品光束。两束光交替地经反射后射入分光棱镜或光栅，使其成为波长可选择的红外光，然后经过一狭缝连续进入检测器，以检测红外光的相对强度。样品光束通过样品池被其中的样品程度不同地吸收了某些频率的红外光，因而在检测器内产生了不同强度的吸收信号，并以吸收峰的形式记录下来。由于玻璃和石英能几乎全部吸收红外光，因此通常用金属卤化物（氯化钠或溴化钾）的晶体来制作样品池和分光棱镜。

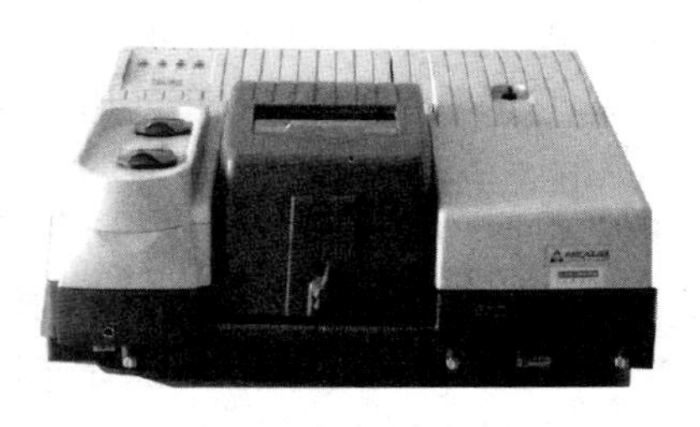

图 3.48　红外光谱仪

（2）红外光谱图的测定。

①固体样品的测定（溴化钾压片法）。所用仪器：玛瑙研钵、压片模具、压片机。

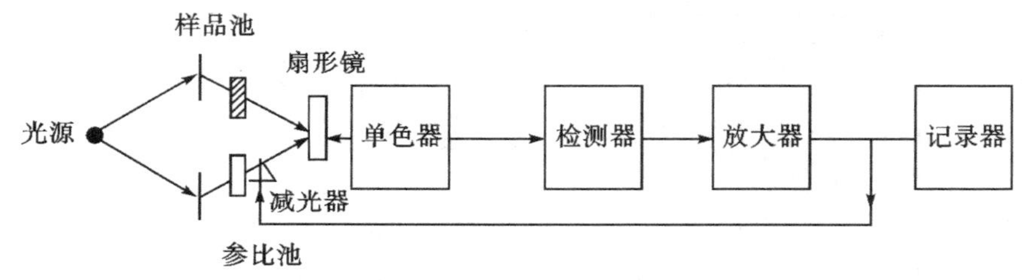

图 3.49　红外光谱仪工作原理示意图

图 3.50　红外光谱仪配件（玛瑙研钵、压片模具、压片机）

从干燥器中将模具、溴化钾晶体取出，在红外灯下用镊子取酒精或丙酮药棉，将所用的玛瑙研钵、刮匙、压片模具的表面等擦拭一遍，烘干。取 200～300 mg 无水溴化钾与 2～3 mg 试样于玛瑙研钵中，将其研碎成细粉末并充分混匀。用刮匙把磨细的粉末均匀地放入模具，装置好模具放入压片机中，用丝杠拧紧固定好模具，将注油孔旋钮旋紧，上下摇动手动压把，达到所需压力（6～7 MPa），保压几分钟后，松开放油阀，取下模具取出样品。将压好的溴化钾盘片安放在样品架上，放入红外光谱仪中扫谱测试。

②液体样品的测定（液膜法）。将测定红外光谱专用盐片从干燥器中取出，在红外灯下用酒精药棉将其表面擦拭一遍，烘干。在其中一盐片上滴一滴待测样品，将另一盐片压上压紧，以保证形成的液膜无气泡，组装好的盐片固定在样品架上，放入红外光谱仪中扫谱测试。

3.2.6.3　红外光谱解析

人们在研究大量有机化合物红外光谱图的基础上发现，不同化合物中相同的官能团和某些化学键在红外光谱图中有大体相同的吸收频率，一般称之为官能团或化学键的特征吸收频率。特征吸收频率受分子具体环境的影响较小，在比较狭窄的范围出现，彼此之间极少重叠，且吸收强度较大，很容易辨认，这是红外光谱用于分析化合物结构的重要依据。表3.11中列出了常见的官能团和某些化学键的特征吸收频率。

为了便于解析图谱，通常把红外光谱分为两个区域：官能团区和指纹区。

官能团区：波数4 000～1 400 cm^{-1}的频率，吸收主要是由于分子的伸缩振动引起的，常见的官能团在这个区域内一般都有特定的吸收峰。

指纹区：<1 400 cm^{-1}的频率，其间吸收峰的数目较多，是由化学键的弯曲振动和部分单键的伸缩振动引起的，吸收带的位置和强度随化合物而异。如同人彼此有不同的指纹一样，许多结构类似的化合物，在指纹区仍可找到它们之间的差异。因此指纹区对鉴定化合物起着非常重要的作用。如在未知物的红外光谱图中的指纹区与某一标准样品相同，就可以断定它和标准样品是同一化合物。

分析红外光谱的顺序是先官能团区，后指纹区；先高频区，后低频区；先强峰，后弱峰。即先在官能团区找出最强的峰的归宿，然后再在指纹区找出相关峰。对许多官能团来说，往往不是存在一个而是存在一组彼此相关的峰，即是说，除了主证，还需有佐证才能证实其存在。

表3.11　常见官能团和化学键的特征吸收频率

基团	频率/cm^{-1}	强度
A. 烷基		
C—H（伸缩）	2 853～2 962	（m—s）
$—CH(CH_3)_2$	1 380～1 385，1 365～1 370	（s）
$—C(CH_3)_3$	1 385～1 395	（m）
	～1 365	（s）

续表

基团	频率/cm^{-1}	强度
B. 烯烃基		
$=C-H$(伸缩)	3 010～3 095	(m)
$C=C$(伸缩)	1 620～1 680	(v)
$R-CH=CH_2$	985～1 000,905～920	(s)
$R_2C=CH_2$($C-H$ 面外弯曲)	880～900	(s)
(Z)$-RCH=CHR$	675～730	(s)
(E)$-RCH=CHR$	960～975	(s)
C. 炔烃基		
$\equiv C-H$(伸缩)	～3 300	(s)
$C\equiv C$(伸缩)	2 100～2 260	(v)
D. 芳烃基		
$Ar-H$(伸缩)	～3 030	(v)
芳环取代类型($C-H$ 面外弯曲)		
一取代	690～710,730～770	(v,s)
邻二取代	735～770	(s)
间二取代	680～725,750～810	(s)
对二取代	790～840	(s)
E. 醇、酚和羧酸		
OH(醇、酚)	3 200～3 600	(宽,s)
OH(羧酸)	2 500～3 600	(宽 s)
F. 醛、酮、酯和羧酸		
$C=O$(伸缩)	1 690～1 750	(s)
G. 胺		
$N-H$(伸缩)	3 300～3 500	(m)
H. 腈		
$C\equiv N$(伸缩)	2 200～2 600	(m)

3.2.7　核磁共振谱

核磁共振谱(Nuclear Magnetic Resonance Spectroscopy,简称 NMR),核磁共振仪的发展在测定分子结构上起了很重要的作用,特别是对不同化学环境的氢原子或其他原子,用核磁共振仪可以准确地测定它们的位置及数目。

3.2.7.1　基本原理

(1)核磁共振现象。

许多原子具有自旋的特性。核自旋量子数 $I\neq0$ 的原子核在外磁场作用下可能有 $2I+1$ 个取向,每一个取向都可以用一个自旋磁量子数(m)来表示。^{1}H 核的 $I=1/2$,在外磁场中有两个取向,存在两个不同的能级,两能级的能量差 ΔE 与外磁场强度成正比,让处于外加磁场中的 ^{1}H 核受到一定频率的电磁波辐射,当辐射所提供的能量($h\nu$)恰好等于 ^{1}H 核两能级的能量差(ΔE)时,^{1}H 核便吸收该频率电磁辐射的能量从低能级向高能级跃迁,即发生所谓"共振",此时核磁共振仪中产生吸收信号,改变自旋状态,这种现象就称为氢核磁共振(^{1}H NMR)。

(2)化学位移。

上述的共振现象是周围没有电子的裸质子。有机化合物中的质子与独立的质子不同,它的周围还有电子,这些电子在外界磁场的作用下发生环流运动,产生一个对抗外加磁场的感应磁场。感应磁场可以使质子感受到的磁场产生增大和减小两种效应,这取决于质子在分子中的位置和它的化学环境。假若质子周围的感应磁场与外加磁场反向,这时质子感受到的磁场将减少,产生屏蔽效应,质子要在更高的外加磁场中才能产生共振。相反,感应磁场与外加磁场同向,此时质子感受到的磁场就增加了,质子要在较低的外加磁场中就产生共振,即受到了所谓去屏蔽效应。相同的质子如果它们在分子中的位置不同,那么将在不同的强度处发生共振吸收,给出共振信号。

化学位移就是同一类型的磁核(如 ^{1}H,^{9}F,^{13}C 等)由于在分子中的化学环境不同,而显示出不同的共振吸收峰,峰与峰之间的距离就称之为化学位移,用 δ 表示。化学位移的大小可采用一个标准化合物的核磁共振峰为原点,测出峰与原点的距离就是该峰的化学位移。一般用四甲基硅烷(TMS)为标准化合物。化学位移 δ 的计算如下式所示。

$$\delta=\frac{\nu_{样品}-\nu_{TMS}}{\nu_{仪器}}\times10^{6}$$

式中,$\nu_{样品}$ 为某 ^{1}H 核的共振频率;ν_{TMS} 为标准物质四甲基硅烷的共振频率;$\nu_{仪器}$ 为核磁共振仪的照射频率。

(3)峰面积。

在核磁共振谱图中,每组峰的面积与产生这组信号的质子数目成正比。如果把各组信号的面积进行比较,就能确定各种类型质子的相对数目。现在的核磁共振仪可以将每个吸收峰的面积进行电子积分,并在谱图上记录下积分数据。

(4)自旋耦合和峰的裂分。

有机物分子中的^{1}H核的自旋磁矩可以通过化学键传递的相互作用，称为自旋耦合(spin-spin coupling)。自旋耦合可引起核磁共振吸收信号的分裂而使谱线增多，叫做自旋-自旋裂分(spin-spin splitting)。相邻两个峰之间的距离称为耦合常数，以J表示，其单位为赫(Hz)。耦合常数的大小与核磁共振仪所用的频率无关。表现在谱图中质子的裂分的峰数是有规律的，当与某一个质子邻近的质子数为n时，该质子核磁共振信号裂分为$n+1$重峰，其强度也随裂分发生有规律的变化。

在如图3.51乙醚的^{1}H NMR谱图中，亚甲基和甲基上的质子所产生的吸收峰都不是单峰，而是四重峰和三重峰。这就是受邻近质子的自旋耦合而产生的谱线增多的结果。

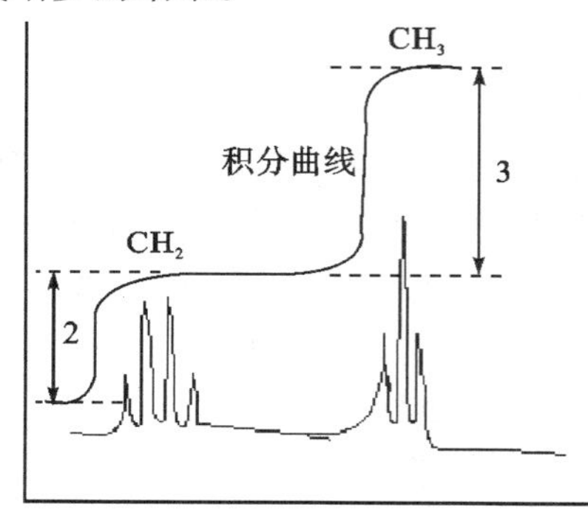

图3.51　乙醚的^{1}H NMR谱图

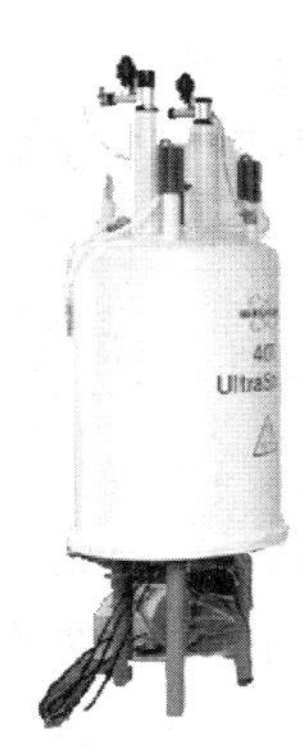

图3.52　核磁共振仪

3.2.7.2　核磁共振图谱的测定

将2～5 mg样品溶于适量的氘代试剂(如$CDCl_3$等)中，用滴管将此溶液加入到样品管中，加入量在样品管中的高度为3～4 cm，滴加1～2滴TMS(内标)，盖上样品管盖子。放入核磁共振仪中扫谱测定，得到核磁共振图谱。

3.2.7.3　谱图解析

首先要根据谱图中核磁共振信号的组数判断分子中含有几种类型的质子数；其次要根据谱图中各类质子的化学位移值推测各质子的类型，下表是常见质子的化学位移范围(在化学位移7附近的低场出现的吸收峰通常表明苯环质子的存在。双键、醛基及羧基上的氢通常都在特定的位置出现吸收)；再通过各组共振信号的积分面积比推算出各组化学等价质子的数目比，以判断各类质子之间的比例；最后依据各组峰的裂分数目、耦合常数(J)、峰形推测各质子之间的耦合，最后结合其他信息确定化合物的结构。

表 3.12 一些常见基团质子的化学位移

质子的类型	化学位移	质子的类型	化学位移
RCH_3	0.9	RCH_2I	3.2
R_2CH_2	1.3	ROH	1～5(温度、溶剂、浓度改变影响很大)
R_3CH	1.5	RCH_2OH	3.4～4
$>C=CH_2$	4.5～5.3	$R—OCH_3$	3.5～4
$—C\equiv CH$	2～3	R—CHO	9～10
$R_2C=CH—R$	5.3	$R_2C\underline{H}COOH$	2
$Ph—CH_3$	2.3	$R_2CHCOO\underline{H}$	10～12
Ph—H	7.27	$R—CO—O—C\underline{H_3}$	3.7～4
RCH_2F	4	$\equiv C—CO—CH_3$	2～3
RCH_2Cl	3～4	RNH_2	1～5(峰不尖锐,常为“馒头形”的峰)
RCH_2Br	3.5		

3.2.8 元素分析

元素定量分析有化学分析法和元素分析仪分析法。而化学分析法复杂麻烦,利用仪器分析法则快速准确。

元素分析仪的CHNS模式工作原理是使样品在纯氧环境下把相应的试剂燃烧,以测定有机物中的碳、氢、氮、硫的含量。具体则是利用垂直式燃烧管,将待测物质用锡/银舟包裹,置于自动样品供给器上,利用重力原理,定期加入1 000℃左右燃烧管,注入氧气。利用氧化铜等催化氧化和锡的助燃使样品燃烧温度高达1 800℃,促使样品完全燃烧,经过铜还原处理后,生成的CO_2、H_2O、N_2和SO_2混合气体在载气氦气的传送下,经过特殊分离管利用气相色谱原理分离后,再利用热导检测器(TCD)分别测定其含量,再经数据处理运算后,即可自动记录碳、氢、氮、硫的质量分数。含卤素的样品,其干扰成分通过银丝和氧化铝被吸收。

原子吸收与发射光谱及ICP等离子发射光谱仪等可用于其他杂原子等的定量分析。

3.2.9 X-射线单晶衍射法测定有机化合物的晶体结构

X-射线单晶衍射仪是利用X-射线在晶体中的衍射效应来测定晶体结构的

实验方法。单晶衍射仪能测定晶态分子的晶胞参数、晶系、空间群、晶胞中原子的三维分布、成键和非键原子间的距离和角度(给出详细的键长、键角)、价电子云分布、原子的热运动振幅、分子的构型和构象、绝对构型等,甚至成键电子密度及分子在晶格中的排列情况,给出化合物分子(晶态)的准确立体结构,在分子和原子水平上提供晶态物质的微观结构信息。单晶衍射仪测定出的结构准确直观,具有权威性,是其他仪器无法替代的。

表 3.13 和 3.14 分别列出了测定甘氨酰甘氨酸的晶体参数及甘氨酰甘氨酸的键长、键角等数据。图 3.53 给出了甘氨酰甘氨酸分子的晶体结构,图 3.54 给出了甘氨酰甘氨酸晶体的晶胞结构。

表 3.13 甘氨酰甘氨酸的晶体参数

化学式	$C_4H_8N_2O_3$
相对分子量	132.12
温度	295(2)K
波长	0.710 73Å
晶系	正交晶系
配位原子	Cl
单晶尺寸	a=8.118 4(12)Å
	b=9.554 2(14)Å
	c=7.819 2(15)Å
体积	577.95(15)Å
配位数	4
密度	1.518 $kg \cdot m^{-3}$
吸收参数	0.130 mm^{-1}
F(000)	280
晶体尺寸	0.30×0.25×0.10 mm^3
样品测试温度范围	2.63°~26.5°

续表

化学式	$C_4H_8N_2O_3$
指数范围	$-10 \leqslant h \leqslant 10$
	$-11 \leqslant k \leqslant 11$
	$-9 \leqslant l \leqslant 9$
收集衍射	4 480
单衍射	1 180
最大和最小投射	0.987 1 和 0.962 1

表 3.14　甘氨酰甘氨酸的键长、键角

键长/Å		键角	
O_1—C_1	1.241 1(17)	C_3—N_1—C_2	121.15(13)
O_2—C_1	1.246 9(17)	O_1—C_1—O_2	126.19(13)
O_3—C_3	1.230 3(16)	O_1—C_1—C_2	115.26(12)
N_1—C_3	1.322 2(17)	O_2—C_1—C_2	118.56(11)
N_1—C_2	1.453 9(17)	N_1—C_2—C_1	112.79(11)
N_2—C_4	1.474 1(17)	O_3—C_3—N_1	123.67(12)
C_1—C_2	1.516 0(19)	O_3—C_3—C_4	120.12(11)
C_3—C_4	1.514 3(18)	N_1—C_3—C_4	116.14(12)
		N_2—C_4—C_4	109.60(11)

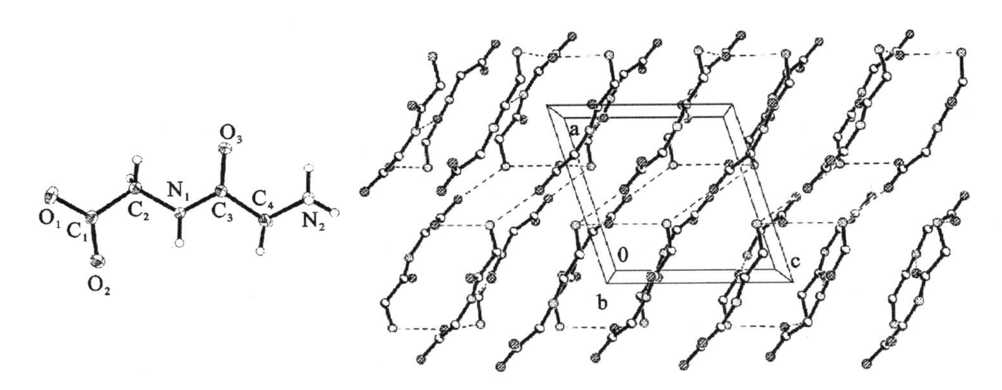

图 3.53　甘氨酰甘氨酸分子的晶体结构

图 3.54　甘氨酰甘氨酸晶体的晶胞结构

第 4 章　各类有机化合物的制备及表征

4.1　烯烃的制备

烯烃如乙烯、丙烯是合成材料的基本原料，工业上主要由石油裂解后经分离提纯得到。实验室制备烯烃主要采用醇的脱水、卤代烷脱卤化氢、邻二卤代物脱卤、炔烃还原、Wittig 反应、Cope 反应、酯的热分解、季铵碱的热分解等。醇脱水可用氧化铝或分子筛在高温 350℃下进行，也可用酸催化脱水的方法，常用的脱水剂还有硫酸、磷酸和对甲苯磺酸等。现在有的也用固体酸做催化剂使醇催化脱水制备烯烃。

醇的脱水反应随醇的结构不同而不同，反应速率为：叔醇＞仲醇＞伯醇，叔醇在较低的温度下即可失水，整个反应是可逆的，为了促使反应完成，必须不断地把生成的沸点较低的烯烃蒸出。由于高浓度的酸会导致烯烃的聚合、醇分子间的失水及碳架的重排，因此，醇在酸催化脱水反应中常伴有副产物烯烃的聚合物和醚的生成，另外，由于高温还会产生碳化现象。当有可能生成两种以上的烯烃时，反应取向服从 Zaytzeff 规则，主要生成的烯烃在双键上有较多的取代基。

卤代烷与碱的醇溶液作用脱卤化氢，也是实验室用来制备烯烃的方法。常用的碱有氢氧化钠、氢氧化钾等。同醇的脱水反应一样，当有可能生成两种以上烯烃时，反应遵循 Zaytzeff 规则，副产物分别是醇和醚等。

实验十六　环己烯的制备

环己烯(cyclohexene)，无色液体，有特殊刺激性气味，熔点为－103.7℃，沸点为 83.0℃，折光率为 1.446 5。不溶于水，溶于乙醇、醚，易燃，其蒸气与空气可形成爆炸性混合物。有麻醉作用，对眼和皮肤有刺激性，吸入后引起恶心、呕吐、头痛和神志丧失。环己烯是生产医药的中间体，是生产赖氨酸、聚环烯树脂、氯代环己烷、橡胶助剂、环己醇等的原料，另外，还可用作优良的有机溶剂。

【实验目的】

(1)学习由醇脱水制备烯烃的方法。

(2)巩固蒸馏、分馏、盐析的原理与方法。

【实验原理】

$$\text{环己醇(OH)} \xrightarrow{H_2SO_4} \text{环己烯}$$

【主要试剂及产物物理常数】

名称	分子量	相对密度 d_4^{20}	熔点/℃	沸点/℃	折光率 n_D^{20}
环己烯	82.15	0.81	−104	83	1.446 5
环己醇	100.16	0.96	24	161	1.464 8

【实验步骤】

(1)常量实验。

在 50 mL 干燥的圆底烧瓶中,加入环己醇 10.4 mL(约 10 g,0.10 mol),浓磷酸 4 mL 及几粒沸石。充分振摇使它们混合均匀①。安装分馏装置,接收瓶用冰水冷却。温和加热烧瓶,控制加热温度,使生成的环己烯和水缓慢蒸出,控制分馏柱上端的温度不超过 90℃②。当烧瓶中只剩少量残渣并出现白雾,即可停止蒸馏。

将馏出液加氯化钠固体至饱和,然后加入 3~4 mL 5%的碳酸钠溶液中和,除去馏出液中含有的少量酸。然后倒入分液漏斗中,摇匀后静置。分层清晰后,放掉下层水溶液,上层的粗产品自漏斗的上口倒入干燥的锥形瓶中,加入适量无水氯化钙干燥③。干燥后的粗产物滤入干燥的 50 mL 圆底烧瓶中,加入沸石,加热

① 环己醇熔点为 24℃,在常温下是稠状液体,称量时易造成损失。环己醇与磷酸要充分混合,否则,在加热过程中会局部碳化。

② 反应中,环己烯与水形成共沸物(沸点为 70.8℃,含水量为 10%),环己醇与环己烯形成共沸物(沸点为 64.9℃,含环己醇为 30.5%),环己醇与水形成共沸物(沸点为 97.8℃,含水量为 80%),因此,加热温度不可过高,蒸馏速度不宜过快,尽量减少未作用的环己醇蒸出。

③ 水层应尽量分离净,残存的少量水用氯化钙干燥除去。水若除不净,80℃之前会有较多前馏分蒸出(环己烯与水的共沸物),造成环己烯的损失。无水氯化钙不仅可以除去水,还可以除掉残存的醇。

蒸馏，收集 80℃～85℃的馏分，产量为 3.8～4.6 g，产率为 46%～56%。

(2)小量实验。

在 50 mL 圆底烧瓶中加入 5 mL 环己醇，慢慢滴入 3 mL 85%的浓磷酸，边滴边摇，使其混合均匀。加入两粒沸石。安装分馏装置，将接收容器浸在冰水浴中冷却。将烧瓶缓慢加热，收集 85℃以下的馏出液（含水的混浊液）。分馏至无液体流出（或有大量白烟生成），反应完成。

将上述馏出液倒入分液漏斗中，加入 1 g 氯化钠饱和，用 2 mL 10%碳酸钠水溶液中和微量的酸，静置分层，分出有机相倒入一干燥的锥形瓶中，用无水氯化钙干燥。采用倾倒方法除掉干燥剂后，粗产物加热蒸馏，接收器仍需浸在冰水浴中，收集 80℃～85℃馏分。产量为 2～3 g。

【产物表征】

(1)测定产品的折光率。

(2)测定产品的红外光谱并对特征吸收峰进行归属（附环己烯的红外光谱图）。

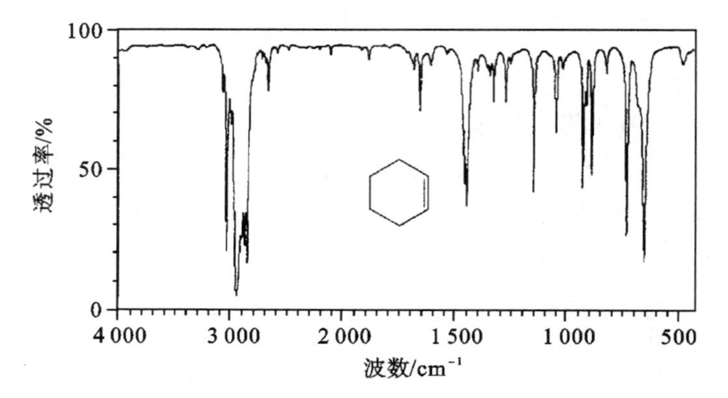

(3)测定产品的核磁共振氢谱并进行归属。

【思考题】

(1)若有副产物二环己基醚的存在，应该在哪一步？用什么方法除去？

(2)用氯化钠饱和馏出液的目的是什么？

(3)参考环己烯的制备方法，如果用正丁醇为原料制备正丁烯，查阅文献，制定合理的实验方案。

实验十七　(*E*)-4-溴二苯乙烯的制备

(*E*)-4-溴二苯乙烯((*E*)-4-bromodiphenylethylene)，针状晶体，熔点为

137℃～138℃，主要用作合成塑料的单体。

【实验目的】

(1)学习由卤代烃制备烯烃的方法。

(2)巩固重结晶原理与方法。

【实验原理】

$$C_6H_5CH(Cl)CH_2-C_6H_4-Br \xrightarrow[EtOH]{NaOEt} C_6H_5CH=CH-C_6H_4-Br$$

【主要试剂】

金属钠 1.15 g(50.0 mmol)，1-苯基-2-(4-溴苯基)-1-氯乙烷 5.90 g(20.0 mmol)。

【实验步骤】

将 1.15 g 金属钠[①]溶解在 50 mL 的无水乙醇中，金属钠完全溶解后，在搅拌下缓缓加入 5.90 g 1-苯基-2-(4-溴苯基)-1-氯乙烷，当全部溶解(约 2 min)后，开始有沉淀生成。将混合物在强烈搅拌下，加热回流 1 h 后，停止加热，加入 5 mL 水，搅拌下用冰浴使反应混合物冷却，充分析出晶体后，减压过滤，收集固体粗产品，并用 10 mL 乙醇分 2 次洗涤产品，得粗产物约为 5.50 g，用异丙醇为溶剂重结晶，得到无色针状结晶。产品重 3.60 g，产率为 70%。

【产物表征】

(1)测定产物熔点(熔点为 137℃～138℃)。

(2)测定产物红外光谱(附主要吸收峰数据)。

IR(KBr)/cm^{-1}：1 580，820，750，700，690。

(3)测定产物核磁共振氢谱(附主要核磁数据)。

^{1}HNMR($CDCl_3$)：δ=7.5～7.05(m，9H)，7.05～6.8(m，2H)。

(4)测定产物紫外光谱(附主要吸收峰数据)。

UV(CH_2Cl_2)：λmax/nm=314，327。

【思考题】

(1)在反应过程中，产生的沉淀含有哪些物质？

---

① 金属钠遇水即会燃烧，使用时严格防止与水接触，切片要迅速，以免金属钠被空气中水汽侵蚀或发生氧化。

(2)向热溶液中加 5 mL 水的目的是什么？

4.2 卤代烃的制备

卤代烃是重要的有机合成中间体，它在很多有机合成中起着重要的桥梁作用。卤代烃中最常用的是一卤代烷，制备一卤代烷的方法有很多，根据不同的要求，要采取不同的方法。

采用结构上相对应的醇和氢卤酸、三氯化磷、五氯化磷、氯化亚砜反应，是制备卤代烷最常用的方法。氢卤酸与醇反应时的活性次序：HI＞HBr＞HCl。

氯代烷的制备：由于一级醇和二级醇很难和纯盐酸反应，通常要在浓盐酸中混入氯化锌活化后，才可以顺利进行。通过伯醇与三氯化磷作用，也可以制备氯代烷，但是因副反应生成亚磷酸酯，氯代烷产率不高，一般不超过 50%。用醇与亚硫酰氯($SOCl_2$，又名氯化亚砜)作用制备氯代烷，由于副产物是气体，因此在工业和实验室中广泛应用。

溴代烷的制备：用醇与氢溴酸及浓硫酸共热制备。由于氢溴酸易挥发，并且有强烈刺激性，故在制备溴代烷时直接用溴化钠和浓硫酸代替。

值得注意的是从叔醇制备溴代烷的时候，在硫酸的催化下更容易产生烯烃，所以这时候只用 47%的氢溴酸催化就可以。

碘代烷的制备：常用醇与恒沸氢碘酸(57%)一起回流加热来制备。也可以用：

$$RCl + NaI(丙酮溶液) \longrightarrow RI + NaCl$$

这是用氯代烷制备碘代烷的方法，产率高，但只限于制备伯碘代烷。

芳香族卤化物的制备：最常采用的途径是以芳香胺为原料制备重氮盐，然后通过 Sandmeyer 反应来制备氟、氯、溴、碘的芳香族卤化物。芳香族溴化物和氯化物还可以通过用氯或溴在三氯化铁催化下发生亲电取代反应制备。

另外，烯烃 α 氢的卤代(NBS 或高温下卤代)、不饱和烃与 HX 或卤素的亲电加成、氯甲基化等均是制备卤代物的方法。

实验十八　2-氯丁烷的制备

2-氯丁烷(2-chlorobutane)，无色透明液体，有类似醚的气味，熔点为 −131.3℃，沸点为 68.2℃，相对密度为 0.87，微溶于水，可混溶于乙醇、乙醚、氯仿等多数有机溶剂。主要用于有机合成及用做溶剂。吸入、食入、经皮肤吸收对身体有害，对眼睛、皮肤有刺激性。

【实验目的】

(1)学习氯代烷的合成方法,注意与其他卤代烷在制备方法上的区别。

(2)练习带气体吸收装置的回流操作和分液漏斗的使用。

【实验原理】

$$CH_3CH_2CH(OH)CH_3 + HCl \xrightarrow{\text{无水 } ZnCl_2} CH_3CH_2CH(Cl)CH_3 + H_2O$$

【主要试剂及物理常数】

名称	分子量	相对密度 d_4^{20}	熔点/℃	沸点/℃	折光率 n_D^{20}
2-丁醇	74.12	0.81	−114.7	99.5	～
2-氯丁烷	92.57	0.87	−130.3	68.2	1.397 1

【实验步骤】

在50 mL圆底烧瓶中加入16 g无水氯化锌、7 mL浓盐酸,混合成均相后,再加5 mL(4.25 g,0.057 mol) 2-丁醇①,装好回流冷凝管和气体吸收装置,用5%氢氧化钠溶液作为氯化氢气体的吸收液。用电热套加热,在磁力搅拌下回流40 min②。反应完成后,稍微冷却,拆除回流装置,改成蒸馏装置,继续加热进行蒸馏,收集100℃以下的馏分(66℃～100℃),得到2-氯丁烷粗产品③。

将粗产品移至分液漏斗中,依次用6 mL水、4 mL 5%氢氧化钠溶液和6 mL水各洗一次,分出有机层,用无水氯化钙干燥。将干燥过的粗产品滤至50 mL圆底烧瓶中,装好分馏装置④,收集66℃～68℃的馏分,得产品3～3.5 g。

【产物表征】

(1)测2-氯丁烷的折光率。

(2)测定产物红外光谱(附主要吸收峰数据)。

IR(KBr)/cm^{-1}:2 960,2 850,1 450,1 380。

---

① 反应试剂和反应仪器必须干燥。

② 加热回流时要控制好温度,使反应液保持微沸状态。

③ 2-氯丁烷沸点比较低,也容易挥发。在各步操作中必须注意防止产品挥发造成损失。

④ 在蒸馏和分馏时,应该用冷水浴冷却接收瓶。

(3)测定2-氯丁烷的核磁共振谱并对核磁共振信号进行归属(附2-氯丁烷的核磁共振谱图)。

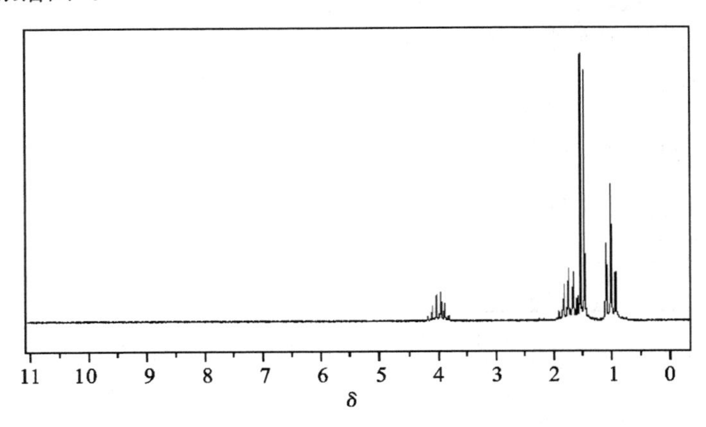

【思考题】

(1)无水氯化锌在反应中起什么作用?

(2)在反应完成后,蒸馏出的粗产品中可能含有什么杂质?

(3)在本实验操作中,采用什么方法分离除去未反应的2-丁醇?

(4)为什么要用5%氢氧化钠溶液洗涤粗产品?

实验十九　正溴丁烷的制备

正溴丁烷(1-Bromobutane),又名溴代正丁烷、丁基溴,无色透明液体,熔点为−112.4℃,沸点为101.6℃,闪点为23℃,折光率为1.439 0,不溶于水,溶于乙醇、乙醚。主要用作烷基化试剂、溶剂、稀有元素萃取剂和用于有机合成。

【实验目的】

(1)学习以结构上相对应的醇为原料制备一卤代烷的方法。

(2)巩固带有吸收有害气体装置的安装和操作。

【实验原理】

$$NaBr + H_2SO_4 \longrightarrow NaHSO_4 + HBr$$

$$n\text{-}C_4H_9OH + HBr \xrightleftharpoons{\triangle} n\text{-}C_4H_9Br + H_2O$$

【主要试剂及产物物理常数】

名称	分子量	相对密度 d_4^{20}	熔点/℃	沸点/℃	折光率 n_D^{20}	溶解度		
						水	乙醇	乙醚
正丁醇	74.12	0.810	−90.2	117.7	1.399 3	7.92	∞	∞
正溴丁烷	137.03	1.276	−112.4	101.6	1.439 8	不溶	∞	∞

【实验步骤】

(1)常量实验。

在100 mL圆底烧瓶中加入10 mL水，并小心地加入12 mL浓硫酸，混合均匀后冷至室温①。再依次加入7.5 mL(0.08 mol)正丁醇和10 g(0.10 mol)溴化钠，充分摇振后加入搅拌磁子，安装回流冷凝管，冷凝管的上口接气体吸收装置。用电热套加热搅拌至反应混合物沸腾，调节温度使反应物保持沸腾而又平稳地回流。回流时间约需0.5 h。待反应液冷却后，移去冷凝管，加上蒸馏头，改为蒸馏装置，蒸出粗产物正溴丁烷②。

将馏出液移至分液漏斗中，加入10 mL水洗涤③(产物在上层还是下层?)。洗涤后的产物转入另一干燥的分液漏斗中，用5 mL浓硫酸④洗涤，尽量分去硫酸层(哪一层?)。有机相依次用10 mL的水、10 mL饱和碳酸氢钠溶液和10 mL水洗涤后转入干燥的锥形瓶中。用无水氯化钙干燥，间歇摇动锥形瓶，直至液体清亮为止。将干燥好的产物过滤到圆底烧瓶中，加热蒸馏，收集99℃～103℃的馏分，产量约为7 g，产率约为52%。本实验需6～8 h。

(2)小量实验。

在50 mL圆底烧瓶中加入5 mL水和搅拌磁子，并小心地加入7.4 mL浓硫酸，混合均匀后冷至室温。把烧瓶放在电磁加热搅拌器上，再依次加入3.0 mL正丁醇和4.0 g研细的溴化钠，充分搅拌，安装回流冷凝管，连上气体吸收装置。

---

① 如不充分冷却到室温，加入溴化钠，会被热的浓硫酸氧化，溶液会变红色。

② 正溴丁烷是否蒸完，可从下面几方面判断：(a)馏出液是否变澄清。若澄清表明蒸馏已经完成。(b)反应瓶中的油层是否消失。若油层消失，表明蒸馏已经完成。(c)取一试管接少许水，接几滴馏出液，观察有无油珠出现，若没有，表明蒸馏已完成。

③ 如水洗产物变红色，是由于硫酸氧化产生溴，可加入几毫升亚硫酸氢钠溶液除去红色。

④ 硫酸可除去粗产品中少量未反应的正丁醇和副产物正丁醚等杂质。否则它们可以和正溴丁烷形成共沸物而难以除去。

开动磁力搅拌加热，回流需 30～40 min。待反应液冷却后，移去冷凝管，改为蒸馏装置，蒸出粗产物正溴丁烷。

将馏出液移至分液漏斗中，加入 5 mL 的水洗涤。产物转入另一干燥的分液漏斗中，用 4 mL 浓硫酸洗涤。尽量分去硫酸层。有机相依次用 5 mL 的水、5 mL 饱和碳酸氢钠溶液和 5 mL 水洗涤后转入干燥的锥形瓶中。用无水氯化钙干燥产物，间歇摇动锥形瓶，直至液体清亮为止。将干燥好的产物过滤到圆底烧瓶中，加热蒸馏，收集 99℃～103℃的馏分。产量为 1.5～1.8 g。

【产物表征】

纯净的正溴丁烷是无色的略有刺激性气味的液体。

(1)测定产品的折光率。

(2)测定产品的红外光谱并对特征吸收峰进行归属(附正溴丁烷的红外光谱图)。

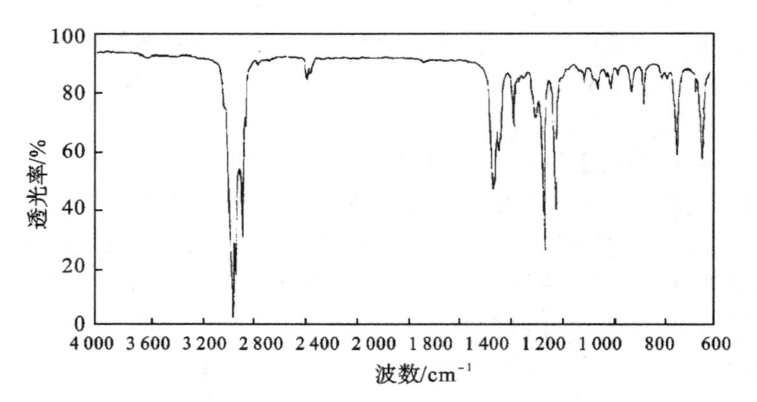

(3)测定产品的核磁共振谱并对核磁共振信号进行归属(附正溴丁烷的核磁共振谱图)。

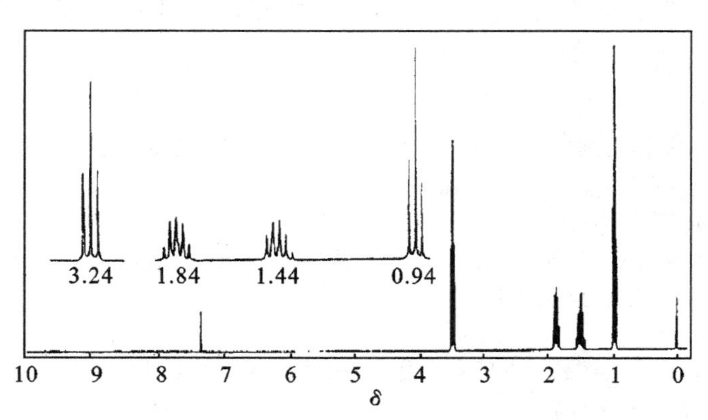

【思考题】

(1)加料时,先加溴化钠和硫酸混合,再加正丁醇和水,可以么?若不可以,为什么?

(2)反应后粗产品可能含哪些杂质,各步洗涤的目的何在?

(3)用分液漏斗洗涤产物时,产物时而在上层,时而在下层,可用什么简单方法判断?

实验二十　溴苯的制备

溴苯(bromobenzene),无色油状液体,具有苯的气味,熔点为－30.7℃,沸点为156.2℃,折光率为1.559 0。溴苯不溶于水,溶于甲醇、乙醚、丙酮、苯、四氯化碳等多数有机溶剂,可用做溶剂、分析试剂以及有机合成等。

【实验目的】

(1)学习芳香卤代烃的合成原理。

(2)巩固蒸馏等基本操作。

【实验原理】

在铁屑的存在下,溴与苯发生亲电取代反应而制得溴苯:

$$C_6H_6 + Br_2 \xrightarrow{Fe} C_6H_5Br + HBr$$

在本反应中,真正起催化作用的是三溴化铁:

$$2Fe + 3Br_2 \longrightarrow 2FeBr_3$$

三溴化铁易水解失效,还有如下副反应发生:

$$2C_6H_5Br + 2Br_2 \xrightarrow{Fe} p\text{-}C_6H_4Br_2 + o\text{-}C_6H_4Br_2 + 2HBr$$

【主要试剂及产物物理常数】

名称	分子量	相对密度 d_4^{20}	熔点/℃	沸点/℃	折光率 n_D^{20}
溴苯	157.02	1.495 2	－30.7	156.2	1.559 0
苯	78.11	0.879 0	5.53	80.1	1.501 1

【实验步骤】

在 100 mL 三口烧瓶上，分别装回流冷凝管和滴液漏斗，回流冷凝管顶端连接溴化氢气体吸收装置①。烧瓶内加入 6 mL (5 g,0.06 mol)无水苯和 0.2 g 铁屑，滴液漏斗中加入 2.5 mL (8 g,0.05 mol)溴②。先往烧瓶中滴加 1～2 滴溴，反应随即开始(必要时用电热套温热)，可观察到有溴化氢气体放出。然后，在搅拌下，慢慢滴入其余的溴，使溶液保持微沸，约需 20 min。滴加完毕，加热保持温和回流，直至无溴化氢气体逸出为止，需 10 min。

向反应瓶中加入 15 mL 水③，充分振摇。将瓶内混合物倒出抽滤以除去少量铁屑。滤液依次用 25 mL 水、6 mL 10%的氢氧化钠溶液④、25 mL 水洗涤后，移入干燥的锥形瓶，用无水氯化钙干燥后得溴苯粗产品。将粗产品进行蒸馏，先蒸去苯，当温度升至 135℃时，换成空气冷凝管，收集 140℃～170℃的馏分。此馏分再蒸馏一次，收集 150℃～160℃的馏分，产量为 4～5 g，产率为 55%～60%。本实验需 5～6 h。

【产物表征】

(1)测定产品的折光率。

(2)测定产品的红外光谱并对特征吸收峰进行归属(附溴苯的红外光谱图)。

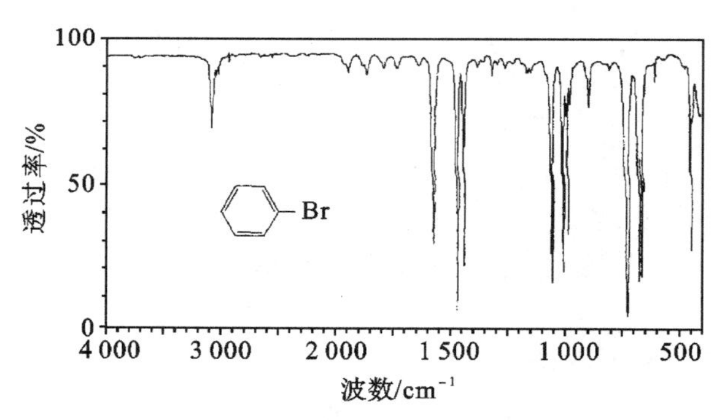

---

① 本实验仪器必须干燥，否则反应开始很慢，甚至不起反应。实验开始时检查仪器是否严密，滴液漏斗活塞处是否重新涂好凡士林，防止溴逸出。

② 量取溴时要特别小心，溴具有强烈的腐蚀性和刺激性，量取时必须在通风橱内进行，并带上防护手套。如不慎触及皮肤时，应立即用清水洗，再用甘油按摩后涂上油膏。

③ 本实验也可以用水蒸气蒸馏纯化。收集最初蒸出的油状物(含苯、溴及水)，直到冷凝管中有对二溴苯结晶出现为止。再换另一个接收器，至不再有二溴苯蒸出为止。此法溴苯与二溴苯的分离比较彻底，溶于溴苯的溴大部分进入水层，溴苯层不必用稀碱洗涤。

④ 由于溴在水中溶解度不大，需用氢氧化钠溶液将其洗去。

3. 测定产物的核磁共振谱并对核磁共振信号进行归属(附溴苯的核磁共振谱图)。

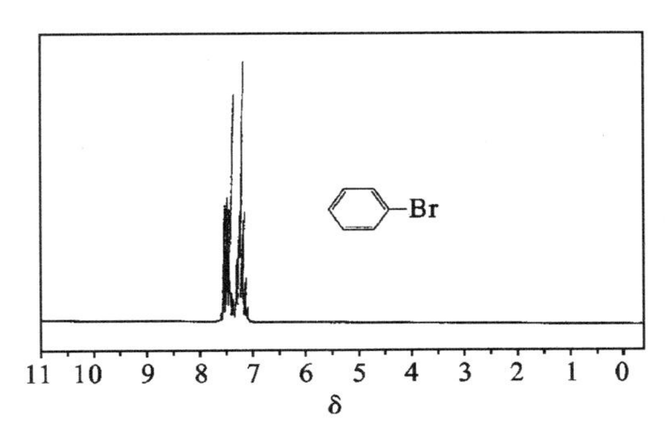

【思考题】

(1)实验如何尽可能减少二溴化物的生成?若生成物中含有 5 g 二溴化物,那么溴苯的产量是多少?

(2)在实验室中,若用到像溴这样具有腐蚀性和刺激性的药品时,应注意什么事项?

(3)简述减压抽滤的操作步骤。

实验二十一　1,2-二溴乙烷的制备

1,2-二溴乙烷(1,2-dibromoethane),有挥发性的无色液体,有特殊甜味。熔点为 9.3℃,沸点为 131.4℃,折光率为 1.538 0,微溶于水,与乙醇、乙醚、四氯化碳、苯、汽油等多种有机溶剂互溶,并形成共沸物。主要用作有机合成中间体,制造杀虫剂、药品等,也用作溶剂。

【实验目的】

学习由乙烯制备 1,2-二溴乙烷的合成方法。

【实验原理】

主反应:

$$CH_3CH_2OH \xrightarrow[170℃]{H_2SO_4} CH_2=CH_2 + H_2O$$

$$CH_2=CH_2 + Br_2 \longrightarrow CH_2BrCH_2Br$$

副反应:

$$2CH_3CH_2OH \xrightarrow[\triangle]{H_2SO_4} (CH_3CH_2)_2O + H_2O$$

【主要试剂及产物物理常数】

名称	分子量	相对密度 d_4^{20}	熔点/℃	沸点/℃	折光率 n_D^{20}
溴	159.81	3.12	−7	58.7	～
乙醇(工业)	46.07	0.81	−114	78.2	1.365 1
1,2-二溴乙烷	187.85	2.17	9	131.4	1.538 0

【实验装置】

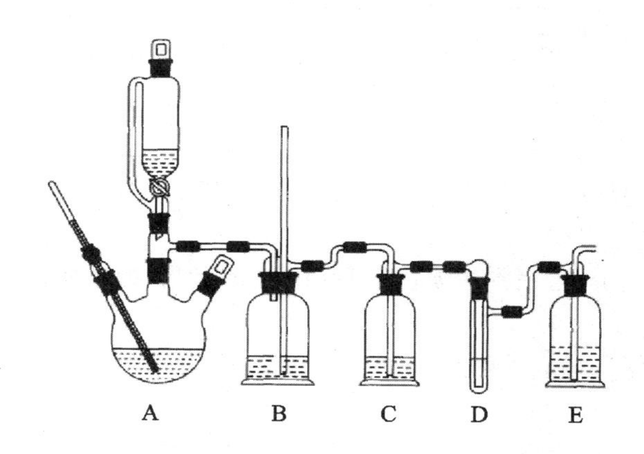

【实验步骤】

按上图安装好仪器，整套仪器是由玻璃弯管连接的 4 个瓶子组成：为了叙述方便，由左向右把瓶子编号。A 瓶用做乙烯发生器，是一个 250 mL 三口烧瓶，瓶口装一个恒压滴液漏斗和一支温度计(插至距瓶底 1～2 mm 处)，在瓶中加 10 g 粗砂，用以防止发生乙烯时因加热起泡沫，影响反应正常进行。B 瓶为安全瓶，是一个盛有 50 mL 水的 250 mL 广口瓶，瓶口装一根插至水面以下的长玻璃管作为安全管，如若发现玻璃管内水柱迅速上升，甚至喷出，则证明体系有堵塞，应立即停止反应。C 是洗气瓶，是一个装有 75 mL 10%氢氧化钠溶液的 250 mL 广口瓶，用以吸收乙烯气中的酸气。D 是反应试管，是一支装有 4 mL 溴①的 20 mL 吸滤试管，并且在溴的液面上覆盖 2～3 mL 水，连接 C 瓶的导气管要深插至距试管底 3 mm 处，试管要浸在一个装有冷水的烧杯中②。E 是吸收瓶，是

① 溴是具有强腐蚀性和刺激性的液体。取溴时必须小心；先在盛溴的吸滤试管中装 2～3 mL 水，再去取溴；必须在通风橱内带好橡皮手套进行取溴操作。如不慎使溴触及皮肤，应立即用大量水冲洗，再用乙醇或甘油擦洗和按摩。

② 乙烯和溴发生放热反应，如不冷却，将导致溴大量逸出，影响产率。

一个盛着 50 mL 5%氢氧化钠溶液的 100 mL 细口瓶，用来吸收少量挥发出来的溴蒸气①。A，B，C 和 D 瓶的瓶口都用橡皮塞塞住，塞子和孔径大小都一定要合适，所有连接部分必需力求严密。待仪器安装完毕，需认真检查体系是否漏气②。

在冰水浴冷却下，小心将 23 mL 浓硫酸混入盛有 13 mL 95%乙醇的锥形瓶中，混匀后，将 13 mL 乙醇-浓硫酸混合液加至三口烧瓶中，将其余的乙醇-浓硫酸混合液倒至恒压滴液漏斗中。开始用电热套加热，使 A 瓶温度迅速升至 170℃，此时有乙烯气产生。调节电压，维持温度在 180℃～200℃的范围内，再慢慢滴乙醇-浓硫酸混合液，控制滴加速度和反应温度，保持乙烯气均匀地通入吸滤试管③。至溴的颜色完全褪去为止。先拆下吸滤试管，保存好产品，然后停止加热。

将粗产品移至分液漏斗中，依次用 10 mL 水、10 mL 10%的氢氧化钠溶液洗至洗涤液呈中性为止。然后用无水氯化钙干燥。将干燥过的粗产品用玻璃漏斗滤入 50 mL 圆底烧瓶中，进行蒸馏，收集 129℃～133℃的馏分，得到产品为无色透明的液体，产量为 8～10 g，产率为 57%～71%。

本实验需 7～8 h。

【产物表征】

(1)测定产物的红外光谱并对特征吸收峰进行归属(附 1,2-二溴乙烷的红外光谱)。

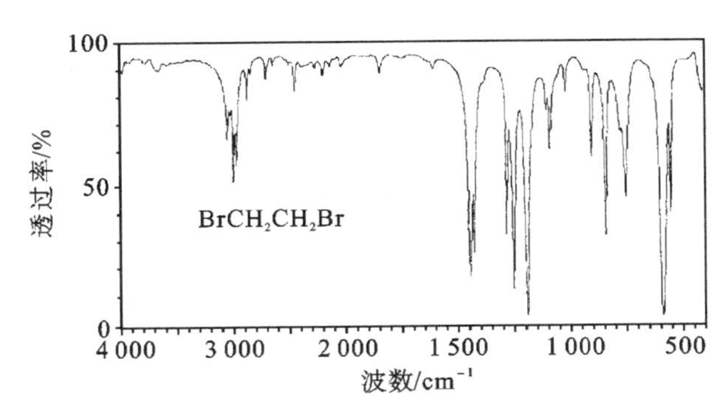

(2)测定产物的核磁共振谱并对核磁共振信号进行归属(附 1,2-二溴乙烷

① 注意：绝对不可用塞子堵住 E 瓶瓶口。

② 仪器体系是否严密是该实验成败的关键。

③ 若乙烯生成太快，使溴的有效吸收率降低，也会因为激烈鼓泡而引起溴大量挥发逸出，导致损失。

的核磁共振谱图)。

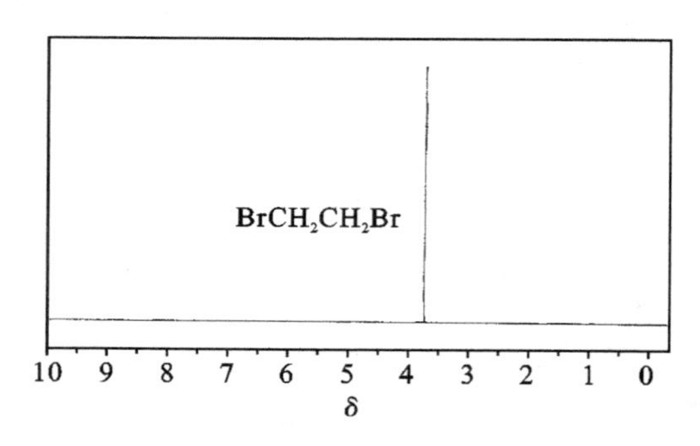

【思考题】

(1)乙烯气中含有二氧化硫和二氧化碳等杂质,如不经除去而通入溴液中,对实验结果有何影响?这两种气体在本实验中是如何除去的?

(2)要求通入吸滤试管的导气管,必须深插(至距管底 3 mm 处)。若插得太高,甚至接近溴液表面则不行,但太低直插到管底也不行,这是为什么?

(3)为什么 E 瓶口不能用塞子堵紧?

(4)终止反应时,为什么不能先停止加热而后拆下吸滤试管?

(5)粗产品用水洗的目的是什么?

(6)在本实验中,出现下列现象对 1,2-二溴乙烷的产率有何影响?

①盛溴的吸滤试管太热。

②乙烯通入溴液时迅速鼓泡。

③仪器装置体系不严,带有缝隙。

4.3 醇的制备

醇是在有机化学中应用极广的一类化合物,其制备方法很多。简单的醇在工业上利用水煤气合成、淀粉发酵、烯烃水合及易得的卤代烃的水解等反应来制备。实验室各种结构复杂的醇主要是通过 Grignard 反应来制备。通过 Grignard 试剂和醛酮反应,能够制备一级、二级和三级醇或者其他结构更复杂的醇。这是制备醇的最重要的方法。

Grignard 试剂的合成是制备醇的实验的重点,它的合成必须在无水条件下进行,所用仪器和试剂均需干燥,因为微量水分的存在会降低产率,所以,有时需在惰性气体(氮、氦气)保护下进行反应。

Grignard 试剂的制备通常是在用乙醚作溶剂的条件下进行,用乙醚作溶剂时，由于醚的较高的蒸气压可以排除反应器中大部分空气。用活泼的卤代烃和碘化物制备 Grignard 试剂时，偶合反应是主要的副反应，可以采取搅拌、控制卤代烃的滴加速度和降低溶液浓度等措施减少副反应的发生。

Grignard 反应是一个放热反应，所以卤代烃的滴加速度不宜过快，必要时可用冷水冷却。当反应开始后，应调节滴加速度，使反应物保持微沸为宜。对活性较差的卤化物或反应不易发生时，可采用加入少许碘粒或事先已制好的试剂引发反应发生。

醇类也可由烯烃制取，如丙烯水合主要得异丙醇；若丙烯进行硼氢化氧化反应，则主要得到正丙醇，这是由烯烃制备醇的重要方法。

除此之外，通过还原醛酮也能够制备醇。如果醛、酮的结构中除羰基外，还含有其他易被还原的基团时，在还原反应中这些基团也可能同时被还原。若以醇铝化合物进行催化还原，则只能将羰基还原成羟基，其他官能团不受影响，例如碳碳双键和叁键、卤原子、硝基，甚至环氧、偶氮等都能在还原羰基过程中保留原状。

也可以用卤代烃水解制备醇，用苄基氯制苯甲醇是由卤烃水解制备醇的一个例子。水解在碱性水溶液中进行。由于卤烃不溶于水，两相反应进行得较慢，需要强烈搅拌；如果加入相转移催化剂如溴化四乙基铵，反应时间可以大大缩短。但是这种方法由于容易发生消除的副反应而不能制备叔醇。

实验二十二　2-甲基-2-己醇的制备

2-甲基-2-己醇(2-methy-2-hexanol)，无色液体，沸点为 141℃～142℃，折光率为1.417 5，微溶于水，易溶于乙醚、丙酮等有机溶剂中。2-甲基-2-己醇与水能形成共沸物(沸点为 87.4℃，含水量为 27.5%)。2-甲基-2-己醇的制备实验是一个经典的利用 Grignard 试剂制备结构复杂的醇的实验，在以后有机合成设计中常会用到这个反应。

【实验目的】

(1)了解 Grignard 反应在有机合成中的应用及制备方法。

(2)掌握制备 Grignard 试剂的基本操作。

【实验原理】

$$n\text{-}C_4H_9Br + Mg \xrightarrow{\text{无水乙醚}} n\text{-}C_4H_9MgBr$$

$$n\text{-}C_4H_9MgBr + CH_3\overset{\overset{\displaystyle O}{\|}}{C}CH_3 \xrightarrow{\text{无水乙醚}} n\text{-}C_4H_9\underset{\underset{\displaystyle OMgBr}{|}}{C}(CH_3)_2$$

$$n\text{-}C_4H_9\underset{\underset{\displaystyle OMgBr}{|}}{C}(CH_3)_2 + H_2O \xrightarrow{H^+} n\text{-}C_4H_9\underset{\underset{\displaystyle OH}{|}}{C}(CH_3)_2$$

【主要试剂及产物物理常数】

试剂名称	分子量	沸点/℃	折光率 n_D^{20}	相对密度 d_4^{20}
正溴丁烷	137.02	102	1.439 9	1.275 8
乙醚	74.12	35	1.352 6	0.714 5
2-甲基-2-己醇	116.20	141～142	1.417 5	0.811 9

【实验步骤】

(1)常量实验。

在干燥的 250 mL 三口烧瓶①加入 3.1 g(0.13 mol)镁屑②和 15 mL 无水乙醚，并安装上搅拌器③、带有氯化钙干燥管的冷凝管和恒压滴液漏斗，在恒压滴液漏斗中加入 13.6 mL(17 g，0.13 mol)正溴丁烷和 15 mL 无水乙醚混合液。先往三口烧瓶中滴入 5 mL 混合液，溶液呈微沸腾状态，乙醚自行回流，开始搅拌，若不发生反应，可用电热套温热④。反应开始比较剧烈，待反应缓和后，从冷凝管上端加入 25 mL 无水乙醚，滴入其余的正溴丁烷-乙醚溶液，控制滴加速度，维持乙醚溶液呈微沸状态。滴加完毕，用电热套加热回流 15～20 min，使镁屑作用完全。

在不断搅拌和冷水浴冷却下，从恒压滴液漏斗缓缓滴入 7.5 g(9.5 mL，0.13 mol)丙酮和 10 mL 无水乙醚的混合液，控制滴加速度以维持乙醚微沸为

---

① 所有反应仪器必须充分干燥。仪器在烘箱中烘干，取出稍冷后放入干燥器冷却，或开口处用塞子塞住进行冷却，防止冷却过程中玻璃壁吸附空气的水分；所用的正溴丁烷用无水氯化钙干燥，丙酮用无水碳酸钾干燥，并均重新蒸馏再用。

② 镁屑应用新刨制的。若镁屑因放置过久出现一层氧化膜，可用 5%盐酸浸泡数分钟，抽滤除取酸液，依次用水、乙醇、乙醚洗涤。抽干后置于干燥器中备用。

③ 本实验的搅拌棒可用橡胶圈封，可用石蜡润滑油，不可用甘油润滑油。

④ 开始时，为了使正溴丁烷局部浓度较大，易于发生反应，故搅拌应在反应开始后进行。若 5 min 仍不反应，可稍加热，或在温热前加一小粒碘促使反应开始。

宜。滴加完毕，室温下搅拌 15 min，三口烧瓶中可能有灰白色黏稠状固体析出。

将反应瓶用冷水浴冷却，搅拌下用恒压滴液漏斗逐滴加入 20%硫酸溶液以分解加成产物（以及可能未反应完全的镁）。待反应瓶中固体完全消失后，将混合液倒入分液漏斗中，分出有机层，水层每次用 15 mL 乙醚萃取两次，合并有机层和萃取液，用 30 mL 5%碳酸钠溶液洗涤一次。有机层用无水碳酸钾干燥后，滤入干燥的 100 mL 圆底烧瓶中，先在加热温度 80℃以下蒸去乙醚（乙醚回收），再收集 137℃～141℃的馏分。产量为 7～8 g。本实验需 6～8 h。

（2）半微量实验。

在电磁加热搅拌器上放置二口圆底烧瓶，烧瓶中加入搅拌磁子一只、0.55 g（22.2 mmol）镁屑和 3 mL 无水乙醚，并安装带有氯化钙干燥管的球形冷凝管和筒形滴液漏斗，滴液漏斗中加入 2.38 mL（3.036 g，22.2 mmol）正溴丁烷和 5 mL 无水乙醚混合液。先向烧瓶中滴入 5～6 滴混合液以引发反应，溶液呈微沸腾状态，乙醚自行回流，若不发生反应，可用电磁加热器微热或加碘粒。开动电磁搅拌，反应开始比较剧烈，待反应缓和后，自冷凝管上端加入 5 mL 无水乙醚。滴入其余的正溴丁烷-无水乙醚溶液。控制滴加速度，维持乙醚溶液呈微沸状态。滴加完毕，加热回流 10 min，使镁屑作用完全。

在不断搅拌和冷水浴冷却下，从滴液漏斗缓缓滴入 1.3 g（1.65 mL，22.2 mmol）丙酮和 2 mL 无水乙醚的混合液，滴加速度以维持乙醚微沸为宜。滴加完毕，温室搅拌 5 min。

将反应瓶用冷水浴冷却，搅拌下从滴液漏斗逐滴滴入 20%硫酸溶液以分解加成产物（以及可能未反应完全的镁）。待反应瓶中固体完全消失后，将混合液倒入分液漏斗中，分出有机层，水层每次用 5 mL 乙醚萃取两次，合并有机层和萃取层，用 6 mL 5%碳酸钠溶液洗涤一次。有机层用无水碳酸钾干燥后，滤入干燥的 50 mL 蒸馏瓶中，进行蒸馏。先在 80℃以下蒸去乙醚，再提高温度，收集 137℃～141℃的馏分。产量为 0.8～1 g，产率为 31%～39%。

【产物表征】

（1）测定产品的折光率。

（2）测定产品的红外光谱并对特征吸收峰进行归属（附 2-甲基-2-己醇的红外光谱图）。

（3）测定产物核磁共振氢谱（附主要核磁数据）。

^{1}HNMR（$CDCl_3$）：δ＝1.8（t，6H），1.5（t，2H），1.3（t，3H）。

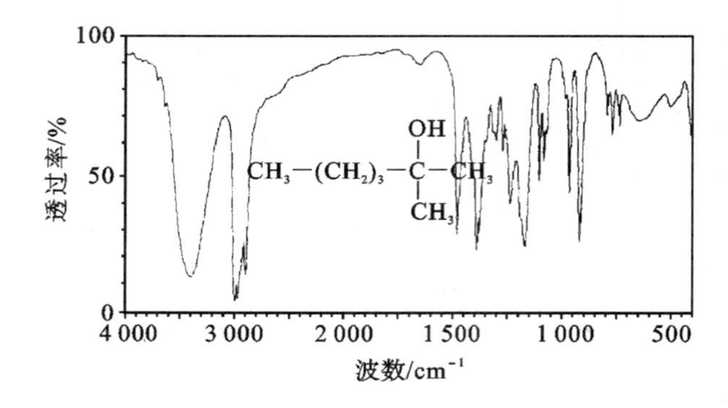

【思考题】

(1)本实验在将 Grignard 试剂加成物水解前的各步中，为什么使用的药品和仪器必须干燥？为此你采取了什么措施？

(2)引发 Grignard 反应一般可采取哪几种方法？如果反应未开始前就加大量正溴丁烷，有何不好？

(3)本实验有哪些可能的副反应，如何避免？

(4)本实验得到的粗产物能否用无水氯化钙干燥？为什么？

实验二十三　二苯甲醇的制备

二苯甲醇(diphenylmethanol)，无色针状结晶，熔点为 69℃，沸点为 298℃(1.0 MPa)，180℃(2.67 kPa)，易溶于乙醇、醚、氯仿和二硫化碳，在 20℃水中的溶解度为 0.5 g·L^{-1}，可用作合成苯甲托品、苯海拉明等医药的中间体。

【实验目的】

(1)学习利用还原方法来制备醇。

(2)通过练习熟练掌握重结晶。

【实验原理】

$$(C_6H_5)_2C{=}O \xrightarrow[\text{②HCl}]{\text{①NaBH}_4} (C_6H_5)_2CH{-}OH$$

【主要试剂及产物物理常数】

试剂名称	分子量	沸点/℃	折光率 n_D^{20}	相对密度 d_4^{20}
二苯甲酮	182.22	306	1.607 7	1.114
乙醇	46.07	78	1.316 4	0.789
二苯甲醇	184.24	298	69	～

【实验步骤】

在 50 mL 圆底烧瓶中，依次加入二苯甲酮 2.7 g(0.015 mol)、95%乙醇 13 mL，搅拌，微热使固体溶解。将瓶内溶液冷却至室温后，边搅拌边分两批加入 0.6 g 硼氢化钠，此时溶液放热，控制反应温度不超过 40℃，加完后搅拌 10 min。然后加热回流 20～25 min，反应结束。将溶液稍微冷却，加 50 mL 水，再小心滴加 10%的盐酸约 9 mL 至无大量气泡放出为止。此时有大量白色固体析出。用布氏漏斗抽滤，固体用少量水洗涤，干燥，得到的二苯甲醇约 2.7 g，产率约为 89%。

【产品表征】

(1)测定产品的熔点(熔点为 68℃～69℃)

(2)测定产品的红外光谱并对特征吸收峰进行归属(附二苯甲醇的红外光谱)。

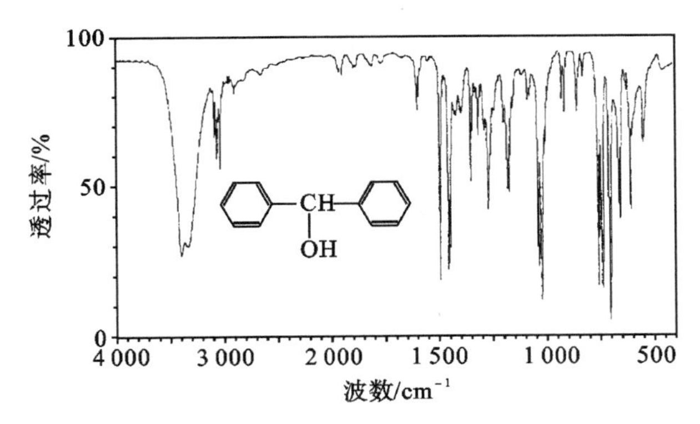

(3)测定产品的核磁共振氢谱并对核磁共振信号进行归属(附二苯甲醇的核磁共振氢谱)。

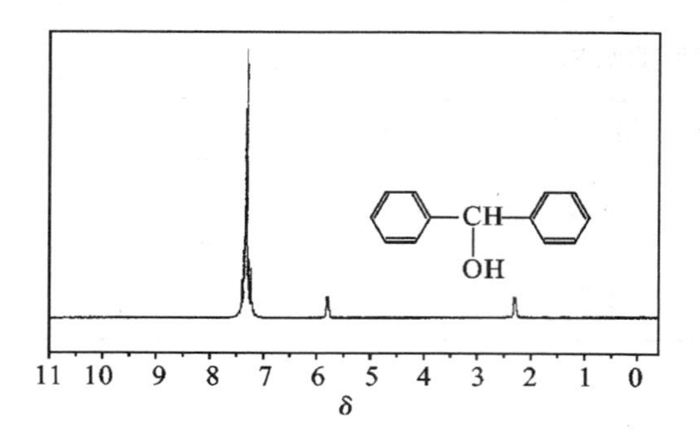

【思考题】

(1)硼氢化钠和氢化铝锂都是负氢还原剂,说明它们在还原性及实验操作上有何不同?

(2)通过查阅文献找出合成二苯甲醇的其他方法。

4.4 醚的制备

醚是有机化学合成中常用的溶剂,这是因为大多数有机化合物在醚中都有良好的溶解度,而且一些反应必须在醚中进行,如 Grignard 反应。醚的制备方法主要有:醇在酸性条件下分子间脱水法、Williamson 合成法、烷氧汞化脱汞反应等。

制备单醚常用的方法是醇的分子间脱水,实验室常用的脱水剂是浓硫酸,酸的作用是将醇的羟基质子化,转变为更好的离去基团。

$$2ROH \underset{140℃}{\overset{浓\ H_2SO_4}{\rightleftharpoons}} ROR + H_2O$$

由于反应是可逆的,为使反应向有利于生成醚的方向移动,通常采用将反应产物(醚或水)移出反应体系的方法,另外要严格控制反应温度,减少烯及二烷基硫酸酯等副产物的生成。

在乙醚的制备中,由于乙醚的沸点(34.6℃)低于反应温度(140℃),当它生成后可立即从反应体系蒸出。在正丁醚的制备中,由于原料正丁醇(沸点为117.7℃)和产物正丁醚(沸点为142℃)的沸点较高,所以反应在装有分水器的回流装置中进行,将生成的水或水的共沸物不断蒸出。

仲醇与叔醇的脱水反应,伴随有较多的消去反应,因此利用醇的脱水来制备醚时,最好使用伯醇。

制备混合醚常用的方法是 Williamson 合成法,即由卤代烃和醇钠或酚钠反应制备醚的方法。

$$(Ar)RO^- + R'X \xrightarrow{C_2H_5OH} (Ar)ROR'$$

Williamson 合成法是亲核取代反应(S_N2)，由于醇钠具有较强的碱性，反应伴随着卤代烃的双分子消去反应(E_2，因此卤代烃最好使用伯卤代烃。卤代烃与醇钠反应时的活性次序：RI>RBr>RCl)。

含有叔丁基的混合醚往往可以用叔丁醇与另一醇在酸的催化下直接脱水制备，这是由于叔丁醇在酸的催化下形成稳定性较强的叔碳正离子，碳正离子与另一醇作用生成混合醚。

实验二十四　乙醚的制备

乙醚(diethyl ether)，沸点为34.6℃，相对密度为0.714。乙醚在常温常压下为具有特殊气味的无色透明液体。难溶于水，易溶于乙醇、苯、氯仿、石油醚、其他脂肪溶液及许多油类。极易挥发，极易燃烧。其蒸气能与空气形成爆炸性混合物。它遇到火星、高温、氧化剂、高氯酸、氯气、氧气、臭氧等，就有发生燃烧爆炸的危险。其蒸气能从远处将明火引来起火。在空气中与氧长期接触或放在玻璃瓶内受光照射都能生成不稳定的过氧化物。有时也因静电而起火，使用时应避开火源，注意安全。

乙醚微溶于水，能溶解多种有机物，是良好的有机溶剂。纯净的乙醚在医疗上用做手术时的全身麻醉剂。工业上乙醚可由乙醇分子间脱水制得(如工业上可在氧化铝的催化下，于300℃由乙醇失水制得)。随着石油工业的发展，乙醚亦可由石油化工产物乙烯制取，其方法是用硫酸吸收乙烯，形成硫酸乙酯，再水解得到乙醇和乙醚。通过改变温度和试剂浓度，可控制生成醇和醚的比例。

【实验目的】

(1)学习实验室制乙醚的原理与方法。

(2)初步掌握制备低沸点易燃液体的操作。

【实验原理】

主反应：

$$2CH_3CH_2OH \underset{140℃}{\overset{H_2SO_4}{\rightleftharpoons}} CH_3CH_2OCH_2CH_3 + H_2O$$

副反应：

$$CH_3CH_2OH \overset{H_2SO_4}{\rightleftharpoons} CH_2{=}CH_2 + H_2O$$

$$CH_3CH_2OH \xrightarrow{[O]} CH_3CHO \xrightarrow{[O]} CH_3CO_2H$$

【主要试剂及产物物理常数】

名称	分子量	相对密度 d_4^{20}	熔点/℃	沸点/℃	折光率 n_D^{20}	溶解度		
						水	乙醇	乙醚
乙醇	46.07	0.789	−114.7	78.5	1.361 4	∞	～	∞
乙醚	72.12	0.714	−116.6	34.6	1.352 6	微溶	∞	～

【实验步骤】

(1)常量实验。

在干燥的 100 mL 三口烧瓶的三口上分别安装温度计、滴液漏斗及蒸馏装置。蒸馏装置的接收器浸入冰水中冷却，接液管的支管接上橡皮管通入下水道。将三口烧瓶浸入冰水浴中冷却，加入 12 mL 95%乙醇，再缓慢加入 12 mL 浓硫酸，混匀。滴液漏斗内加入 25 mL 95%乙醇，漏斗末端和温度计的水银球必须浸入液面以下距瓶底 0.5～1 cm，加入 2 粒沸石。加热三口烧瓶，使反应瓶温度迅速上升到 140℃，开始由滴液漏斗慢慢滴加乙醇，控制滴加速度与馏出液速度大致相等(每秒 1 滴)①，维持反应温度在 135℃～145℃，约 0.5 h 滴加完毕，再继续加热约 10 min，直到温度上升到 160℃，去掉热源②，停止反应。

将馏出液转入分液漏斗，依次用 8 mL 5% NaOH 溶液、8 mL 饱和 NaCl 溶液洗涤③，最后用 8 mL 饱和 $CaCl_2$溶液洗涤 2 次。分出醚层，用无水氯化钙干燥(注意容器外仍需冰水冷却)，将澄清的乙醚溶液小心转入圆底烧瓶中，在水浴中蒸馏，收集沸点在 33℃～38℃的馏分④。产量为 7～9 g，产率为 35%。

(2)小量实验。

在 50 mL 干燥的三口烧瓶中加入 4 mL 95%乙醇，在三口烧瓶上分别安装

---

① 若滴加速度明显超过溜出速度，不仅乙醇未作用就被蒸出，而且会使反应液的温度骤降，减少醚的生成。

② 使用或精制乙醚的实验台附近严禁火种，所以当反应完成，先移走热源。同样，在精制乙醚时的热水浴必须在远离乙醚处预先热好热水(或用恒温水浴锅)，使其达到所需温度，而绝不能一边用明火一边蒸馏。

③ 用氢氧化钠洗后，常会使醚层碱性太强，接下来直接用氯化钙溶液洗涤时会有氢氧化钙产生。为减少乙醚在水中的溶解度以及洗去残留的碱，故在用氯化钙洗前先用饱和氯化钠洗。另外，氯化钙和乙醇能形成络合物 $CaCl_2 \cdot 4C_2H_5OH$，因此，未作用的乙醇也可以被除去。

④ 乙醚与水形成共沸物(沸点为 34.15℃，含水量为 1.26%)，馏分中还含有少量乙醇，故沸程较长。

温度计、滴液漏斗及蒸馏装置。将烧瓶浸入冰水浴中冷却，缓慢加入 4 mL 浓硫酸混匀，滴液漏斗内盛有 8.3 mL 95%乙醇，漏斗脚末端与温度计的水银球必须浸入液面以下距瓶底 0.5～1 cm，加入 2 粒沸石。电热套加热，使反应瓶温度比较迅速地上升到 140℃，开始由滴液漏斗慢慢滴加乙醇，控制滴加速度与馏出液速度大致相等(每秒 1 滴)，维持反应温度在 135℃～145℃，约 0.5 h 内滴加完毕，再继续加热，直到温度上升到 160℃，去掉热源，停止反应。

将馏出液转入分液漏斗，用 4 mL 5% NaOH 溶液、4 mL 饱和 NaCl 溶液洗涤，再用 4 mL 饱和 $CaCl_2$溶液洗涤 2 次，分出有机层，用无水氯化钙干燥，然后将澄清的乙醚溶液小心转入圆底烧瓶中，在水浴中蒸馏，收集沸点在 33℃～38℃的馏分，产量为 2～3 g。

【产物表征】

纯净乙醚是有愉快气味的无色、易挥发液体。

(1)测定产品的折光率。

(2)测定产品的红外光谱并对特征吸收峰进行归属(附乙醚的红外光谱图)。

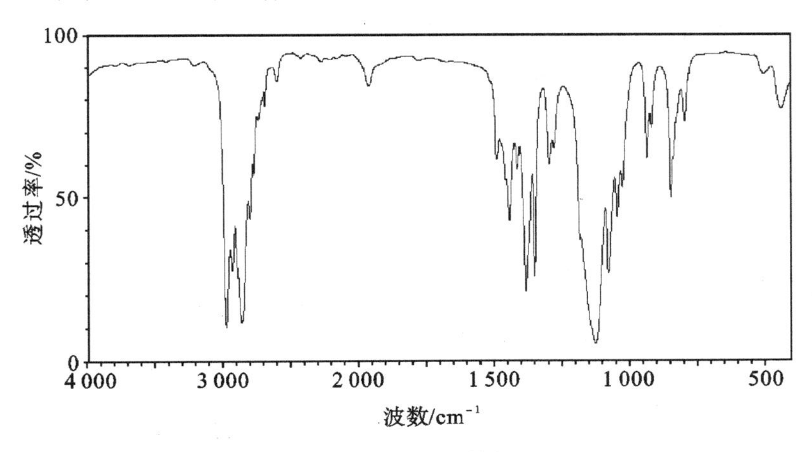

(3)测定产物核磁共振氢谱(附主要核磁数据)。

^{1}HNMR($CDCl_3$)：δ=3.3(q,4H)，1.2(t,6H)。

【思考题】

(1)制备乙醚时，滴液漏斗的末端应浸入反应液中，为什么？

(2)本实验中，可采取什么措施增大反应的产率？

(3)本反应中主要杂质有哪些？如何除去？

(4)反应温度过高或过低对反应有什么影响？

实验二十五　正丁醚的制备

正丁醚(dibutyl ether)，无色透明液体。熔点为－98℃，沸点为 142.4℃，折光率为 1.399 2。能与乙醇、乙醚混溶，易溶于丙酮，几乎不溶于水。性质较稳定，具有类似水果的气味，微有刺激性，燃烧时能产生刺激性极强的化合物。

正丁醚的制备方法主要由正丁醇用硫酸脱水而得，或用正丁醇在三氯化铁、硫酸铜或氧化铝的催化下脱水制取。在醚类中，正丁醚的溶解力强，对许多天然及合成油脂、树脂、橡胶、有机酸酯、生物碱等都有很强的溶解力。正丁醚对水的溶解度(20℃)为 0.03%(质量分数)，水对正丁醚的溶解度(20℃)为 0.19%(质量分数)，同水的分离性好。在贮存时生成的过氧化物少，毒性和危险性小，是安全性很高的溶剂，常用做树脂、油脂、有机酸、酯、蜡、生物碱、激素等的萃取和精制溶剂；和磷酸丁酯的混合溶液可用做分离稀土元素的溶剂。由于正丁醚是惰性溶剂，还可用做格氏试剂、橡胶、农药等有机合成的反应溶剂。

【实验目的】

(1)学习由正丁醇脱水制备正丁醚的方法和原理。

(2)掌握分水器的实验操作。

【实验原理】

主反应：

$$2C_4H_9OH \xrightarrow{H_2SO_4} C_4H_9OC_4H_9 + H_2O$$

副反应：

$$C_4H_9OH \xrightarrow[>135℃]{H_2SO_4} C_2H_5CH{=}CH_2 + H_2O$$

【主要试剂及产物物理常数】

名称	分子量	相对密度 d_4^{20}	熔点/℃	沸点/℃	折光率 n_D^{20}	溶解度		
						水	乙醇	乙醚
正丁醇	74.12	0.809	－90	118	1.399 3	7.92	∞	∞
正丁醚	130.23	0.770	－98	142	1.399 2	～	∞	∞

【实验步骤】

在干燥的 100 mL 三口烧瓶中，加入 15.5 mL(12.5 g，0.17 mol)正丁醇，缓慢加入 2.5 mL 浓硫酸，振荡混合均匀，加入几粒沸石。三口烧瓶一侧口装上温度计，温度计的水银球必须插入液面以下，中口装上分水器，在分水器内加入一定量的水①，分水器的上端接回流冷凝管，三口烧瓶另一侧口塞住。

① 如分水器体积为 V_0，根据理论计算，反应失水体积为 V_1，分水器内预先加入的水可约为 V_0-V_1。

将三口烧瓶缓慢加热，使溶液微沸，回流分水。随着反应的进行，反应中产生的水经冷凝后收集在分水器的下层，上层有机相也会进入分水器，但有机相的密度比水小，当积至分水器支管时，即可返回烧瓶，水层不断增加，水层接近分水器支管而要流回烧瓶时，三口烧瓶中反应液温度达到135℃左右①，表明反应基本结束，可停止反应。若继续加热，则反应液变黑并有较多副产物烯烃生成。

将反应液冷却到室温，把混合物连同分水器里的水一起倒入盛有25 mL水的分液漏斗中，充分振摇，静置后弃去下层液体。上层为粗产物。粗产物依次用16 mL 50%硫酸分两次洗涤②，再用10 mL水洗涤，然后分出有机相，用无水氯化钙干燥。将干燥好的产物移至圆底烧瓶中(注意不要把氯化钙带入瓶内)，蒸馏，收集139℃～142℃的馏分。产量为5～6 g，产率约为50%。

【产物表征】

纯净正丁醚是有愉快气味的无色、易挥发的液体。

(1)测定产品的折光率。

(2)测定产品的红外光谱并对特征吸收峰进行归属(附正丁醚的红外光谱图)。

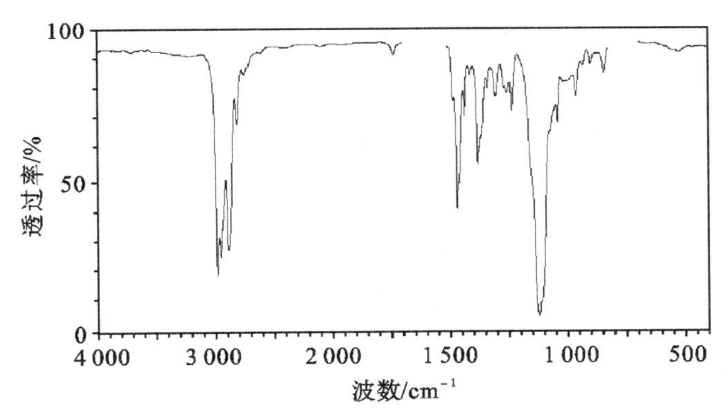

(3)测定产品的核磁共振谱并对核磁共振信号进行归属(附正丁醚的核磁共

---

① 制备正丁醚的较宜温度是130℃～140℃，但开始回流时，这个温度很难达到，因为正丁醚可与水形成共沸点物(沸点为94.1℃，含水量为33.4%)；另外，正丁醚与水及正丁醇形成三元共沸物(沸点为90.6℃，含水量为29.9%，正丁醇为34.6%)，正丁醇也可与水形成共沸物(沸点为93℃，含水量为44.5%)，故应控制温度在90℃～100℃之间，而实际操作是在100℃～115℃之间。

② 正丁醇能溶在50%硫酸溶液中，而正丁醚微溶，因此用50%硫酸洗涤。也可用碱洗的方法来处理粗产物：混合物冷却后，转入分液漏斗，用2 mol·L^{-1}氢氧化钠溶液洗至碱性，再用水及饱和氯化钙溶液洗去未反应的正丁醇，最后再干燥、蒸馏。

振谱图)。

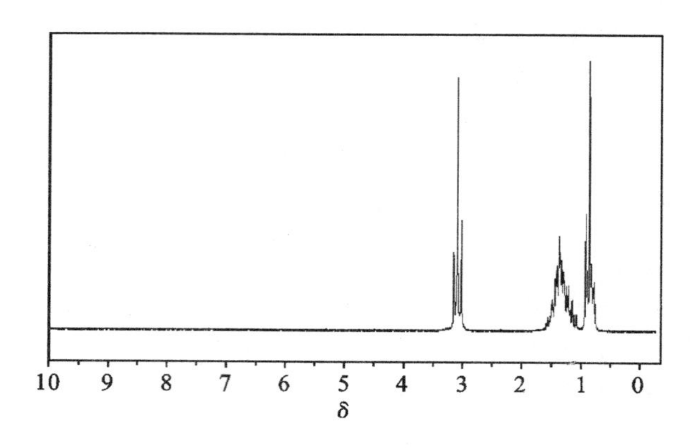

【思考题】

(1)制备乙醚和制备正丁醚在实验操作上有什么不同?为什么?

(2)反应物冷却后为什么要倒入水中?各步的洗涤目的何在?

(3)能否用本实验方法由乙醇和2-丁醇制备乙基仲丁基醚?你认为用什么方法比较好?

(4)如果反应温度过高,反应时间过长,可导致什么结果?

实验二十六　甲基叔丁基醚的制备

甲基叔丁基醚,2-甲基-2-甲氧基丙烷(methyl tert-butyl ether)(MTBE),无色、低黏度液体,具有类似萜烯的臭味。微溶于水,与许多有机溶剂互溶。与某些极性溶剂如水、甲醇、乙醇可形成共沸混合物。有轻度的麻醉作用,微毒,对眼有刺激作用。

甲基叔丁基醚主要用作高辛烷值汽油掺加组分,是一种优良的高辛烷值汽油添加剂和抗爆剂。1973年,意大利阿尼克公司建成了世界上第一套生产甲基叔丁基醚的工业装置(年产100 kt)。其后,因甲基叔丁基醚具有优良的抗爆性,与汽油的混溶性好、吸水少、对环境污染小等优点,所以作为无铅汽油添加剂而获得迅速发展。

【实验目的】

(1)学习合成混合醚的反应原理和实验方法。

(2)巩固使用分馏柱的实验操作。

【实验原理】

主反应:

$$CH_3OH+(CH_3)_3COH \xrightarrow{15\% H_2SO_4} CH_3OC(CH_3)_3+H_2O$$

副反应：

$$(CH_3)_3COH \xrightarrow{H^+} (CH_3)_2C{=}CH_2+H_2O$$

【主要试剂及产物物理常数】

名称	分子量	相对密度 d_4^{20}	熔点/℃	沸点/℃	折光率 n_D^{20}	溶解度		
						水	乙醇	乙醚
甲醇	32.04	0.791	−97.8	64.9	1.328 8	∞	∞	∞
叔丁醇	74.12	0.789	25.5	82.5	1.387 8	～	∞	∞
甲基叔丁基醚	88.15	0.741	−110	55.3	1.369 4	$51\ g \cdot L^{-1}$	∞	∞

【实验步骤】

(1)常量实验。

在一个干燥的250 mL三口烧瓶的中口安装分馏柱，一侧口装温度计，温度计水银球接近瓶底，另一侧口用塞子塞住。分馏柱顶上装温度计，其支管依次连接直形冷凝管、带支管的接引管和接收器。接引管的支管接一根橡皮管，通到水槽的下水管中。接收器用冰水浴冷却。

仪器装好以后，在烧瓶中加入45 mL 15%硫酸、10 mL甲醇和13 mL 95%叔丁醇[①]混合均匀。投入几粒沸石，加热。当烧瓶中的液体温度达到75℃～80℃时，产物便慢慢地被分馏出来，调整电热套电压，使得分馏柱顶的蒸气温度保持在(51±2)℃[②]，每分钟收集0.5～0.7 mL馏出液。当分馏柱顶的温度明显地上下波动时[③]，停止分馏。全部分馏时间约为1.5 h。共收集粗产品约为16 mL。

将馏出液移入分液漏斗中，用5 mL 10%的亚硫酸氢钠、5 mL水洗涤(为了除去其中所含的醇)[④]，再用5 mL水洗涤一次，分出醚层，用少量无水碳酸钠干

---

① 用18.5 g叔丁醇，加入2 mL水，配成90%的叔丁醇约25 mL。若制备量大时，叔丁醇应分批(每次约25 mL)加入。

② 甲醇的沸点为64.7℃，叔丁醇的沸点为82.6℃，叔丁醇与水的恒沸混合物(含醇88.3%)的沸点为79.9℃，所以分馏时温度应尽量控制在51℃左右(醚和水的恒沸混合物)，不超过53℃为宜。

③ 分馏后期，馏出速度大大减慢，此时略微调节加热，柱顶温度会随之大幅度的波动，说明反应瓶中的甲基叔丁基醚已基本蒸出。此时反应瓶中的温度升至大约95℃。

④ 洗涤至所加水的体积在洗涤后不再增加为止，如果制备量大时，洗涤的次数还要多。

燥后，蒸馏，注意接收器用冰水浴冷却，收集 54℃～56℃的馏分，产量约为 6 g。

(2)小量实验。

在一个干燥的 100 mL 圆底烧瓶中加 18 mL 15％硫酸、4 mL 甲醇和 5 mL 95％叔丁醇和几粒沸石，安装分馏柱，分馏柱顶上装有温度计，其支管依次连接回流冷凝管、带支管的接引管和接收器。接引管的支管接一根橡皮管，通到水槽的下水管中，接收器用冰水浴冷却。

加热分馏，收集(51±2)℃的馏分。当分馏柱顶的温度明显地上下波动时，停止分馏。将馏出液移入分液漏斗中，依次用 5 mL 水、5 mL 10％亚硫酸氢钠溶液，5 mL 水洗涤。分出醚层，用少量无水碳酸钠干燥。最后蒸馏，收集(51±2)℃馏分，得到甲基叔丁基醚，产量约为 2 g。

【产物表征】

纯甲基叔丁基醚为无色透明液体。

(1)测定产品的折光率。

(2)测定产品的红外光谱并对特征吸收峰进行归属(附甲基叔丁基醚的红外光谱图)。

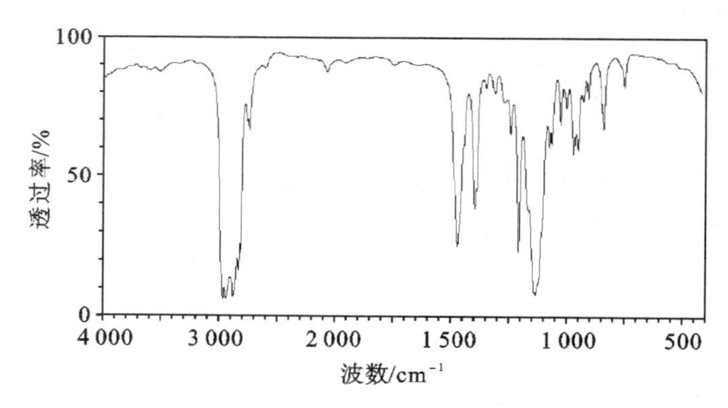

(3)测定产品的核磁共振氢谱并对吸收峰进行归属。

【思考题】

(1)醚化反应时为何用 15％硫酸？用浓硫酸行不行？

(2)分馏时柱顶的温度高了会有什么不利？

(3)用水和亚硫酸氢钠溶液洗涤的目的是什么？

4.5　醛的制备

醛是有机合成中重要的原料或中间体，也是动、植物代谢过程中重要的中间体。醛处于醇与羧酸的中间氧化阶段，因此醛的制备，主要通过羟基的氧化或羧基的还原来实现，另外不饱和烃的氧化或加成也是制备某些醛的重要方法。常用的制备醛的反应有伯醇氧化、甲基苯的氧化、酰氯的还原（Rosenmund 反应）、Reimer-Tiemann 反应、羧酸的还原（Li/CH_3NH_2）、腈的还原[$LiHAl(OEt)_3$]、烯烃臭氧化还原水解等。

通过伯醇的氧化来制备结构相对应的醛，常用的氧化剂为重铬酸钾（钠）或三氧化铬的硫酸水溶液。为避免醛进一步被氧化为酸，一般采用的反应温度高于醛的沸点而低于醇的沸点，醛一经生成即可被蒸出，从而脱离反应体系。对于酸敏感或含其他易被氧化的基团的醇，则采用温和的氧化剂，如三氧化铬与吡啶的络合物，即沙瑞特（Sarrett）试剂，在室温下于吡啶中，可使伯醇氧化为醛。

在锌、铬、铜等的氧化物以及金属银、铜等催化剂作用下，伯醇在较高温度（一般在 450℃左右）进行催化脱氢反应，也生成醛，工业上多采用此法。

另外通过酰卤、酰胺、酯以及腈等羧酸衍生物在适当条件下的还原也可制备醛。例如用吸附于硫酸钡上的钯催化剂可使酰氯氢化还原为醛，氢化三叔丁氧基铝锂也是还原酰氯为醛的很有效的试剂。

芳醛的实验室制备是在三氯化铝及氯化亚铜或四氯化钛的作用下，烷基芳烃和 CO 及干燥的 HCl 反应，在芳环上引入—CHO，生成芳醛（Gattermann-Koch 反应）。利用苯酚、氢氧化钠水溶液和氯仿一起反应，可以生成水杨醛（邻羟基苯甲醛）和少量的对羟基苯甲醛（Reimer-Tiemann 反应），产物可以利用水蒸气蒸馏进行分离。

通过醛的羟醛缩合反应可以制备 α,β-不饱和醛，即在稀碱的作用下，含有两个 α 氢的醛失去一个 α 氢，形成的碳负离子作为亲核试剂进攻另一分子醛的羰基，生成 β 羟基醛；β 羟基醛受热或者在少量碘的存在下，发生分子内脱水生成 α,β-不饱和醛。

实验二十七　正丁醛的制备

正丁醛（*n*-butylaldehyde），无色透明液体，有窒息性醛味。微溶于水，在 100 g25℃水中可溶解 7.1 g，能与乙醇、乙醚、乙酸乙酯、丙酮、甲苯等多种有机溶剂混溶。在空气中爆炸极限下限为 1.5%（体积）。

目前正丁醛生产方法采用以下几种：1. 丙烯羰基合成法，丙烯与合成气在 Co 或 Rh 催化剂存在下进行羰基合成反应，生成正丁醛和异丁醛；2. 乙醛缩合法；3. 丁醇氧化脱氢法，以银为催化剂，由丁醇经空气一步氧化，精馏分离得成品。

正丁醛是重要的有机中间体。由正丁醛加氢可制取正丁醇，缩合脱水然后加氢可制取2-乙基己醇。正丁醇和2-乙基己醇是增塑剂的主要原料。正丁醛氧化可制取正丁酸，与甲醛缩合能制取三羟甲基丙烷，是合成醇酸树脂的增塑剂和空气干燥油的原料。与苯酚缩合制取油溶性树脂；与尿素缩合可制取醇溶性树脂；与聚乙烯醇、丁胺、硫脲、二苯基胍或硫化氨基甲酸甲酯等缩合的产品是制取层压安全玻璃的原料和胶黏剂；与各种醇类的缩合物做赛璐珞、树脂、橡胶和医药产品的溶剂；医药工业用于制“眠尔通”、“乙胺嘧啶”、氨甲丙二酯等。

【实验目的】

(1)学习伯醇氧化制备醛的方法。

(2)巩固分馏操作。

【实验原理】

主反应：

$$n\text{-}C_4H_9OH \xrightarrow[H_2SO_4]{Na_2Cr_2O_7} n\text{-}C_3H_7CHO + Cr_2(SO_4)_3 + Na_2SO_4 + H_2O$$

副反应：

$$n\text{-}C_3H_7CHO \xrightarrow{[O]} n\text{-}C_3H_7COOH$$

【主要试剂及产物物理常数】

名称	分子量	相对密度 d_4^{20}	熔点/℃	沸点/℃	折光率 n_D^{20}	溶解度		
						水	乙醇	乙醚
正丁醇	74.12	0.809	−90	117.7	1.399 3	8	∞	∞
正丁醛	72.11	0.802	−99	75.7	1.384 3	7	∞	∞

【实验步骤】

在100 mL三口烧瓶上安装分馏装置、100 mL滴液漏斗和温度计。在三口烧瓶中加入9.3 mL正丁醇，滴液漏斗中加入预先由11 g的重铬酸钠、54 mL水和8 mL浓硫酸配制的溶液①，加热，当有部分蒸气开始进入分馏柱下端时，开始搅拌并滴加重铬酸钠溶液，注意滴加速度，保持反应瓶内温度为90℃～95℃，分馏柱顶温度不超过78℃。约0.5 h重铬酸钠溶液滴加完毕以后，继续加热搅拌

① 重铬酸钠硫酸试剂的配制：称取11 g的重铬酸钠，加入54 mL水，搅拌下小心地加入8 mL浓硫酸，冷却后待用。重铬酸钠以及还原物三价铬离子均有毒，操作时切勿溅到皮肤上。

0.5 h。接收瓶浸泡在冰水中，收集 90℃以下的蒸馏产物[①]。

将馏出物倒入分液漏斗中，分去水层，有机层用无水硫酸钠或无水硫酸镁干燥后，滤入 50 mL 的干燥圆底烧瓶中，分馏[②]，收集 74℃～78℃馏分，产量为2.0～3.5 g。

【产物表征】

纯净正丁醛是无色略有刺激性气味的液体，沸点为 75.7℃。

(1)测定产品的折光率。

(2)测定产品的红外光谱并对特征吸收峰进行归属(附正丁醛的红外光谱图)。

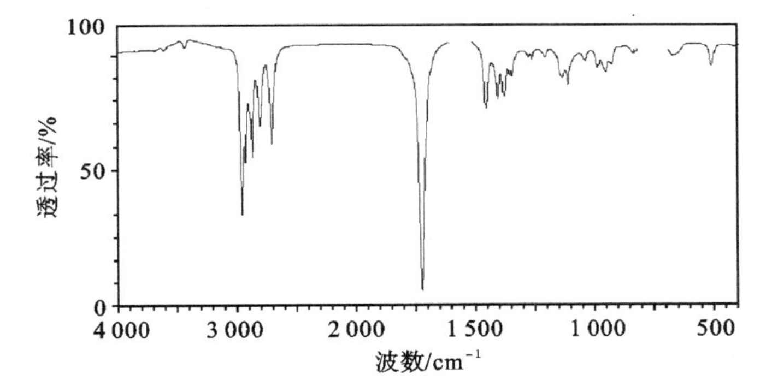

(3)测定产品的核磁共振氢谱并对核磁共振信号进行归属(附正丁醛的核磁共振谱图)。

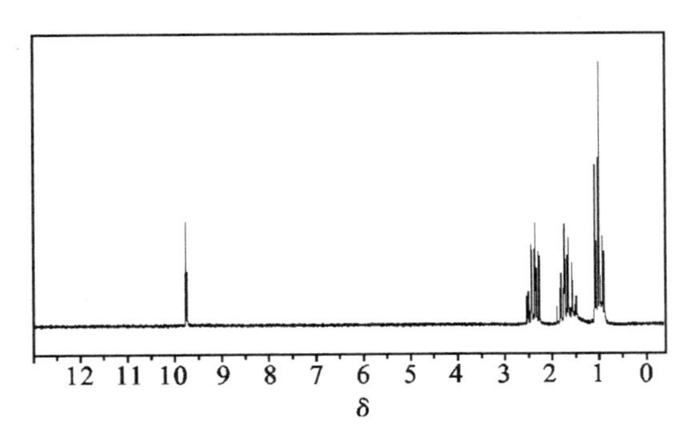

① 正丁醛与水形成二元共沸混合物，沸点为 68℃，含正丁醛 90.3%；正丁醇与水也形成二元共沸混合物，沸点为 93℃，含正丁醇 55.5%。

② 粗蒸产物中含有少量正丁醇，所以最后提纯产品时仍需分馏。

【思考题】

(1)制备正丁醛还有哪些方法?

(2)反应混合物的颜色的变化说明什么?

(3)能否用氯化钙做干燥剂?为什么?

实验二十八　2-乙基-2-己烯醛的制备

2-乙基-2-己烯醛(2-ethyl-2-hexenal),无色液体,在空气中易氧化而略带黄色。不溶于水,溶于醇、醚等。可在烯键和羰基位置发生1,2-加成反应,还可发生1,4-加成反应。易被氧化成酸。烯键和羰基也可被还原剂还原,最终产物为饱和醇。2-乙基-2-己烯醛是重要的有机合成试剂。

【实验目的】

(1)学习羟醛缩合反应制备α,β-不饱和醛的方法。

(2)熟悉减压蒸馏操作。

【实验原理】

主反应①:

$$2n\text{-}C_3H_7CHO \xrightarrow{\text{稀 NaOH}} n\text{-}C_3H_7\underset{\underset{C_2H_5}{|}}{\overset{\overset{OH}{|}}{CH}}CHCHO \xrightarrow{-H_2O} n\text{-}C_3H_7CH{=}\underset{\underset{C_2H_5}{|}}{C}CHO$$

【主要试剂及产物物理常数】

名称	分子量	相对密度 d_4^{20}	熔点/℃	沸点/℃	折光率 n_D^{20}	溶解度		
						水	乙醇	乙醚
正丁醛	72.11	0.80	−99	75	1.3843	7	∞	∞
2-乙基-2-己烯醛	126.20	0.85	～	177	～	～	∞	∞

【实验步骤】

在100 mL三口烧瓶上安装电动搅拌器、回流冷凝管和恒压滴液漏斗。在烧瓶中加入12.5 mL新配制的1 mol·L^{-1}的2%的NaOH溶液②,在恒压滴液

① 本实验的副反应有氧化、树脂化反应等。

② 氢氧化钠溶液需要新配制,否则影响催化活性。

漏斗中加入 26 mL 新蒸馏过的正丁醛①。将烧瓶放在 85℃～90℃的水浴中加热，在剧烈的搅拌下，迅速滴加正丁醛（保持回流冷凝管能将蒸气冷凝下来）。正丁醛加完后，在此温度下继续搅拌回流 1 h，反应结束。冷却后，将反应物转入分液漏斗，分出有机层，用饱和氯化钠溶液洗至中性，用无水硫酸镁干燥后进行减压蒸馏，在 3 325 Pa(25 mmHg)压力下收集 66℃～67℃的馏分②。产量约为 6 g。

【产物表征】

纯 2-乙基-2-己烯醛为无色液体，在空气中易被氧化而略带黄色。

(1)测定产品的折光率。

(2)测定产品的红外光谱并对特征吸收峰进行归属（附 2-乙基-2-己烯醛的红外光谱图）。

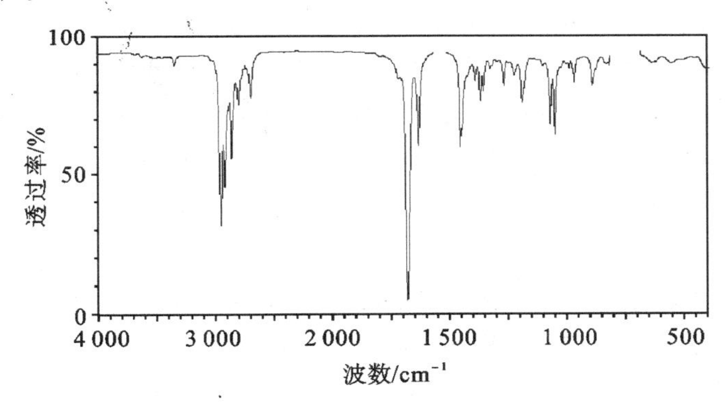

(3)测定产品的核磁共振谱并对核磁共振信号峰进行归属（附 2-乙基-2-己烯醛的核磁共振谱图）。

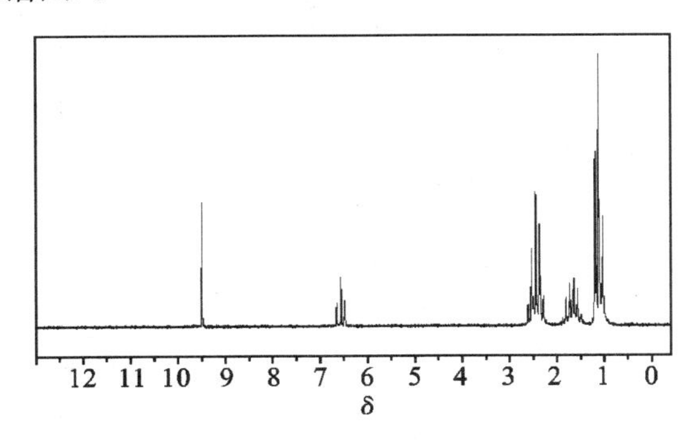

① 正丁醛易被空气氧化，放置已久的正丁醛在使用前必须重新蒸馏，否则实验产率降低。

② 按 Vogel's Practical Organic Chemistry（第四版），在 3 325 Pa 压力下 2-乙基-2-己烯醛的沸点为 66℃～67℃。如在常压下蒸馏，沸程范围较宽。

【思考题】

(1)具有什么结构的醛能发生类似地羟醛缩合和脱水反应?

(2)反应中加入的 NaOH 溶液起什么作用? NaOH 浓度太大,用量过多将产生什么后果?

(3)反应过程中为什么要不断地剧烈搅拌?

实验二十九　水杨醛的制备

水杨醛(ssalicylaldehyde,o-hydroxybenzaldehyde),又名邻羟基苯甲醛,或2-羟基苯甲醛,无色澄清油状液体,有焦灼味及杏仁气味,熔点为-7℃,沸点为196.5℃,闪点为76℃,相对密度为1.167,折光率为1.5735。微溶于乙醇、乙醚和苯等有机溶剂。能与水蒸气一起挥发,遇三氯化铁呈紫色,遇硫酸呈橙色。水杨醛是一种香料,也是用途极广的有机合成中间体。在药物合成中常用于合成水杨烟肼(Salinazid)、苯溴马隆(Benzbromarone)和醋胺苯噁酮等。还可用做分析试剂、汽油添加剂等。

【实验目的】

(1)学习瑞穆尔-蒂曼(Reimer-Tiemann)反应制备水杨醛的方法。

(2)掌握水蒸气蒸馏分离异构体的方法和操作。

【实验原理】

OH
CHCl$_3$
OH$^-$
OH
CHO
+
OH
CHO

【主要试剂及产物物理常数】

名称	分子量	相对密度 d_4^{20}	熔点/℃	沸点/℃	折光率 n_D^{20}	溶解度		
						水	乙醇	乙醚
苯酚	94.11	1.057	43	181.7	1.5417	6.7 g(冷水)	∞	∞
水杨醛	122.13	1.167	-7	196.5	1.5735	微溶	∞	∞

【实验步骤】

在装有温度计、搅拌器和回流冷凝器的250 mL三口烧瓶中,加40 g氢氧化钠溶于 40 mL 水中的溶液，12.5 g(0.133 mol)苯酚[①]溶于 12.5 mL 水中的溶液。将烧瓶内温度加热至 60℃～65℃[②]，注意不要使酚钠结晶。启动搅拌器，将 30 g(20.3 mL，0.25 mol)氯仿分三次、间隔 10 min 自冷凝器顶部加入，期间充分搅拌，将反应温度控制在 65℃～70℃。加热 30 min，使反应完全。

水蒸气蒸馏除去过量的氯仿[③]，冷却烧瓶并用 6 mol·L^{-1} 硫酸酸化橙色残留物。再进行水蒸气蒸馏，直至无油状物馏出为止，残留物含有对羟基苯甲醛。

把馏出液移入分液漏斗，分出油状物水杨醛，用 15 mL 乙醚萃取水层。将粗水杨醛和萃取液合并后蒸馏，水浴蒸出乙醚。再加入约 2 倍体积的饱和亚硫酸氢钠溶液[④]，振摇 0.5 h，静置 0.5 h。用布氏漏斗抽滤膏状物，依次用少量乙醇、少量乙醚洗涤，以除去苯酚。在微热下，用 3 mol·L^{-1} 硫酸分解水杨醛和亚硫酸氢钠形成的加合物。冷却，用乙醚萃取水杨醛，萃取液用无水硫酸镁干燥。将澄清溶液蒸馏，先蒸出乙醚(回收)，再收集 195℃～197℃馏分。产量约为 6 g。

为了分离对羟基苯甲醛，将水蒸气蒸馏的残留物趁热过滤，以除去树脂状物。用乙醚萃取冷的滤液，蒸去乙醚，将黄色固体用含有一些亚硫酸的水溶液重结晶，得对羟基苯甲醛，产量为 1～2 g。

【产物表征】

水杨醛是无色或深红色油状液体，具有苦杏仁气味。

(1)测定产品的折光率。

(2)测定产品的红外光谱并对特征吸收峰进行归属(附水杨醛的红外光谱图)。

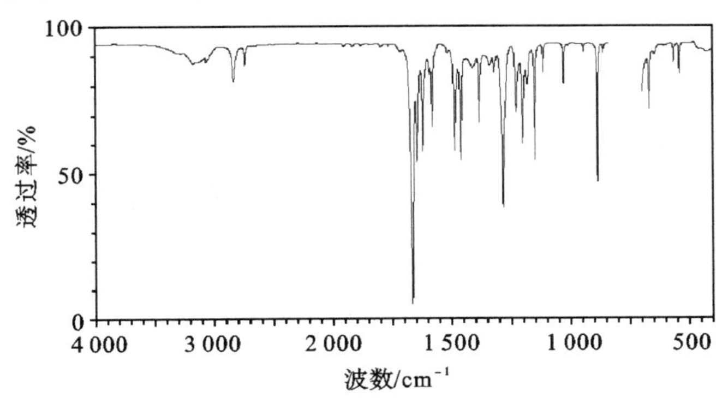

① 使用苯酚时注意：切勿使苯酚接触皮肤，如不慎接触，可用溴-甘油饱和溶液或石灰水涂抹患处。

② 调节温度时，根据实际情况，采用热浴或冷浴。

③ 氯仿 20℃时在水中的溶解度为 0.82 g，它可与水形成共沸物，恒沸点为 56℃。恒沸时的气相组成为：含氯仿 97%，含水量为 3%。

④ 加入饱和亚硫酸氢钠的目的是与水杨醛形成固体加合物。

(3)测定产品的核磁共振谱并对核磁共振信号进行归属。

【思考题】

(1)写出本实验中制备水杨醛的反应机理。

(2)分离水杨醛和对羟基苯甲醛主要依据它们的哪种不同性质?并从结构上加以解释。

(3)列举制备芳香醛的几种方法。

4.6 酮的制备

酮的制备可分为脂肪酮、环酮和芳香酮的制备。

实验室中常用的脂肪酮是通过相应的仲醇氧化制备得到的。最常用的氧化剂有重铬酸钾(钠)与浓硫酸的混合物、三氧化铬的冰醋酸溶液等。环酮可以用环醇通过 Jones 试剂,即把 CrO_3 溶于稀硫酸中,然后滴加到该醇的丙酮溶液中,在 15℃～20℃反应,可得到高收率的环酮。环酮还可以通过二元酸的脱水制备。

芳香酮通常利用 Friedel-Crafts(简称傅氏)酰基化反应来制备。它是芳香烃在无水三氯化铝等催化剂的存在下,同酰氯或酸酐作用,在苯环上引入酰基的反应。当苯环上有一个酰基取代后,因为它是一个间位定位基,使苯环的活性降低,不会生成多元取代物的混合物。酰基化试剂通常用酰氯、酸酐,有时也用羧酸。催化剂多用无水三氯化铝、氯化锌,硫酸。用三氯化铝做催化剂时,因有一部分三氯化铝与酰氯或芳酮反应生成配合物,所以每 1 mol 酰氯需用多于 1 mol 的三氯化铝;当用酸酐做酰基化试剂时,因有一部分三氯化铝与酸酐作用,所以三氯化铝用量更多,一般需要 3 mol 三氯化铝,而实际上还要过量 10%～20%。

Friedel-Crafts 反应一般是放热反应,但它有一个诱导期,所以操作时需要注意温度变化。反应一般需溶剂,反应原料芳烃常兼作溶剂,有时也用硝基苯或二硫化碳等。

由于酮羰基的活泼性,它能和很多亲核试剂发生加成、氧化反应,不但是制备醇的重要原料,还能制备酸,这使其成为一类极其重要的有机合成原料和中间体。

实验三十　环已酮的制备

环已酮(cyclohexanone),无色透明液体,带有泥土气息,含有痕迹量的酚时，则带有薄荷味。不纯物为浅黄色，由于存放时间过长生成杂质而显色，呈水白色到灰黄色，具有强烈的刺鼻臭味。微溶于水，溶于乙醇、乙醚等有机溶剂。环己酮与羟胺反应生成环己酮肟，环己酮肟在酸作用下重排生成己内酰胺。它是制尼龙66和尼龙6的原料。环己酮在碱的存在下容易发生自身缩合反应；也容易与乙炔钠反应。环己酮最早由干馏庚二酸钙获得，大规模生产环己酮是用苯酚催化氢化然后氧化的方法。在工业上主要用作合成树脂和合成纤维的原料和溶剂，例如它可溶解硝酸纤维素、涂料、油漆等。

在实验室中，多用氧化剂氧化环己醇来制备环己酮，酸性重铬酸钠(钾)是最常用的氧化剂之一。

【实验目的】

(1)学习由醇氧化制备酮的基本原理。

(2)掌握有环己醇氧化制备环己酮的实验操作。

【实验原理】

$$\text{环己醇(OH)} \xrightarrow[H_2SO_4]{Na_2Cr_2O_7} \text{环己酮(O)} + Cr_2O_3 + H_2O$$

反应中，重铬酸盐在硫酸的作用下先生成铬酸酐，再和醇发生氧化反应，因酮比较稳定，不易进一步被氧化，故一般能够得到较高的产率。为防止环己酮进一步氧化而发生断链，控制反应条件仍十分重要。

【主要试剂及产物物理常数】

名称	分子量	沸点/℃	相对密度 d_4^{20}	折光率 n_D^{20}
环己醇	100.16	161.10	0.949 3	1.464 8
环己酮	98.14	155.65	0.942 8	1.450 7

【实验步骤】

(1)常量实验。

在250 mL圆底烧瓶中放入60 mL冰水，慢慢加入10 mL浓硫酸。充分混合后，搅拌下慢慢加入10 g(10.4 mL，0.1 mol)环己醇。在混合液中放一温度计，并将溶液温度降至30℃以下。

将重铬酸钠10.4 g(0.035 mol)溶于盛有10 mL水的烧杯中。将此溶液分批加入圆底烧瓶中，并不断振摇使之充分混合。氧化反应开始后，混合液迅速变热，且橙红色的重铬酸盐变为墨绿色的低价铬盐。当烧瓶内温度达到 55℃时，可用冷水浴适当冷却，控制温度不超过 60℃。待前一批重铬酸盐的橙色消失之后，再加入下一批。加完后继续振摇，直至温度有下降的趋势为止，最后加入 1～2 mL 草酸使反应液完全变成墨绿色①。

圆底烧瓶中加入 50 mL 水，装好蒸馏装置②。将环己酮和水一起蒸馏出来(环己酮与水的共沸点为 95℃)，直到馏出液澄清后再多蒸 10～15 mL，共收集馏液约 40 mL③。将馏出液用 6～8 g 精盐饱和，用分液漏斗分出有机层，水层用 30 mL 乙醚萃取 2 次，合并有机层和萃取液，用无水碳酸钾干燥。粗产品进行蒸馏，先蒸出乙醚，再改用空气冷凝管蒸馏，收集 150℃～156℃的馏分。得产品约为 6 g，产率为 62%～67%。本实验约需 7 h。

(2)小量实验。

在 250 mL 三口烧瓶中放入环己醇 5.3 mL(0.05 mol)，乙醚 25 mL。充分混合后，将溶液温度降至 0℃。将重铬酸钠 5.5 g(11.6 mmol)溶于盛有 30 mL 水的烧杯中，加入浓硫酸 4.5 mL。将此溶液降至 0℃，用滴液漏斗在 10 min 内加入三口烧瓶中，滴加过程中不断振摇(或磁力搅拌)使之充分混合。氧化反应开始后，混合液迅速变热，且橙红色的重铬酸盐变为墨绿色的低价钴盐。当瓶内温度达到 55℃时，可用冷水浴适当冷却，控制温度不超过 60℃。直至温度有自动下降的趋势为止，约需要 20 min，最后加入适量草酸使反应液完全变成墨绿色。

用分液漏斗分出醚层，水层用 15 mL 乙醚萃取 2 次，合并醚层，用 15 mL 5%的碳酸钠溶液洗涤一次，再用 15 mL 水洗涤 3 次，用无水硫酸钠干燥，然后蒸馏，先蒸出乙醚，再收集 152℃～155℃馏分。得产品重 3.2～3.6 g，产率为 66%～72%。

【产物表征】

(1)测定产品的折光率。

(2)测定产品的红外光谱并对特征吸收峰进行归属(附环己酮的红外光谱图)。

---

① 若不除去过量的重铬酸钠，在后面蒸馏时，环己酮将进一步氧化，开环成己二酸。

② 这实际上是简易水蒸气蒸馏装置。

③ 31℃时，环己酮在水中的溶解度为 2.4 g，即使用盐析，仍不可避免损失少量环己酮，故水的馏出量不宜过多。

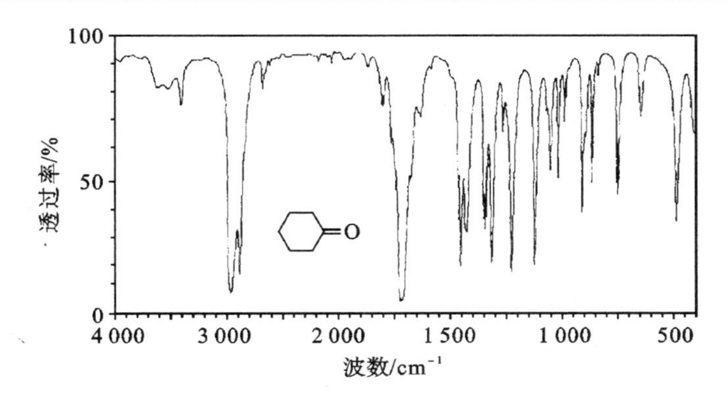

(3)测定产物的核磁共振氢谱(附主要核磁数据)。

^{1}HNMR($CDCl_3$):δ=2.3(t,4H),1.7(t,6H)。

【思考题】

(1)本实验为什么要严格控制反应温度在 55℃～60℃之间,温度过高或过低有什么不好?

(2)环己醇用铬酸氧化得到环己酮,用高锰酸钾氧化则得到己二酸,为什么?

(3)一级醇和二级醇的铬酸氧化在操作上有何不同? 为什么?

实验三十一　苯乙酮的制备

苯乙酮(acetophenone),无色低熔点晶体,熔点为 20.5℃,沸点为 202.6℃,以游离态存在于一些植物的香精油中。苯乙酮能发生羰基的加成反应,还可发生苯环上的亲电取代反应,主要生成间位产物。苯乙酮可在三氯化铝催化下由苯与乙酰氯、乙酸酐或乙酸反应制取。另外,由乙苯催化氧化为苯乙烯时,苯乙酮为副产物。苯乙酮主要用作制药及其他有机合成的原料,用于配制香料、制香皂和香烟,也可用做纤维素醚、纤维素酯和树脂等的溶剂以及塑料的增塑剂。苯乙酮有催眠性。

【实验目的】

(1)学习用 Friedel-Crafts 酰基化反应制备芳酮的原理。

(2)掌握 Friedel-Crafts 酰基化反应的实验操作。

【实验原理】

主反应:

$$C_6H_6 + (CH_3CO)_2O \xrightarrow{\text{无水}AlCl_3} C_6H_5COCH_3 + CH_3COOH$$

副反应：

$$(CH_3CO)_2O + H_2O \longrightarrow CH_3COOH$$

本实验是采用乙酸酐和苯制备苯乙酮。由于三氯化铝遇水或受潮会分解，故反应中所需仪器和试剂都应是干燥无水的。

【主要试剂及产物物理常数】

名称	分子量	相对密度 d_4^{20}	沸点/℃	折光率 n_D^{20}
乙酸酐	102.09	1.082 0	138.63	1.390 4
苯乙酮	120.15	1.028 1	202.6	1.537 2

【实验步骤】

(1)常量试验。

在 250 mL 三口烧瓶①上，依次安装搅拌器、筒形漏斗、冷凝管，冷凝管上端装一氯化钙干燥管，并且连接一氯化氢气体吸收装置。快速称取 25 g 无水三氯化铝碎末②放入三口烧瓶中，再加入 30 mL 无水苯。在搅拌下从滴液漏斗慢滴加6.5 g(6 mL，0.06 mol)乙酸酐与 10 mL 无水苯的混合液，约 20 min 滴完。加热微沸回流 0.5 h，至无氯化氢气体逸出为止。

将三口烧瓶冷却，搅拌下慢慢滴入 50 mL 浓盐酸与 50 mL 冰水的混合液，当反应瓶内固体完全溶解后，分出苯层，水层每次用 15 mL 苯萃取两次。合并苯层和萃取液，依次用 5%氢氧化钠溶液、水各 20 mL 洗涤，有机层用无水硫酸镁干燥。粗产物干燥后进行蒸馏，先蒸出苯，当温度升至 140℃左右时，停止加热，稍冷，换用空气冷凝管继续蒸出残留苯。最后收集 198℃～202℃的馏分③，产量为 4～5 g，产率为 52%～65%。本实验需 6～8 h。

(2)半微量实验。

在 100 mL 三口烧瓶上，装筒形滴液漏斗、冷凝管，冷凝管上端装一氯化钙

---

① 仪器必须充分干燥，否则影响反应进行。装置中凡与空气相通的地方，均应安装干燥管。

② 无水三氯化铝的质量是实验成败的关键之一。三氯化铝遇潮分解，应防止与皮肤接触，研细、称量、投料都应迅速，避免吸收空气中的水分。

③ 收集苯乙酮时，可直接用接液管收集，这样减少产品损失。最好减压蒸馏出苯乙酮。

干燥管，并且连接一氯化氢气体吸收装置。快速称取 13 g 无水三氯化铝，放入三口烧瓶中，再加入 16 mL(0.18 mol)无水苯和搅拌磁子。开动电磁搅拌，从滴液漏斗慢慢滴加 4 mL(0.04 mol)无水乙酸酐，约 10 min 滴完。微沸回流 15 min，至无氯化氢气体逸出为止。

将三口烧瓶置于冷水浴中，搅拌下慢慢滴入 18 mL 浓盐酸与 35 mL 冰水的混合液。在滴加过程中先出现白色沉淀，继续滴加，当瓶内固体完全溶解后，液体分层，转入分液漏斗，分出苯层，水层每次用 8 mL 苯萃取两次。合并苯层和萃取液，依次用 5%氢氧化钠溶液、水各 15 mL 洗涤一次，有机层用适量无水硫酸镁干燥。粗产物干燥后进行蒸馏，先蒸出苯，当温度升至 140℃左右时，停止加热，稍冷，换用空气冷凝管继续蒸出残留苯。最后收集 198℃～202℃的馏分，产量为 0.6～0.73 g，产率为 50%～69%。

【产物表征】

(1)测定产品的折光率。

(2)测定产品的红外光谱并对特征吸收峰进行归属(附苯乙酮的红外光谱图)。

(3)测定产品的核磁共振谱并对核磁共振信号进行归属(附苯乙酮的核磁共振谱图)。

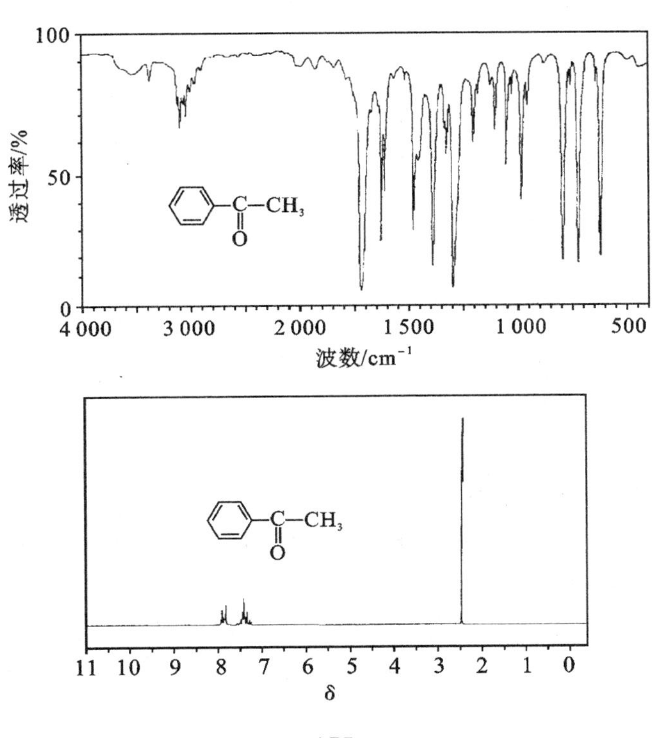

【思考题】

(1)水对本实验有什么影响？如何消除这些影响？

(2)反应完成后为什么要加入浓盐酸和冰水的混合液？

(3)在烷基化和酰基化反应中，三氯化铝的用量有何不同，为什么？

(4)若苯中含少量噻吩，对反应有何影响？

实验三十二　二苯基乙二酮的制备

二苯基乙二酮(diphenyl ethanedione)，也称联苯甲酰、苯偶酰、联苯酰、二苯酰。黄色菱形结晶，熔点为95℃～96℃，沸点为346℃～348℃，能溶于醇、醚、氯仿、乙酸乙酯、苯等，不溶于水。紫外光照射下，二苯基乙二酮裂解为自由基，引发聚合物链间交联，因此作为光引发剂用于聚合物的固化。碱性条件下，二苯基乙二酮发生二苯乙醇酸重排，酸化后得到二苯乙醇酸。作为有机合成中间体，用于合成杀虫剂等。最近的研究表明，二苯基乙二酮是羧酸酯酶的选择性抑制剂。

【实验目的】

学习由安息香制备二苯基乙二酮的合成方法。

【实验原理】

$$C_6H_5-\overset{O}{\overset{\|}{C}}-\overset{OH}{\overset{|}{C}H}-C_6H_5 \xrightarrow{FeCl_3} C_6H_5-\overset{O}{\overset{\|}{C}}-\overset{O}{\overset{\|}{C}}-C_6H_5$$

【主要试剂及产物物理常数】

名称	分子量	相对密度 d_4^{20}	熔点/℃	沸点/℃
安息香	212.24	1.219	135	194
二苯基乙二酮	210.22	1.084	95～96	347

【实验步骤】

在100 mL圆底烧瓶中加入10 mL冰乙酸、5 mL水及9.0 g $FeCl_3 \cdot 6H_2O$，装上回流冷凝管，在磁力搅拌下，缓慢加热至沸腾后停止加热，待沸腾平息后，加入2.12 g安息香，继续加热回流45～60 min，再加入50 mL水煮沸后，冷却反应液，有黄色固体析出。减压过滤，滤出固体，用冷水洗涤固体3次，得粗品约2.00 g，产率约为95%。粗品用75%的乙醇重结晶可得淡黄色结晶，产量为1.72 g，产率为82%。

【产品表征】

(1)测定产物的熔点,并与文献值对比(熔点为 94℃～95℃)。

(2)测定产物的 IR,并对特征吸收峰进行归属。

(3)测定产物的^{1}H NMR,并对核磁共振信号进行归属。

【思考题】

(1)本实验中,乙酸和氯化铁各起什么作用?

(2)本实验可以用 $KMnO_4$ 及重铬酸钠等氧化剂氧化吗?

4.7　羧酸的制备

羧酸是重要的有机化工产品。制备羧酸多用氧化法,烯、醇和醛等都可以通过氧化来制备羧酸,所用的氧化剂有重铬酸钾、高锰酸钾、硝酸、过氧化氢及过氧酸等。

制备脂肪族一元酸,可用伯醇为原料。由于羧酸不易继续氧化,又比较容易分离提纯,因此,在实验操作上比利用氧化反应由醇制备醛酮更简单。用重铬酸钾加硫酸使伯醇氧化时,因作为中间产物生成的醛容易与用作原料的醇生成半缩醛,则得到的产物中有较多的酯。

叔醇一般不易被氧化,仲醇氧化得酮,酮不能被弱氧化剂所氧化,但遇到强氧化剂 $KMnO_4$,HNO_3 等时则被氧化,这时碳链断裂生成多种碳原子数较少的羧酸混合物,一般不用于制备羧酸。环己酮是环状结构,氧化断链后得到单一产物己二酸,它是合成尼龙 66 的原料。

另外,羧酸衍生物如酯、酸酐、酰胺及腈的水解、格氏试剂或烃基锂与二氧化碳作用、卤仿反应,也是实验室制备羧酸常用的方法。

制备芳香族羧酸最重要的方法是芳烃的侧链氧化。芳环上的支链不论长短,只要 α-碳原子上有氢原子,经强烈氧化后最终都变成羧基。由于侧链氧化是从进攻与苯环相连的碳氢键开始的,所以叔丁基支链对氧化是稳定的。当芳环上存在卤素、硝基及磺酸基等基团时并不影响侧链的氧化;但当芳环上存在羟基和氨基时,分子将被大多数氧化剂破坏而得到复杂的氧化产物;含烷氧基和乙酰氨基芳香族化合物在侧链烷基的氧化时不受影响,并可得到高产率的羧酸。工业上大规模制备羧酸,大多采用催化氧化的方法,即在催化剂存在下,用空气做氧化剂来制备羧酸,如萘在五氧化二钒存在下,用空气直接氧化制备邻苯二甲酸酐,再经水解可以得到邻苯二甲酸。

氧化反应一般是放热反应,所以必须严格控制反应条件和反应温度,如果反应失控，不仅破坏产物，降低收率，有时还会发生爆炸的危险。

实验三十三 苯甲酸的制备

苯甲酸（benzoic acid），俗名安息香酸，无色、无味片状晶体。熔点为122.4℃，沸点为249℃。在100℃时迅速升华，其蒸气有很强的刺激性，吸入后易引起咳嗽。微溶于水，易溶于乙醇、乙醚等有机溶剂。苯甲酸及其钠盐是重要的食品防腐剂，在酸性条件下，对酵母和霉菌有抑制作用，对微生物有剧毒，对人体无害。苯甲酸及其钠盐除了做防腐剂外，还用于制造增塑剂、用作乳胶、牙膏、果酱或其他食品的抑菌剂、也可作染色和印色的媒染剂，聚酯聚合引发剂及香料等，甚至还用作钢铁设备的防锈剂。

最初苯甲酸由安息香胶干馏制得，也可由马尿酸水解制得。工业上苯甲酸是在钴、锰等催化剂存在下用空气氧化甲苯制得，或由邻苯二甲酸酐水解脱羧制得。

【实验目的】

（1）学习芳烃侧链氧化制备芳酸的原理和方法。

（2）掌握电动搅拌装置的安装与操作。

【实验原理】

$$C_6H_5CH_3 + 2KMnO_4 \longrightarrow C_6H_5COOK + KOH + 2MnO_2 + H_2O$$

$$C_6H_5COOK + HCl \longrightarrow C_6H_5COOH + KCl$$

【主要试剂及产物物理常数】

名称	分子量	相对密度 d_4^{20}	熔点/℃	沸点/℃	折光率 n_D^{20}
甲苯	92.14	0.87	−94.4	110.6	1.497
苯甲酸	122.12	1.26	122.4	249.2	1.504

【实验步骤】

在500 mL三口烧瓶的中口安装电动搅拌器、两个侧口分别安装回流冷凝管和温度计①。加入5.4 mL(4.6 g，0.05 mol)甲苯和180 mL水，打开冷却水，

① 温度计要插得低一些，但注意不要与搅拌桨碰擦。

加热至沸腾，从冷凝管上口分批加入 17 g(0.108 mol)高锰酸钾，再用 50 mL 水冲洗，搅拌下加热回流 3 h，氧化反应基本结束，停止加热。继续搅拌的条件下，从冷凝管上口小心地慢慢加入约 10 mL 饱和亚硫酸氢钠溶液，直到紫色褪去。预热布氏漏斗与吸滤瓶。将反应物趁热减压过滤，滤液保留，滤饼用 20 mL 热水洗涤，且洗涤液并入原先保留的滤液中。滤液转入烧杯中，置冷水浴中冷却。慢慢滴加 10～15 mL 浓盐酸，边滴加边用玻璃棒搅拌，此时有大量苯甲酸晶体析出，滴加至溶液呈酸性(pH＝3～5)为止。冷却至室温后减压过滤①，滤饼②用少量水洗涤，吸滤(并用玻璃钉挤压水分)，产品在红外灯下干燥后称重，回收，产量约为 3.5 g。若要得到纯净产物，可在水中进行重结晶。

【产物表征】

(1)测定产品的熔点。

(2)测定产品的红外光谱并对特征吸收峰进行归属(附苯甲酸的红外光谱)。

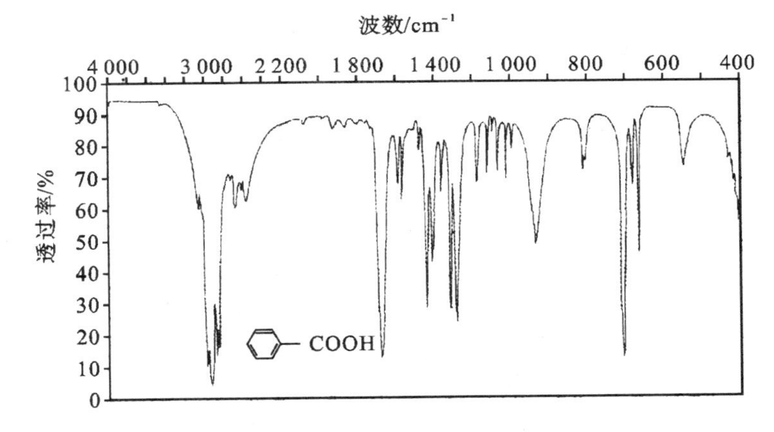

(3)测定产物核磁共振氢谱(附主要核磁数据)。

^{1}HNMR($CDCl_3$)：δ＝10.0(s,1H)，7.8～7.5(m,5H)。

【思考题】

(1)本实验为什么要使用电动搅拌装置?

(2)安装电动搅拌装置应注意哪些问题?

---

① 减压过滤。(a)滤纸应能盖住布氏漏斗的所有小孔并紧贴其上。(b)在吸滤瓶与水泵间无缓冲瓶时应特别注意过滤完成后拔去抽气的橡皮管，然后关水泵。(c)如果是热过滤，在过滤前应先将布氏漏斗与吸滤瓶浸在水浴内充分加热，使热过滤快速进行，防止在过滤时溶液冷却，结晶析出，造成操作困难和产品损失。

② 苯甲酸可用水做溶剂进行重结晶提纯。

(3)减压抽滤完成后为什么要先拔去抽气的橡皮管,然后关水泵?

(4)加饱和亚硫酸氢钠溶液的目的是什么?如果加入 5 mL 饱和亚硫酸氢钠溶液后反应液仍呈紫色,可能的原因是什么?此时应采取什么措施?

(5)两次减压抽滤的目的及操作的异同点是什么?

实验三十四　苯氧乙酸的制备

苯氧乙酸(phenoxyacetic acid),白色针状晶体,熔点为 98℃～99℃,沸点为 285℃。易溶于醇、苯、醚、二硫化碳和冰醋酸、水。它是合成除草剂、植物激素和中枢神经兴奋药、杀菌剂、染料、杀虫剂和其他有机物的中间体。在抗生素的制作中也有重要用途。在制药工业中是制备头孢、氯酯醒,特别是青霉素 V 的先导原料。

【实验目的】

学习通过亲核反应制备苯氧乙酸的原理及实验方法。

【实验原理】

$$2ClCH_2CO_2H + Na_2CO_3 \longrightarrow 2ClCH_2CO_2Na + CO_2$$

$$C_6H_5OH + NaOH \longrightarrow C_6H_5ONa + H_2O$$

$$C_6H_5ONa + ClCH_2CO_2Na \longrightarrow C_6H_5OCH_2CO_2Na + NaCl$$

$$C_6H_5OCH_2CO_2Na + HCl \longrightarrow C_6H_5OCH_2CO_2H + NaCl$$

【主要试剂及产物物理常数】

名称	分子量	相对密度 d_4^{20}	熔点/℃	沸点/℃	折光率 n_D^{20}
苯酚	94.11	1.057 6	43	182	1.541 8
乙醚	74.12	0.713 8	−116	35	1.352 6
一氯乙酸	94.50	1.350 0	62	188	1.433 0
苯氧乙酸	152.15	～	98～99	285	1.390 1

【实验步骤】

(1)一氯乙酸钠溶液的配制。

在通风橱内将3.8 g(0.04 mol)一氯乙酸和10 mL 15%氯化钠溶液依次加入到200 mL的烧杯中①。在搅拌下慢慢加入约2 g碳酸钠,加入速度以混合物温度不超过40℃为宜②(注意:一氯乙酸具有强刺激性和腐蚀性,量取应该在通风橱内进行。一氯乙酸能灼伤皮肤。若不慎触及皮肤,应立即用水清洗)。用饱和碳酸钠水溶液将反应混合液pH值调至7~8。

(2)苯酚钠的配制。

向100 mL三口烧瓶中加入1.2 g氢氧化钠和7.5 mL水,稍加振摇,待氢氧化钠完全溶解后,加入2.6 g苯酚,加热至45℃,搅拌,使苯酚溶解,冷却待用(注意:苯酚有腐蚀性,若不慎触及皮肤,应立即用肥皂和水冲洗,再用酒精棉擦洗)。

(3)苯氧乙酸的合成。

将配制好的一氯乙酸钠直接加入到盛有酚钠溶液的三口烧瓶中,用浓氢氧化钠溶液调至pH=12,三口烧瓶上配有搅拌器、回流冷凝管和温度计。开启搅拌器,缓慢加热,使反应温度保持在100℃~110℃之间,保温反应1 h③。

反应结束后,停止加热,待反应混合物稍冷却,用约11 mL 20%盐酸将混合物的pH值调至1~2,搅拌冷却至有结晶析出,过滤后得苯氧乙酸粗产品。粗产品可用20 mL 20%碳酸钠水溶液溶解,并转入分液漏斗中,加入10 mL乙醚,振荡、静置分层,分去乙醚层④。再用20%盐酸将水层酸化至pH=1~2,静置,用冰浴冷却结晶,抽滤后用少量冷水洗涤滤饼两次,干燥,得无色针状结晶,重约3.6 g。

【产物表征】

(1)测定产品的熔点(苯氧乙酸为无色针状结晶,熔点为98℃~99℃)。

(2)测定产品的红外光谱并对特征吸收峰进行归属(附苯氧乙酸的红外光谱图)。

---

① 加入食盐水有利于抑制氯乙酸水解。

② 中和反应温度超过40℃时,一氯乙酸易水解成羟乙酸。

③ 刚开始反应时,反应混合物pH为12,随着反应的继续,其pH逐步变小,直至pH值为7~8,反应即告结束。

④ 此步骤意在使产物变成盐溶液,让未反应而游离出来的少量酚溶于乙醚,然后加以分离。

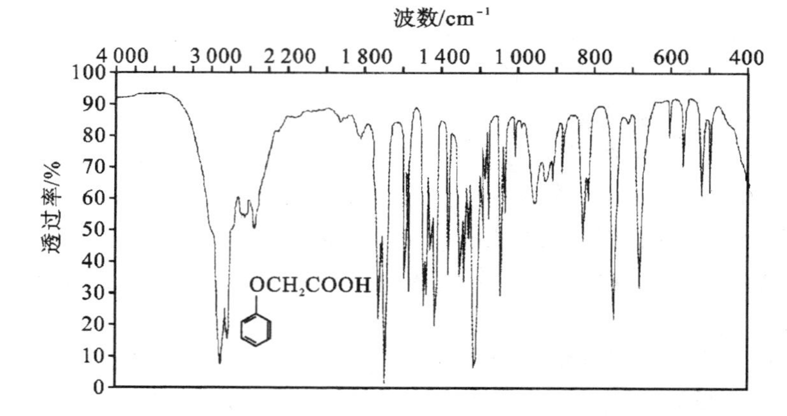

(3)测定产物的核磁共振谱并进行归属(附苯氧乙酸的核磁共振谱图)。

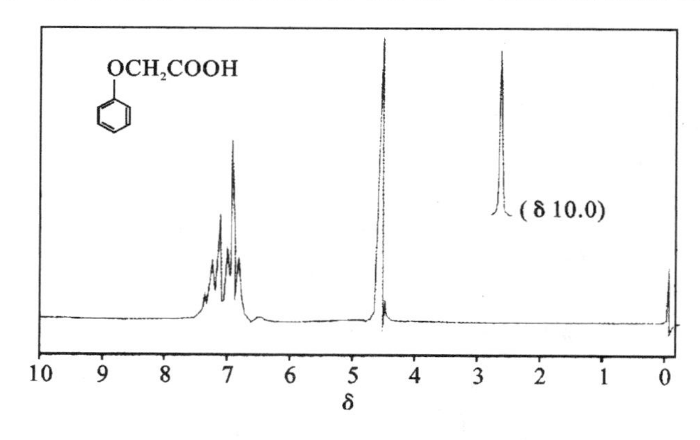

【思考题】

(1)以苯酚钠和一氯乙酸做原料制醚时,为什么要先使一氯乙酸成盐?可否用苯酚和一氯乙酸直接反应制备醚?

(2)用碳酸钠中和一氯乙酸时为何要加入食盐水?

(3)在苯氧乙酸合成过程中,为何 pH 值会发生变化,以 pH=7~8 作为反应终点的依据是什么?

实验三十五　二苯基羟基乙酸的制备

二苯基羟基乙酸(二苯乙醇酸)(diphenylhydroxyacetic acid 或 benzilic acid),白色固体,熔点为 149.5℃,可燃,燃烧产生刺激烟雾,是化学战剂——失能性毒剂毕兹(BZ)的前体。脂肪族、芳香族或杂环族的 α-二酮类化合物用强碱处理发生分子内重排形成 α-羟基酸。例如二苯基乙二酮(联苯酰)用 KOH-乙醇处理，发生重排，生成二苯基羟基乙酸，故此类反应称之为二苯基羟基乙酸重排。如果以 C_2H_5ONa 代替 KOH，则生成酯。当 α-二酮是环二酮时，重排可用作环缩小的一种方法。

【实验目的】

（1）学习由二苯基乙二酮制备二苯基羟基乙酸的合成方法。

（2）进一步熟悉回流、过滤等实验操作。

【实验原理】

$$C_6H_5\overset{O}{\overset{\|}{C}}\overset{O}{\overset{\|}{C}}C_6H_5 \xrightarrow{KOH} (C_6H_5)_2\underset{OH}{\underset{|}{C}}CO_2K \xrightarrow{H^+} (C_6H_5)_2\underset{OH}{\underset{|}{C}}CO_2H$$

【主要试剂及产物物理常数】

名称	分子量	相对密度 d_4^{20}	熔点/℃	沸点/℃
二苯基乙二酮	210.22	1.084	95	347
二苯基羟乙酸	228.25	～	150	180

【实验步骤】

在 100 mL 锥形瓶中，溶解 10 g 氢氧化钾①于 10 mL 水中，然后加入 10 mL 95％乙醇。混合均匀后，加入 4.0 g 二苯基乙二酮并振荡。溶液呈深紫色，待固体全部溶解。安装回流冷凝管，水浴上煮沸，加热过程即有固体析出。加热 15 min 后，在冰水中放置冷却 1 h，抽气过滤，用少量无水乙醇洗涤固体，得白色二苯基羟基乙酸钾盐。

将上述钾盐溶于 120 mL 水中，若有不溶物，过滤除去。然后，加入 6 mL 浓盐酸与 40 mL 水配成的盐酸溶液，即有白色结晶析出。经放置冷却后，抽气过滤，结晶用冷水洗涤几次。干燥后称重约 3.60 g(可用苯或体积比为 3∶1 的水-乙醇做溶剂重结晶进一步提纯)。

【产物表征】

（1）测定产物熔点(用苯重结晶，熔点为 148℃～149.5℃)。

---

① 重排反应亦可用 5 g 氢氧化钠进行。操作与氢氧化钾相同，只是回流加热和冷却后不出现钠盐结晶。可将反应物倾于 100 mL 水中，过滤除去不溶物后，用浓盐酸酸化至刚果红试纸变蓝，即有产品析出。其他操作与用氢氧化钾相同。

(2)测定产物的红外光谱。

(3)测定产物的核磁共振氢谱。

【思考题】

(1)反应溶液中,加入乙醇的作用是什么?

(2)第一次抽滤后,为什么用无水乙醇洗涤而不用水洗?

4.8 酰氯的制备

酰氯是羧酸的重要衍生物,绝大部分酰氯都可作为中间体使用,但由于它们的易水解和腐蚀性,多为现制备现使用。在酰氯中乙酰氯最常用。乙酰氯最常用的制备方法是用乙酸与氯化亚砜、三氯化磷、五氯化磷反应来制备。就生成物酰氯的纯度而言,以氯化亚砜较好,因为它不引进另外的杂质(副产物主要为气体),而且不易引起分子中其他基团的副反应,在药物合成中或高碳酰氯的制备中多用氯化亚砜,但是该方法成本较高。使用光气可以得到纯度更高的酰氯,但是由于光气的来源和安全问题,这种方法受到限制。制备低碳数的酰氯多用三氯化磷、五氯化磷,产物可以通过精馏来提纯,而且成本低。

实验三十六　乙酰氯的制备

乙酰氯(acetyl chloride),为无色发烟液体,有刺激性臭气,熔点为−112℃,沸点为51℃,溶于丙酮、醚、乙酸。乙酰氯易燃,其蒸气与空气可形成爆炸性混合物,遇明火、高热能引起燃烧爆炸。在空气中受热分解释放出剧毒的光气和氯化氢气体,遇水、水蒸气或乙醇剧烈反应甚至爆炸。其蒸气比空气重,能在较低处扩散到相当远的地方,遇明火会引燃。对皮肤及黏膜有强刺激性,对上呼吸道有刺激性,吸入后引起咳嗽、胸闷。口服引起口腔及消化道灼伤。

乙酰氯为农药和医药原料,是制作水处理剂亚乙基二磷酸的中间体,也用于制造新型电镀络合剂。乙酰氯还是重要的乙酰化试剂,广泛用于有机合成,染料制备,也是羧酸发生氯化反应的催化剂,还可用于羟基和氨基的定量分析。

【实验目的】

(1)了解酰氯的一般制备方法。

(2)掌握乙酸和三氯化磷反应制备乙酰氯的操作。

【实验原理】

本实验采用三氯化磷和乙酸反应制备乙酰氯。反应式:

$$3CH_3COOH + PCl_3 \longrightarrow 3CH_3COCl + H_3PO_3$$

【主要试剂试剂及产物物理常数】

名称	分子量	沸点/℃	n_D^{20}
乙酸	60.05	118	1.371 6
乙酰氯	78.50	51	1.389 0

【实验步骤】

在 100 mL 四口烧瓶上依次安装搅拌装置、滴液漏斗、球形冷凝管和温度计，冷凝管口上方与气体吸收装置相连，在反应瓶中加入 4 g(0.06 mol)冰醋酸，室温下在 15～20 min 内滴加 10 g(0.07 mol)三氯化磷[①]。反应放热，必要时要用冰水冷却，滴加完毕后缓慢开动搅拌，同时加热，在 40℃～45℃下反应 45 min。冷却后，将反应液移入 250 mL 分液漏斗中，分出下层亚磷酸副产物[②]。上层乙酰氯粗产品进行蒸馏[③]，收集 52℃～56℃的馏分。产量约为 4 g，产率为 80%。

【思考题】

(1)本实验对所用仪器有什么特殊要求?

(2)氯化试剂主要有哪些? 为什么本实验要选用三氯化磷作为氯化剂? 使用三氯化磷要注意些什么? 久置了的三氯化磷能否使用?

实验三十七　对-甲基苯磺酰氯的制备

对-甲基苯磺酰氯(p-toluene sulfochloride)，白色片状晶体，熔点为 71℃，沸点为 151.6℃，易溶于醇、醚和苯，不溶于水。对甲基苯磺酰氯是分散染料、冰染染料和酸性染料的中间体，也用于生产药物甲磺灭隆。

【实验目的】

(1)学习氯磺化反应的原理及实验方法。

(2)熟悉使用气体吸收装置及重结晶和减压蒸馏操作。

---

① 三氯化磷的用量一般要超过理论量，本实验有较多的氯化氢放出，应在通风柜进行，或有良好的气体吸收装置。

② 有时较难分层，需静置一段时间(20～30 min)。

③ 最好加一个分馏头，以免高沸物被带出。

【实验原理】

$$C_6H_5CH_3 + 2ClSO_3H \xrightarrow{0℃} o\text{-}CH_3C_6H_4SO_2Cl + p\text{-}CH_3C_6H_4SO_2Cl + H_2SO_4 + HCl$$

【主要试剂及物理常数】

名称	分子量	相对密度 d_4^{20}	熔点/℃	沸点/℃	折光率 n_D^{20}
氯磺酸	116.52	1.770	−80	158	～
甲苯	92.13	0.866	−95	111	1.494 1
对-甲苯磺酰氯	190.65	1.261	71	152(2.2 kPa)	～
邻-甲苯磺酰氯	190.65	1.338	10	126	1.556 5

【实验步骤】

在 100 mL 四口烧瓶上配置搅拌器、温度计、滴液漏斗、回流冷凝管及氯化氢气体吸收装置。向四口烧瓶中加入 13.3 g(约 7.5 mL)氯磺酸，并置反应瓶于冰浴中冷却至 0℃(注意：氯磺酸具有强腐蚀性，遇水会猛烈放热甚至爆炸，在空气中会冒出大量氯化氢气体。因此，反应装置和药品要充分干燥，操作时要当心，应在通风橱中进行)。

在搅拌下，自滴液漏斗向反应瓶中滴加 4.6 g(约 5.3 mL)无水甲苯①。滴速以保持反应温度不超出 5℃为宜(温度过高，会使生成的对-甲苯磺酰氯发生水解。控制滴速，充分搅拌，至关重要)。大约在 15 min 内滴完，继续在室温下搅拌 1 h②。然后在 40℃～50℃温水浴中加热搅拌，直至不再有氯化氢气体放出为止。

待反应液冷却至室温后，在通风橱内，边搅拌边将反应液慢慢倒入盛有 25 mL 冰水的烧杯中，再用 10 mL 冰水洗涤反应瓶，洗涤液并入烧杯中。然后用倾倒法倾出水层，将淡黄色油状液体分离出来，即得邻-甲苯磺酰氯和对-甲苯磺酰氯的混合物。用冰水对混合物洗涤两次后，将油状混合物置入−10℃～−20℃冰柜中冷却过夜。冷冻后，对-甲苯磺酰氯结晶从混合物中析出③，抽滤(最好用

① 甲苯沸点为 110.8℃，与水形成共沸物，在 84.1℃沸腾，含 81.4%甲苯。甲苯可以采用共沸蒸馏法进行干燥，把最初 20%的蒸馏液弃去即可。若含水量小，也可以通过加入无水氯化钙来干燥。

② 如果反应到此，再将反应物置于冰箱中过夜，有可能提高邻-甲苯磺酰氯的产率。

③ 有时由于对-甲苯磺酰氯在混合物中所占比例不高，其结晶不易析出，此时可以作为邻-甲苯磺酰氯粗品处理。

砂芯漏斗)，用少量冷水洗涤滤饼，再抽滤即得对-甲苯磺酰氯粗品。也可用石油醚(30℃～60℃)对产物作重结晶。滤液中主要含邻-甲苯黄酰氯，用氯仿将其萃取，萃取液经水洗涤后，分出有机相，用无水硫酸镁干燥。蒸除溶剂后，进行减压蒸馏①，收集126℃/1.33 kPa馏分可得到邻-甲苯黄酰氯约为4 g。可用石油醚(30℃～60℃)对产物作重结晶。

【产物表征】

(1)测定产品的熔点(对-甲苯磺酰氯为片状晶体，熔点为69℃～71℃)。

(2)测定产品的红外光谱并对特征吸收峰进行归属(附对-甲苯磺酰氯红外光谱图)。

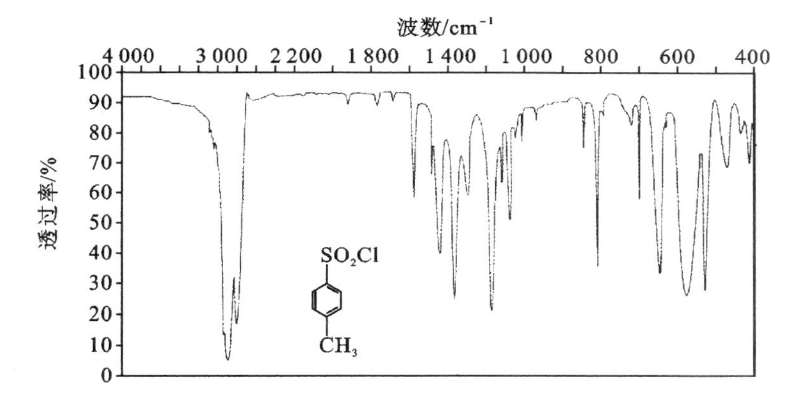

(3)测定产物的核磁共振谱并进行归属(附对-甲苯磺酰氯核磁共振谱图)。

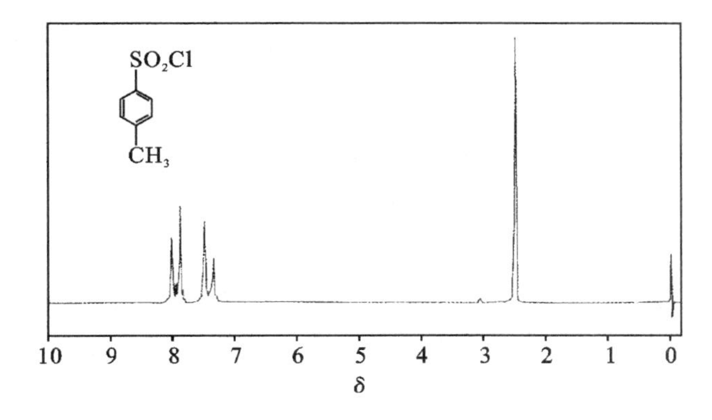

① 邻-甲苯磺酰氯在进行减压蒸馏前，一定要充分干燥，否则在高温条件下，邻-甲苯磺酰氯会发生水解。

【思考题】

(1)如果在磺化反应前,所加药品未作干燥,将对反应产生什么影响?

(2)在磺化反应结束后,为什么要将反应混合物倒入冰水中?

(3)本实验是基于什么原理来分离邻-甲苯磺酰氯、对-甲苯磺酰氯混合物?

4.9 酰胺的制备

制备酰胺常用的方法有羧酸铵盐的加热失水、羧酸衍生物的氨(胺)解、腈的控制水解等。脂肪胺的制备还常采用脂肪族醛、酮和芳香族醛、酮与羟胺作用生成肟,酮肟或醛肟在五氯化磷、硫酸、多聚磷酸、苯磺酰氯等酸性试剂作用下发生分子重排生成酰胺。这种由肟变成酰胺的重排反应叫做 Beckmann(贝克曼)重排。不对称的酮肟或醛肟进行重排反应时,总是处在肟羟基反式位置的烃基迁移到 N 原子上,即为反式迁移。在重排过程中,烃基的迁移与羟基的离去是同时发生的协同反应,反应是立体专一性的。

芳香族酰胺通常用伯或仲芳胺与酸酐或羧酸作用来制备,如乙酰苯胺可用苯胺与醋酸加热制备。此反应为可逆反应,加入过量醋酸,同时用分馏柱把反应过程中生成的水蒸出,以提高乙酰苯胺的产率。

芳胺的酰化在有机合成中有着重要的作用。作为一种保护措施,一级和二级芳胺在合成中通常被转化为他们的乙酰衍生物,以降低芳胺对氧化剂的敏感性,使其不被反应试剂破坏。同时,氨基经酰化后,降低了氨基在亲电取代反应(特别是卤化)中的活化能力,使其由很强的第Ⅰ类定位基变为中等强度的第Ⅰ类定位基,使反应由多元反应变为有用的一元取代;由于乙酰基的空间效应,往往选择性地生成对位取代产物。在某些情况下,酰化可以避免氨基与其他官能团基或试剂(如 RCOCl,RSO_2Cl,HNO_2等)之间发生不必要的反应。在合成的最后步骤,在酸或碱催化下水解使氨基重新游离出来。

芳胺可用酰氯、酸酐或与冰醋酸加热来进行酰化,使用的冰醋酸试剂易得,价格便宜,但需要较长的反应时间,适合规模较大的制备。乙酸酐一般来说是比酰氯更好的酰化试剂。用游离胺与纯乙酸酐进行酰化时,常伴有副产物二乙酰胺的生成。但如果在乙酸-乙酸钠缓冲溶液中进行酰化,由于酸酐的水解速度比酰化速度慢得多,可以得到高纯度的产物,但这一方法不适合硝基苯胺和其他碱性很弱的芳胺的酰化。

实验三十八　乙酰苯胺的制备

乙酰苯胺(acetanilide),为有光泽的鳞片结晶,有时成白色粉末。熔点为114.3℃,沸点为304℃。在乙醇、氯仿、丙酮和热水中易溶,在冷水中微溶,在石油醚中几乎不溶。乙酰苯胺呈弱碱性,遇酸或酸性水溶液分解成苯胺及乙酸,在空气中可燃。乙酰苯胺是制备磺胺类药物的中间体。

【实验目的】

(1)学习乙酰苯胺反应的原理和实验操作。

(2)学习微波加热技术的原理和实验操作方法。

【实验原理】

$$C_6H_5NH_2 + CH_3CO_2H \rightleftharpoons C_6H_5NHCOCH_3 + H_2O$$

【主要试剂及产物物理常数】

名称	分子量	相对密度 d_4^{20}	熔点/℃	沸点/℃	折光率 n_D^{20}
苯胺	93.13	1.02	−6.2	184.4	～
乙酸	60.05	1.05	16.7	118.1	1.371 6

不同温度下,乙酰苯胺在水中的溶解度数据

温度/℃	20	25	50	80	100
g/100 mL	0.46	0.56	0.84	3.45	5.5

【实验步骤】

在50 mL锥形瓶中加入新蒸馏过的苯胺5 mL(0.055 mol)、冰醋酸7.4 mL(0.13 mol)和锌粉0.1 g,安装分馏装置。用电热套缓缓加热至沸腾,调整电压保持柱顶温度105℃左右,加热40～60 min。当温度计读数上下波动,反应器中出现白雾时表明反应达到终点(接收瓶收集醋酸与水的总体积为2～3 mL),停止加热。将反应混合物趁热倒入盛有100 mL水的烧杯中,搅拌,冷却后析出粗乙酰苯胺固体。减压过滤,用10 mL水洗涤,抽干得粗乙酰苯胺。将粗乙酰苯胺放入盛有150 mL热水的烧杯中,加热至沸,若烧杯底部出现油状物,补加热水至油珠完全溶解。将烧杯移出热源，稍冷后加入 1 g 活性炭，煮沸 3 min，趁热减压过滤（布氏漏斗与吸滤瓶需预热），滤液转移到干燥的烧杯中，冷却析出结晶。冷却至室温后，减压过滤，得无色片状乙酰苯胺晶体，在红外灯下干燥产品，产量约为 5 g，回收，计算产率。

微波法实验①

在 25 mL 圆底烧瓶②中，加入 2 mL 苯胺、3 mL 乙酸，置于微波炉中，装上空气冷凝管，刺形分馏柱③，其上端装上一温度计，刺形分馏柱支管连接直形冷凝管并与接收瓶相连，接收瓶外部用冷水浴冷却。

将微波炉调至低挡，保持反应物微沸 5 min，然后调至中挡，当温度达 90℃时，有液体流出，然后使温度保持在 90℃～106℃之间，10 min 左右反应结束（收集水与醋酸体积量 0.9 mL 左右），生成的水及大部分多余的乙酸已被蒸出。在搅拌下趁热将反应物倒入 40 mL 冰水中，析出固体，冷却抽滤，用冷水洗涤。粗产物用水重结晶，产品为 1.8～2 g。

【产物表征】

（1）测定产品的熔点。

（2）测定产品的红外光谱并对特征吸收峰进行归属（附乙酰苯胺红外光谱图）。

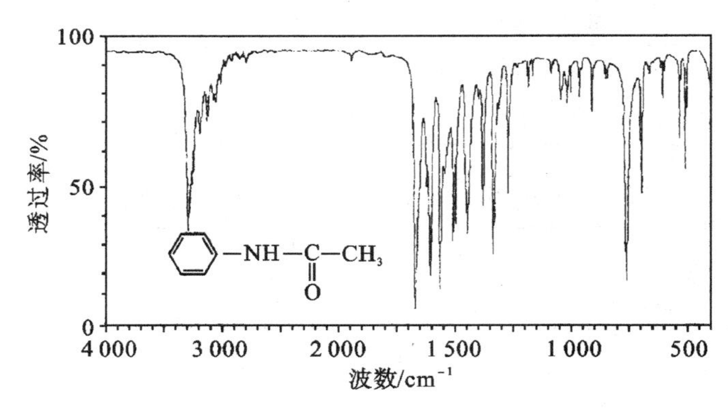

（3）测定产物核磁共振氢谱（附主要核磁数据）。

^{1}HNMR（$CDCl_3$）：δ=7.5～7.0（m，5H），2.1（s，3H）。

---

① 在微波条件下反应制备乙酰苯胺，可得纯度高、晶型好的产物。

② 烧瓶置于微波炉底部时，微波对反应物作用可能太强烈，使反应难于控制。因此可用 300 mL 烧杯将烧瓶托高，从而降低微波对反应物的作用。

③ 圆底烧瓶上加装短的刺形分馏柱，实验效果好。

【注意事项】

（1）久置的苯胺因氧化而颜色变深，会影响所制备的乙酰苯胺的质量。故最好用新蒸馏过的无色或浅黄色苯胺。为了防止苯胺在蒸馏过程中被氧化，蒸馏时可加入少许锌粉。

（2）本实验加入锌粉的作用是防止苯胺在反应过程中被氧化，但必须注意，不能加的过多，否则后处理过程中会出现不溶于水的氢氧化锌。

（3）反应物冷却后，会立即析出固体产物，粘在瓶壁上不易处理，故应趁热在搅拌下倒入冷水中，以除去过量的醋酸及未作用的苯胺（它可成为苯胺醋酸盐而溶于水）。

（4）粗乙酰苯胺进行重结晶时，在热水中加热至沸腾，若仍有未溶解的油珠，应补加水至油珠消失。油珠是熔融状态下的含水乙酰苯胺（83℃时含水13%），如果溶液温度在83℃以下，溶液中未溶解的乙酰苯胺以固态存在。

（5）本实验重结晶时水的用量需控制，最好使溶液在80℃左右为饱和状态。

（6）重结晶时，沸腾的溶液应稍冷后再加入活性炭，直接向沸腾的溶液中加入活性炭会引起暴沸。

【思考题】

（1）进行重结晶实验时，取得怎样的结果才算是好结果？重结晶最合适的溶剂应具备哪些性质？

（2）在重结晶实验中如果发生了下述情况，对重结晶的结果会有什么影响？①溶解时使用了过量的溶剂；②抽滤得到的晶体，在干燥前没有用新鲜的冷溶剂洗涤；③抽滤得到的晶体，在干燥前用新鲜的热溶剂洗涤；④脱色时不慎使用了过量的活性炭；⑤产品是从油状物固化凝块后经过粉碎得到的，而油状物是从热溶液中析出的；⑥将盛有热溶液的锥形瓶或烧杯立即放入冰水中快速冷却。

（3）回答下列问题：①本实验中采取哪些措施来提高乙酰苯胺的产率？②加热溶解待重结晶粗产物时，为何先加入比计算量略少的溶剂，然后渐渐添加至恰好溶解，最后再多加少量溶剂？③为什么活性炭要在固体物质完全溶解后加入？又为什么不能在溶液沸腾时加入？

（4）常用的乙酰化试剂有哪些？哪一种较经济？

实验三十九　己内酰胺的制备

己内酰胺（caprolactam），白色鳞片状晶体，熔点为68℃～70℃，沸点为270℃，溶于水，溶于乙醇、乙醚、氯仿等多数有机溶剂，有吸潮性。

己内酰胺主要用于制取聚己内酰胺树脂(尼龙-6),聚己内酰胺90%用于生产合成纤维和人造革等,10%用于制造塑料,也广泛用于制造塑料齿轮、轴承、管材、医疗器械及电气绝缘材料、涂料等,少量也用作医药原料。

应用贝克曼重排反应可以合成一系列酰胺,环己酮肟重排生成己内酰胺具有重要的工业意义。

【实验目的】

(1)学习 Beckmann(贝克曼)重排的反应机理。

(2)巩固减压蒸馏的各步操作。

【实验原理】

O + NH_2OH ⟶ N—OH + H_2O

N—OH ⟶($85\%H_2SO_4$) N—OH_2^+ ⟶($-H_2O$) $N{=}C^+$

⟶(NH_4OH) N=C—OH ⟶(重排) NH—C=O

【主要试剂及产物物理常数】

名称	分子量	熔点/℃	沸点/℃
环己酮肟	113.16	89～90	206～210
己内酰胺	113.18	68～70	270

【实验步骤】

(1)环己酮肟的合成。

在250 mL的锥形瓶中,依次加入9.8 g(0.141 mol)盐酸羟胺、14 g醋酸钠、30 mL水,加热到35℃～40℃,每次2 mL分批加入10.5 mL(10 g,0.1 mol)环己酮,边加边摇振,此时有固体析出。加完环己酮后,盖上瓶口,再摇振2～3 min,环己酮肟呈白色粉末结晶析出。冷却后,抽滤,用少量水洗涤固体,烘干固体,得到环己酮肟11.2 g,收率约为99%。

(2)己内酰胺的合成。

在500 mL烧杯[1]中,加入10 g(0.088 mol)环己酮肟和20 mL 85%的硫酸,用玻璃棒搅拌使反应物混合均匀。在烧杯中放置一支200℃的温度计,小心慢慢加热烧杯,当开始有气泡生成时(约120℃),立即移去热源,此时发生强烈的放热反应,温度很快自行上升(可达160℃),反应在几秒钟内完成。

稍冷却后,将此溶液倒入250 mL三口烧瓶中。三口烧瓶上装有搅拌器、温度计和筒形滴液漏斗,在冰盐浴中冷却。当溶液温度下降至0~5℃时,不断搅拌下小心滴入20%的氨水[2],控制温度在10℃以下,以免己内酰胺在温度较高时发生水解,直至溶液恰好对石蕊试纸呈碱性(pH≈8,通常需要加约60 mL 20%的氨水,约在1 h内加完)。

粗产物倒入分液漏斗,分去水层。有机层转入50 mL圆底烧瓶,进行减压蒸馏,收集127℃~133℃/0.93 kPa(137℃~140℃/1.6 kPa或140℃~147℃/1.87 kPa)的馏分。馏出物在接收瓶中固化成无色结晶,熔点为68℃~70℃,产量为5~6 g,产率为50%~60%。己内酰胺易吸潮,应储存在密闭容器中。本实验需要4~5 h。

【产物表征】

(1)测定产品的熔点。

(2)测定产品的红外光谱并对特征吸收峰进行归属(附己内酰胺红外光谱图)。

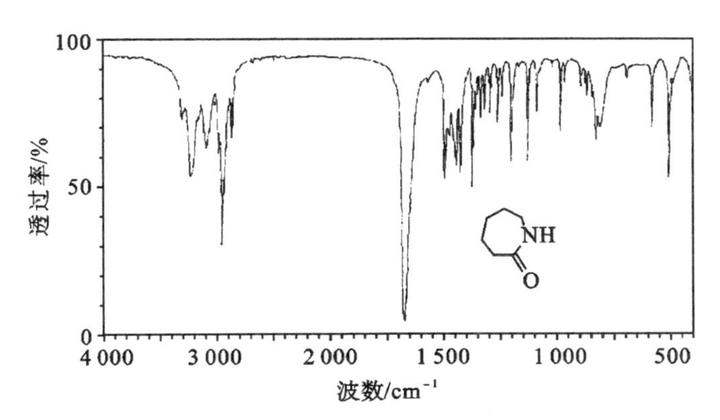

(3)测定产物核磁共振氢谱(附主要核磁数据)。

---

① 由于重排反应进行得很激烈,故用大烧杯以利于散热,使反应缓和。环己酮肟的纯度对反应有影响。

② 用氨水进行中和反应时,开始要加得很慢,因此时溶液较黏稠,反应放热很多,而且散热较慢,否则温度突然升高,发生副反应,影响收率和产品质量。

$^{1}HNMR(CDCl_3)$：δ=3.2(t,2H),2.4(t,2H),1.5(m,4H)。

【思考题】

(1)顺式甲基乙基酮肟($H_3C-C(=N-OH)-C_2H_5$)经 Beckmann 重排得到什么产物?

(2)某肟发生 Beckmann 重排得到一化合物($C_3H_7-C(=O)-NHCH_3$)，试推测该肟的结构?

(3)产品最后进行蒸馏时，用什么冷凝管?

4.10 酯的制备

羧酸酯是一类用途十分广泛的化合物。它可由多种方法进行制备，最典型的是羧酸和醇在催化剂存在下直接酯化的方法，还有用酰氯、酸酐和腈的醇解，有时也可利用羧酸盐与卤代烷或硫酸酯的反应。酸催化的直接酯化是工业和实验室制备羧酸酯最重要的方法，常用的催化剂有硫酸、磷酸、干燥氯化氢、对甲苯磺酸和固体酸等。

在实践中，提高反应收率常用的方法是除去反应中形成的水，特别是在大规模的工业制备中。在某些酯化反应中，醇、酯和水之间可以形成二元或三元恒沸物，也可以在反应体系中加入能与水、醇形成恒沸物的第三组分，如苯、甲苯等，通过水分离器除去反应中不断生成的水，达到提高酯产量的目的，这种酯化方法，一般称为共沸酯化。

酯化反应的速率明显地受羧酸和醇结构的影响，特别是空间位阻。随着羧酸 α 及 β 位取代基数目的增多，反应速度可能变得很慢甚至完全不起反应。一般来说，醇的反应活性是：伯醇＞仲醇＞叔醇；酸的反应活性是 $RCH_2COOH > R_2CHCOOH > R_3CCOOH$。对于位阻大的羧酸最好先转化为酰氯，然后再与醇反应制备其相应的酯，或利用羧酸盐与卤代烷反应制备。

实验四十　乙酸乙酯的制备

乙酸乙酯(ethyl acetate)，无色易挥发液体，有水果香味。熔点为−83.6℃，折光率(20℃)为 1.370 8～1.373 0，沸点为 77.1℃。微溶于水，溶于醇、酮、醚、氯仿等多数有机溶剂，与水或乙醇都能生成二元共沸混合物，与水的共沸混合物的沸点是70.4℃，与乙醇的共沸混合物的沸点是71.8℃，与水和乙醇还可以形成三元共沸混合物，沸点为70.2℃。

乙酸乙酯可由乙酸、乙酸酐或乙烯酮与乙醇反应制得，也可在乙醇铝的催化下由两分子乙醛反应制备。乙酸乙酯在酯类化合物中，应用最广，是硝酸纤维素、乙基纤维素、乙酸纤维素和氯丁橡胶的快干溶剂，也是工业上使用的低毒性溶剂，还可用作纺织工业的清洗剂和天然香料的萃取剂，也是制药工业和有机合成的重要原料。乙酸乙酯还是食用香精中用量较大的合成香料之一，大量用于调配香蕉、梨、桃、菠萝、葡萄等香型食用香精。

【实验目的】

(1)学习酯化反应的基本原理和实验方法。

(2)巩固回流、干燥、蒸馏等操作。

【实验原理】

本实验采用由乙酸和乙醇在浓硫酸的催化下反应制备乙酸乙酯。反应式如下：

$$CH_3COOH + CH_3CH_2OH \xrightleftharpoons{H_2SO_4} CH_3COOC_2H_5 + H_2O$$

【主要试剂及产物的物理常数】

试剂名称	分子量	沸点/℃	折光率 n_D^{20}	相对密度 d_4^{20}
乙酸	60.05	117.9	1.436	1.049 2
乙酸乙酯	88.11	77.1	1.371 9	0.894 6

【实验步骤】

(1)常量实验。

在100 mL圆底烧瓶中，加入9.5 g(12 mL，0.20 mol)95%乙醇、6 mL(0.1 mol)冰醋酸、2.5 mL浓硫酸和几粒沸石，不断摇动，使其混合均匀。装上回流冷凝管。缓慢加热①回流30 min。把回流装置改成蒸馏装置，接收瓶用冷水冷却，加热蒸出瓶中1/2体积的液体。

在不断振摇下，将饱和碳酸钠溶液(约10 mL)慢慢加到馏出液中，直到无二氧化碳气体②逸出为止。馏出液移入分液漏斗中，分去水层。有机层先用5 mL

① 温度过高会增加副产物乙醚的含量。

② 调节到石蕊试纸检验不显酸性。

饱和食盐水①洗涤，再用 5 mL 饱和氯化钙溶液洗涤两次后，移入干燥的锥形瓶中，用适量的无水硫酸镁干燥。将粗产品滤入干燥的圆底烧瓶中，安装好蒸馏装置进行蒸馏，收集 73℃～78℃的馏分②。得乙酸乙酯约为 4.2 g，产率为 48%。本实验需 6～8 h。

（2）小量实验。

在 50 mL 圆底烧瓶中，加入 4.8 g(6 mL，0.1 mol)无水乙醇和 3.8 mL 冰醋酸，再加入 1.6 mL 浓硫酸及两粒沸石，同时，不断摇动，使其混合均匀。烧瓶上安装回流冷凝管，用电热套以较低的电压加热，使溶液保持微沸，回流约 30 min 后，改为蒸馏装置。加热蒸出瓶中约 2/3 的液体。

在不断振摇下，将饱和碳酸钠溶液（约 3.8 mL）慢慢加到馏出液中，直到无二氧化碳气体逸出为止。馏出液移入分液漏斗中，分去水层。有机层先用 5 mL 饱和食盐水洗涤，再用 5 mL 饱和氯化钙溶液和水各洗涤一次，分去水层，有机层移入干燥的三角瓶中，用适量的无水硫酸镁干燥 0.5～1 h。将干燥好的粗产品滤入干燥的圆底烧瓶，安装好蒸馏装置进行蒸馏，收集 73℃～78℃的馏分。产量为 2.0～2.8 g，产率为 35%～50%。

因此，当粗产品中含有水、醇时，使沸点降低，前馏分增加，影响产率。

【思考题】

（1）从反应原理上看，实验中采取了哪些提高产率的措施？

（2）用饱和碳酸钠水溶液洗去的是什么杂质？饱和氯化钙水溶液洗去什么杂质？饱和食盐水洗涤的目的何在？

（3）不用硫酸镁干燥，改用无水氯化钙可以吗？为什么？

（4）若反应温度过高会有什么副产物生成？

---

① 每 17 份水可溶解 1 份乙酸乙酯，为减少酯的损失，并除去碳酸钠，要先用饱和食盐水洗涤。

② 乙酸乙酯可与水、醇形成二元、三元共沸物，其组成及沸点见下表：

共沸点	共沸物组成/%		
	乙酸乙酯	乙醇	水
70.2	82.6	8.4	9
70.4	91.9	～	8.1
71.8	69.0	31.0	～

实验四十一　乙酸异戊酯的制备

乙酸异戊酯(isopentyl acetate)，无色透明液体，有较强的新鲜果香，稍甜，有类似熟香蕉、生梨和苹果样的气味。熔点为−78℃，沸点为142℃。不溶于水和甘油，可混溶于乙醇、乙醚、苯、乙酸乙酯、二硫化碳等多数有机溶剂。

乙酸异戊酯天然存在于苹果、香蕉、可可豆、咖啡豆、葡萄、桃子、梨子和菠萝等水果中，用于调味、制革、人造丝、胶片和纺织品等加工工业。还可用于香皂、合成洗涤剂等日化香精配方中，但主要用于食用香精配方中，可调配香蕉、苹果、草莓等多种果香型香精。乙酸异戊酯是重要的溶剂，能溶解硝化纤维素、甘油三松香酸酯、乙烯树脂、蓖麻油等，还用于制造染料、人造珍珠和青霉素的提取等方面。

【实验目的】

学习酯化反应原理，掌握以羧酸和醇做原料在酸催化下制备酯的方法。

【实验原理】

$$CH_3COOH + HOCH_2CH_2CH(CH_3)CH_3 \xrightarrow{H^+} CH_3COOCH_2CH_2CH(CH_3)CH_3 + H_2O$$

【主要试剂及产物的物理常数】

名称	分子量	相对密度 d_4^{20}	熔点/℃	沸点/℃	折光率 n_D^{20}
异戊醇	88.15	0.813	−117	132	1.401 4
冰醋酸	60.05	1.049	17	118	1.371 6
乙酸异戊酯	130.19	0.867	−78	142	1.400 3

【实验步骤】

将10 mL异戊醇和10 mL冰醋酸加入到50 mL干燥的圆底烧瓶中，在振摇下缓缓加入2.5 mL浓硫酸，再投入几粒沸石，安装回流冷凝管，加热回流1 h(注意：加入浓硫酸时反应液会放热，应小心振荡，使热量迅速扩散)。

停止回流后，冷却，将反应混合物倒入分液漏斗。用少量冷水洗涤反应瓶，洗涤液也倒入分液漏斗。振摇分液漏斗，静置分层①，分出水层。

有机层用先用水洗一遍，再用等体积的10%碳酸钠水溶液洗涤至中性②后，再用饱和食盐水洗涤一遍（注意：用碳酸钠水溶液洗涤时会产生二氧化碳气体，振摇时不要剧烈，并留意放气）。分去水层，将酯层转入锥形瓶，用无水硫酸镁干燥。粗产物经过滤转入圆底烧瓶，蒸馏收集138℃～142℃馏分。称重并计算产率。

【产物表征】

（1）测定产品的折光率。

（2）测定产品的红外光谱并对特征吸收峰进行归属（附乙酸异戊酯红外光谱图）。

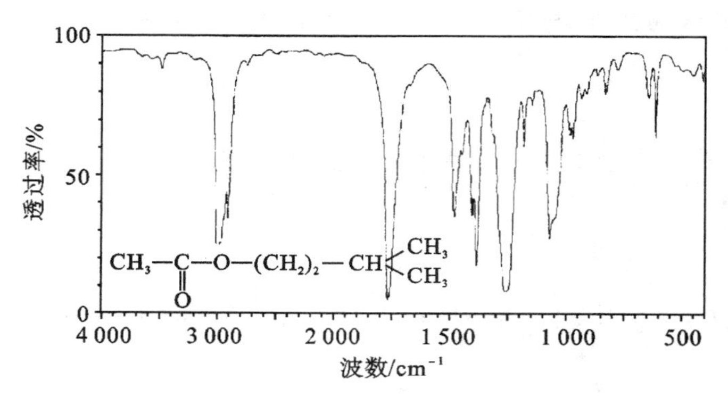

（3）测定产物核磁共振氢谱（附主要核磁数据）。

$^1HNMR(CDCl_3)$：δ=4.1(s,3H)，2.1(t,2H)，1.5(m,1H)，1.0(d,4H)。

【思考题】

（1）本实验方案与酯化反应实验通法有何不同？如果反应瓶潮湿含水，会对酯化反应产生什么影响？

（2）如何使酯化反应不断朝正向移动？试参照酯化反应实验方法，另设计一个乙酸异戊酯的合成方案。

实验四十二　乙酰乙酸乙酯的制备

乙酰乙酸乙酯（ethyl acetoacetate），无色或淡黄色的澄清液体，沸点为

---

① 如果两相分层困难，可以向分液漏斗中加入10 mL饱和食盐水，振摇后静置分层。

② 一定要将有机相洗涤至中性，否则，在蒸馏过程中易发生分解。

181℃，闪点为 80℃。微溶于水，与乙醇、丙二醇及油类可互溶。有刺激性和麻醉性，中等毒性。遇明火、高热或接触氧化剂有发生燃烧的危险。

乙酰乙酸乙酯有醚样和苹果似的香气，广泛应用于食用香精中，主要用以调配苹果、杏、桃等食用香精。在制药工业用于制造氨基比林、维生素 B 等。在染料工业用做合成染料的原料和用于电影基片染色。在有机工业用做溶剂和合成有机化合物的原料。

【实验目的】

（1）学习用 Claisen 酯缩合制备乙酰乙酸乙酯的原理和方法。

（2）巩固减压蒸馏、分液和洗涤等基本操作。

【实验原理】

含有 α-活泼氢的酯在碱性催化剂存在下，能与另一分子的酯发生 Claisen 酯缩合反应，生成 β-羰基酸酯。乙酰乙酸乙酯就是通过这个反应来制备的。其反应式如下：

$$2CH_3\overset{\overset{O}{\|}}{C}OC_2H_5 \xrightleftharpoons{C_2H_5ONa} CH_3\overset{\overset{O}{\|}}{C}CH_2\overset{\overset{O}{\|}}{C}OC_2H_5+C_2H_5OH$$

【主要试剂及产物物理常数】

试剂名称	分子量	沸点/℃	折光率 n_D^{20}	相对密度 d_4^{20}
乙酸	60.05	118	1.436 0	1.049 2
乙酸乙酯	88.11	77	1.371 9	0.894 6
甲苯	92.13	111	1.494 1	0.866 7
乙酰乙酸乙酯	130.15	181	1.419 4	1.028 2

【实验步骤】

在干燥的 100 mL 圆底烧瓶中，加入无水甲苯 10 mL 和金属钠 1.3 g，装上回流冷凝管，冷凝管上口装氯化钙干燥管。加热回流至金属钠熔融，停止加热，待回流停止后拆除冷凝管，然后用橡皮塞塞紧烧瓶，按住塞子用力来回振摇，使得金属钠成小珠状。放置片刻待钠珠沉至瓶底后，将甲苯倾倒至回收瓶中，并迅速加入乙酸乙酯 14 mL，重新装上冷凝管并在上口装上氯化钙干燥管。反应立即开始，并能看到有氢气气泡逸出；如不反应或反应很慢，可缓缓加热，保持反应液微沸，直至金属钠全部作用完毕（约 1.5 h），此时生成的乙酰乙酸乙酯钠盐为橘红色透明溶液（有时可能会析出黄白色沉淀）。

将反应物冷却，振摇下小心滴加约 8 mL 50%的醋酸水溶液直至呈微酸性（pH＝5～6）。这时固体全部溶解。将反应液移入分液漏斗中，加入等体积的饱和食盐水进行洗涤。分出有机层，用无水硫酸钠干燥。干燥后滤入 50 mL 干燥的圆底烧瓶中，先用普通蒸馏蒸去乙酸乙酯和甲苯，再减压蒸馏收集乙酰乙酸乙酯。乙酰乙酸乙酯的沸点压力关系见注意事项 3 中表格。产品为 3.0～4.0 g，回收，计算产率。

【产物表征】

（1）测定产品的折光率。

（2）测定产品的红外光谱并对特征吸收峰进行归属（附乙酰乙酸乙酯红外光谱图）。

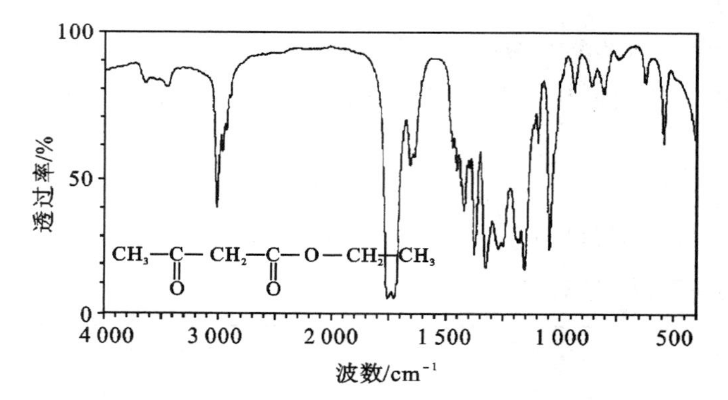

（3）测定产物的核磁共振氢谱并对吸收峰进行归属（附乙酰乙酸乙酯核磁共振氢谱图）。

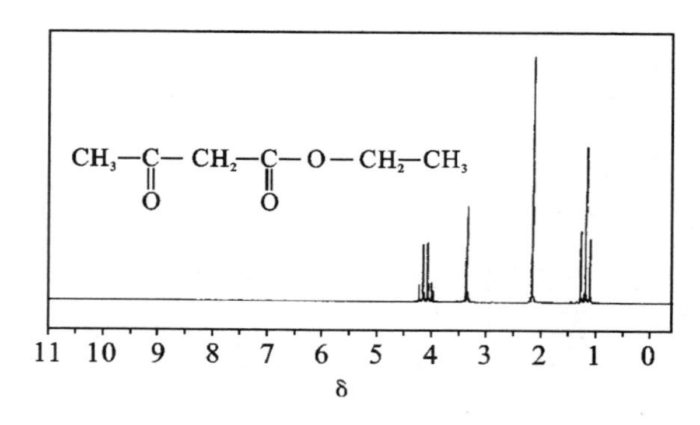

【注意事项】

（1）金属钠遇到水剧烈反应，所以使用时应严格防止与水接触。此外在称量和切碎过程中也要迅速，以免与空气中的水汽作用或被氧化。

(2)乙酸乙酯必须绝对干燥无水,其提纯方法为:将新领取的乙酸乙酯用烘焙过的无水碳酸钾干燥,再蒸馏收集76℃～78℃的馏分。

(3)乙酰乙酸乙酯的沸点-压力数据如下:

压力/kPa	101.1	10.6	7.98	5.32	3.99	2.66	2.39	1.86	1.6
沸点/℃	181	100	97	92	88	82	78	74	71

【思考题】

1. 反应的催化剂是什么?
2. 反应结束后为什么要加醋酸酸化?加入过量醋酸有什么不好?
3. 粗产物用什么干燥剂干燥?
4. 粗产物用什么方法提纯?
5. 反应过程中有时会有少量黄色固体生成,这些固体是什么?
6. 洗涤时加入饱和NaCl溶液的目的何在?

实验四十三　乙酰水杨酸的制备

乙酰水杨酸(aspirin),俗名阿司匹林,又称醋柳酸。白色针状或板状结晶或结晶性粉末,微带酸味,熔点为135℃。在干燥的空气中稳定,遇潮湿则缓慢水解成水杨酸和醋酸。微溶于水,溶于乙醇、乙醚、氯仿。可用浓硫酸或浓磷酸作为催化剂由水杨酸和醋酐作用制得。

阿司匹林是历史悠久的解热镇痛药,它诞生于1899年3月6日。早在1853年雷德里克·热拉尔(Gerhardt)就用水杨酸与醋酐合成了乙酰水杨酸,但没能引起人们的重视;1898年德国化学家菲霍夫曼又进行了合成,并为他父亲治疗风湿关节炎,疗效极好;1899年由德莱塞介绍到临床,并取名为阿司匹林(aspirin)。到目前为止,阿司匹林已应用百年,成为医药史上三大经典药物之一,至今它仍是世界上应用最广泛的解热、镇痛和抗炎药,也是作为比较和评价其他药物的标准制剂。阿司匹林在体内具有抗血栓的作用,它能抑制血小板的释放反应,抑制血小板的聚集,在临床上还用于预防心脑血管疾病的发作。

【实验目的】

(1)学习以酚类化合物做原料制备酯的原理和实验方法。

(2)巩固重结晶操作技术。

【实验原理】

主反应:

$$\text{C}_6\text{H}_4(\text{OH})(\text{CO}_2\text{H}) + (\text{CH}_3\text{CO})_2\text{O} \xrightarrow{\text{H}^+} \text{C}_6\text{H}_4(\text{OCOCH}_3)(\text{CO}_2\text{H}) + \text{CH}_3\text{CO}_2\text{H}$$

副反应：

$$\text{C}_6\text{H}_4(\text{OH})(\text{CO}_2\text{H}) \xrightarrow{\text{H}^+} \text{—O—C}_6\text{H}_4\text{—C(=O)—O—C}_6\text{H}_4\text{—C(=O)—O—C}_6\text{H}_4\text{—C(=O)—O—} + \text{H}_2\text{O}$$

【主要试剂及产品物理常数】

名称	分子量	相对密度 d_4^{20}	熔点/℃	沸点/℃	折光率 n_D^{20}
乙酸酐	102.09	1.08	−73	139	1.390 4
水杨酸	138.12	1.44	159	211	～
乙酰水杨酸	180.16	1.35	135	～	～

【实验步骤】

在干燥的 125 mL 锥形瓶中加入 2 g 干燥的水杨酸、5 mL 乙酸酐①和 5 滴浓硫酸，充分摇动，使水杨酸全部溶解，装上回流冷凝管，在水浴上加热，控制温度在 80℃～85℃。15 min 后，稍冷却，有乙酰水杨酸结晶析出，在不断搅拌下加入 50 mL 水，用冷水冷却。使晶体析出完全，抽滤，用适量冷水洗涤晶体。

将抽滤后的粗产物转入 150 mL 烧杯中，在搅拌下加入 25 mL 饱和碳酸氢钠水溶液②，加完后继续搅拌几分钟，直至无二氧化碳产生，抽滤，滤出副产物聚合物，并用 10 mL 水冲洗漏斗，合并滤液，倒入预先盛有 4 mL 浓盐酸和 10 mL 水的烧杯中，搅拌均匀，有乙酰水杨酸晶体析出，将烧杯用冰水冷却，使结晶完全，抽滤，用冷水洗涤结晶。将结晶转移至表面皿，干燥后称重约 1.5 g，熔点为 135℃③。

为了得到更纯的产品，可用乙酸乙酯进行重结晶。本实验约需 4 h。

---

① 乙酸酐应是新蒸的。

② 乙酰水杨酸与碳酸氢钠反应生成水溶性钠盐，而副产物聚合物则不能溶于碳酸氢钠水溶液。

③ 乙酰水杨酸受热易分解，因此熔点不是很明显，它的分解点为 128℃～135℃，测定熔点时，应先将热载体加热至 120℃左右，然后放入样品测定。

【产物表征】

(1)取几粒结晶加入盛有5 mL水的试管中溶解，加入1～2滴1%三氯化铁溶液，观察有无颜色变化，从而判定产物中有无未反应的水杨酸。

(2)测定产品的熔点。(纯乙酰水杨酸为白色针状结晶，熔点为135℃～136℃)。

(3)测定产品的红外光谱并对特征吸收峰进行归属(附乙酰水杨酸的红外光谱图)。

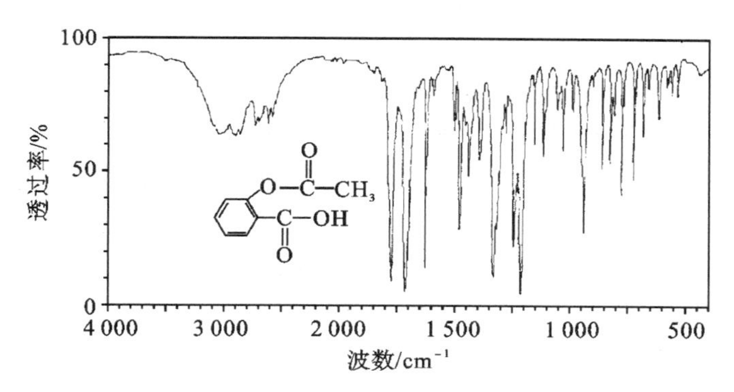

(4)测定产物核磁共振氢谱(附主要核磁数据)。

^{1}HNMR($CDCl_3$)：δ=10.0(s,1H)，8.0～7.0(m,4H)，2.3(s,3H)。

【思考题】

(1)在水杨酸与乙酸酐的反应过程中，浓硫酸起什么作用?

(2)纯的乙酰水杨酸不会与三氯化铁溶液发生显色反应。然而，在乙醇-水混合溶剂中经过重结晶的乙酰水杨酸，有时反而会与三氯化铁溶液发生显色反应，这是什么缘故?

(3)水杨酸与乙酸酐的反应结束后，如果不采用碳酸氢钠成盐、盐酸酸化的方法分离聚合物杂质，你能否另拟定一个分离纯化的方案?

4.11 胺的制备

胺的制备方法主要有：硝基化合物的还原、卤代物和氨或胺的反应(包括Gabriel合成法)、醛酮的还原胺化、腈的还原、酰胺的还原、酰胺的Hofmann降解反应等。

芳香族硝基化合物在酸性介质中还原制备胺，原料易得，是制备芳香族伯胺最常用的方法。硝基化合物的还原还可用催化氢化，或用金属-酸还原。常用的化学还原剂有铁-盐酸、铁-醋酸、锡-盐酸、锌-盐酸等。在酸性介质中得到的胺是以铵盐的形式存在；加碱就可以使胺游离出来，再用水蒸气蒸馏把胺从反应混合物中分离出来。胺的粗产物中常常混有少量未反应的硝基化合物，此时可利用胺的碱性将胺和硝基化合物分开。催化氢化是在金属催化剂的存在下，硝基化合物的醇溶液在氢气中振荡，即可把硝基化合物还原成胺。脂肪族硝基化合物原料难得，一般不用于制备胺。

卤代物的氨解通常用于脂肪族化合物，氨解有生成各类胺的混合物的缺点。如果卤代芳烃的芳环上连有强的吸电子基团时，可用氨解制备相应的芳胺化合物。

醛酮的还原胺化是醛酮和氨或胺得反应产物被还原的反应，可以很好地利用这类反应制备多种脂肪族或芳香族胺类化合物。

腈经过催化氢化可制备相应的伯胺。酰胺用氢化锂铝还原可把分子中的羰基还原成亚甲基，得到相应的胺。酰胺的 Hofmann 降解反应是在强碱性条件下用卤素处理酰胺得到比原料少一个碳的胺，这也是制备伯胺的一个常用的方法。利用腈的还原合成胺具有增长碳链的特点，利用酰胺的 Hofmann 降解反应制备胺则具有缩短碳链的特点。

实验四十四　苯胺的制备

苯胺(aniline)，无色油状液体。熔点为－6.3℃，沸点为 184.4℃，加热至 370℃分解。稍溶于水，易溶于乙醇、乙醚等有机溶剂。暴露于空气中或日光下变为棕色，蒸馏提纯时加入少量锌粉以防氧化。提纯后的苯胺可加入 $NaBH_4$，以防氧化变质。苯胺是重要的化工原料，主要用于医药和橡胶硫化促进剂，也是制造树脂和涂料的原料。

【实验目的】

(1)学习硝基还原为氨基的基本原理和方法，掌握铁粉还原法制备苯胺的实验操作。

(2)进一步熟悉并掌握回流、水蒸气蒸馏、萃取等实验技能。

【实验原理】

$$C_6H_5NO_2 \xrightarrow[CH_3CO_2H]{Fe} C_6H_5NH_2$$

【主要试剂及产物物理常数】

名称	分子量	相对密度 d_4^{20}	熔点/℃	沸点/℃	折光率 n_D^{20}	溶解度		
						水(25℃)	乙醇	乙醚
硝基苯	123.11	1.203 7	5.7	210.8	1.552 9	0.2	易溶	∞
苯胺	93.13	1.022	−6.3	184.4	1.586 3	3.5	∞	∞

【实验步骤】

(1)常量实验。

在一个 250 mL 圆底烧瓶中，放置 16.3 g 铁粉(40～100 目)、20 mL 水和 1.6 mL 乙酸，用力振摇使其充分混合①。安装回流冷凝管，微微加热使之微沸 5 min②。稍冷，分批加入 10 g 硝基苯，由于反应放热，每次加入硝基苯时，均有一阵猛烈的反应发生，每次加完后要进行振荡，使反应物充分混合③。加完后，慢慢加热回流 0.5～1 h，并不断振荡，以使还原反应完全④，此时，冷凝管回流液应不再呈现黄色。

将反应液进行水蒸气蒸馏，直到溜出液澄清为止⑤。约收集 100 mL。分离出有机层，水层用食盐饱和后(30～50 g)⑥，每次用 10 mL 乙醚萃取 3 次。合并有机层和乙醚萃取液，用固体 NaOH 干燥⑦。将干燥好的有机溶液进行蒸馏，水浴加热蒸出乙醚，再用油浴加热收集 180℃～185℃的馏分⑧。产量为 5～6 g，产

---

① 反应物内的硝基苯、盐酸互不相溶，而这两种液体与固体的铁粉接触机会又少，因此，充分的振摇是使还原作用顺利进行的操作。

② 该步骤主要作用是活化铁。铁与乙酸作用生成乙酸铁，这样做可缩短反应时间。

③ 反应强烈放热，足以使溶液沸腾。若引起暴沸，应准备好冷水浴随时冷却。

④ 硝基苯为黄色油状物，如果回流液中黄色油状物消失而转变为乳白色油珠，表明反应已经完成。也可用滴管吸取少量反应液于试管中，加几滴浓盐酸，观察是否有黄色油珠下沉。如果回流冷凝器内壁沾有黄色油珠，可用少量水冲下，再继续反应一段时间。还原反应必须完全，否则，残留的硝基苯很难分离。

⑤ 苯胺毒性较大，极需小心处理。它很容易透过皮肤吸收，引起青紫。一旦触及皮肤，先用水冲洗，再用肥皂和温水洗涤。

⑥ 在 20℃时，每 100 mL 水可溶解苯胺 3.4 g，为了减少苯胺的损失，根据盐析原理，加入氯化钠使溶液饱和，则溶于水中的苯胺就可成油状析出，浮于饱和盐水之上。

⑦ 由于氯化钙能与苯胺形成分子化合物，所以用无水硫酸钠做干燥剂，也可以用固体氢氧化钠、氢氧化钾或无水碳酸钠做干燥剂。

⑧ 新蒸馏的苯胺为无色油状液体，当暴露在空气中或受光照射时，颜色变暗。

率为 69%～74%。本实验需 6～8 h。

(2)半微量实验。

在 15 mL 圆底烧瓶中，放置 3 g 还原铁粉、2 mL 水及 0.5 mL 冰醋酸，充分混合后，装上回流冷凝管，用小火加热煮沸约 10 min。稍冷后，从冷凝管顶端分批加入 1.5 mL 硝基苯，每次加完后要用力摇振，使反应物充分混合。由于反应放热，每次加入硝基苯时，均有一阵猛烈的反应发生。加完后，将反应物加热回流 0.5 h，并不时摇动，使反应完全。此时，冷凝管回流液应不再呈现黄色。

将反应瓶改为水蒸气蒸馏装置，进行水蒸气蒸馏至馏出液变清，将馏出液转入分液漏斗，分出有机层，水层用食盐饱和后每次用 5 mL 乙醚萃取 2 次。合并苯胺层和醚萃取液，用粒状氢氧化钠干燥。

将干燥后的苯胺醚溶液用分液漏斗分批加入 10 mL 干燥的圆底烧瓶中，先在水浴上蒸去乙醚，残留物用空气冷凝管油浴加热蒸馏，收集 180℃～185℃馏分，产量约为 1 g。本实验需 3～5 h。

【产物表征】

(1)测定产品的折光率。

(2)测定产品的红外光谱并对特征吸收峰进行归属(附苯胺的红外光谱图。)

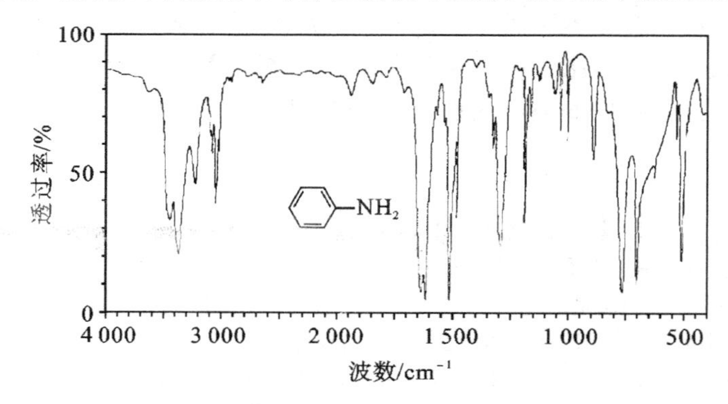

(3)测定产物核磁共振氢谱(附主要核磁数据)。

$^1HNMR(CDCl_3)$：δ=7.5～6.5(m,5H)，2.2(s,2H)。

【思考题】

(1)如果以盐酸代替醋酸，则反应后要加入饱和碳酸钠至溶液呈碱性后，才进行水蒸气蒸馏，这是为什么？本实验为何不进行中和？

(2)有机物质必须具备什么性质，才能采用水蒸气蒸馏提纯，本实验为何选择水蒸气蒸馏法把苯胺从反应混合物中分离出来？

(3)在水蒸气蒸馏完毕时，先停止加热，再打开 T 形管下端弹簧夹，这样做行吗？为什么？

（4）如果最后制得的苯胺中含有硝基苯，应如何加以分离提纯？

实验四十五　间硝基苯胺的制备

间硝基苯胺（3-Nitroaniline），黄色结晶或粉末，可溶于水、乙醇、乙醚、甲醇，并在以上溶剂中的溶解度依次降低。间硝基苯胺主要用做有机合成中间体，可做冰染染料橙色基 R 和制取色酚 AS-BS。将间硝基苯胺与环氧乙烷进行羟乙基化，可制备 3-硝基-N，N-二乙醇基苯胺。

【实验目的】

掌握由间硝基苯合成间硝基苯胺的方法。

【实验原理】

$$Na_2S + NaHCO_3 \longrightarrow NaHS + Na_2CO_3$$

$$4\,C_6H_4(NO_2)_2 + 6NaHS + H_2O \longrightarrow 4\,C_6H_4(NO_2)NH_2 + 3Na_2S_2O_3$$

【主要试剂及产物物理常数】

名称	分子量	相对密度 d_4^{20}	熔点/℃	沸点/℃
甲醇	32.04	0.79	−98	65
间二硝基苯	168.11	1.57	90	291
间硝基苯胺	138.12	1.74	114	286（分解）

【实验步骤】

（1）硫氢化钠溶液的制备。

在 250 mL 烧杯中配置 12 g 结晶硫化钠①溶于 25 mL 水的溶液。充分搅拌下，向溶液中分 2 批加入 4.2 g 粉末状碳酸氢钠。碳酸氢钠完全溶解后，搅拌下慢慢加入 30 mL 甲醇，并将烧杯在冰水中冷却至 20℃以下，这时析出水合碳酸钠沉淀。静置 15 min 后，减压过滤出碳酸钠结晶，每次用 5 mL 甲醇洗涤滤饼 3 次。滤液备用②。

① 商品供应的硫化钠含结晶水，容易吸潮，用完药品要严密封口。

② 硫氢化钠溶液不稳定，制好要立即使用。

(2)间硝基苯胺的制备。

在 250 mL 圆底烧瓶中溶解间二硝基苯于 40 mL 热甲醇溶液中，装上回馏冷凝管。磁力搅拌下从冷凝管顶端加制好的硫氢化钠溶液，加热回流 20 min 后[①]改蒸馏装置，蒸出大部分甲醇。剩余的残液在搅拌下倒入盛 150 mL 冷水的烧杯中，立即析出间硝基苯胺的黄色晶体。减压抽滤，用少量水洗涤结晶体，干燥后得粗产物为 3～3.5 g，熔点为 108℃～102℃（粗产品可以用 75%乙醇水溶液重结晶）。

【思考题】

(1)本实验结束后，为什么要蒸出甲醇？

(2)如何由间硝基苯胺合成下面化合物：

①间硝基苯酚　②间氟苯胺　③3,3-二硝基联苯

4.12　有机人名反应

4.12.1　Perkin 反应

芳香醛和酸酐在碱性催化剂作用下，可以发生类似羟醛缩合的反应，生成 α,β-不饱和芳香醛，称为 Perkin 反应。

$$\rangle C{=}O + (RCH_2CO)_2O \xrightarrow{\text{碱}} \rangle C{=}\underset{\underset{R}{|}}{C}{-}CO_2H$$

催化剂通常是相应酸酐的羧酸钾或钠盐，有时也可用碳酸钾或叔胺代替。典型的例子就是肉桂酸的制备。

实验四十六　肉桂酸的制备

肉桂酸，其英文为 3-Phenylacrylic acid 或 Cinnamic acid 或 3-Phenyl-2-propenoic acid，反式肉桂酸的熔点为 133℃，顺式异构体熔点为 68℃。顺式异构体不稳定，在较高温度下很容易转变为热力学更稳定的反式异构体。反式肉桂酸微溶于水，可以以任意比例溶于苯、丙酮、乙醚、冰乙酸、二硫化碳等溶剂中。

肉桂酸本身就是一种香料，具有很好的保香作用，通常作为配香原料，可使主香料的香气更加清香。肉桂酸的各种酯（如甲、乙、丙、丁等）都可用做定香剂，

① 如果硫氢化钠由硫化钠和碳酸氢钠制备，在甲醇热溶液中会出现少量碳酸钠沉淀，由于它在下面的步骤溶于水，不必马上除去。

用于饮料、冷饮、糖果、酒类等食品。肉桂酸是生产冠心病药物“心可安”的重要中间体，在农用塑料和感光树脂等精细化工产品的生产中也有着广泛的应用。

【实验目的】

(1)通过肉桂酸的制备学习 Perkin 反应原理及实验方法。

(2)进一步巩固回流、水蒸气蒸馏、重结晶等实验技能。

【实验原理】

将苯甲醛和乙酸酐混合后，在碳酸钾的存在下加热，发生缩合反应，再脱水生成目标产物肉桂酸。碱的作用是促使酸酐的烯醇化，生成乙酸酐碳负离子，接着碳负离子与芳醛发生亲核加成，再经 β 消去产生肉桂酸盐，最后经酸化得到肉桂酸。

反应式为：

$$C_6H_5CHO + (CH_3CO)_2O \xrightarrow{K_2CO_3} C_6H_5CH{=}CHCO_2H + CH_3CO_2H$$

【主要试剂及产物物理常数】

名称	分子量	相对密度 d_4^{20}	熔点/℃	沸点/℃	折光率 n_D^{20}	溶解度		
						水(25℃)	乙醇	乙醚
肉桂酸	148.16	1.247 5	133	300	～	0.1	～	～
苯甲醛	106.13	1.042	−26	178	1.054 6	0.3	∞	∞
乙酸酐	102.09	1.082	−74	140	1.390 1	～	～	∞

【实验步骤】

(1)常量实验。

在 100 mL 圆底烧瓶中放入 2.5 mL 新蒸馏过的苯甲醛①、7 mL(0.036 mol)新蒸馏过的乙酸酐②以及研细的 3.5 g 无水碳酸钾③，加热回流 45 min。由于有二氧化碳放出，初期有泡沫产生。

冷却反应混合物，加入约 20 mL 水浸泡几分钟，用玻璃棒或不锈钢刀轻轻

---

① 苯甲醛放久了，由于自动氧化而生成较多量的苯甲酸，这不但影响反应的进行，而且苯甲酸混在产品中不易除干净，将影响产品的质量。故本反应所需的苯甲醛要事先蒸馏，截取 170℃～180℃馏分供使用。

② 乙酸酐放久了因吸潮和水解将转变为乙酸，故本实验所需的乙酸酐必须在实验前进行重新蒸馏。

③ 用碳酸钾代替乙酸钾，反应时间可缩短。碳酸钾的作用是与乙酸酐中微量乙酸作用生成乙酸钾，起催化作用的仍是乙酸钾。

捣碎瓶中的固体,用水蒸气蒸馏,直至无油状物蒸出为止。将烧瓶冷却后,加入10%氢氧化钠溶液 20 mL,以保证所有的肉桂酸成钠盐而溶解,抽滤。将滤液倾入 250 mL 烧杯中,冷却至室温,在搅拌下小心用浓盐酸酸化至刚果红试纸变蓝,冷却结晶。抽滤析出的晶体,用少量冷水洗涤沉淀,让粗产品在空气中晾干,产量约为 4 g。粗产品可用热水或 3∶1 的水-乙醇重结晶。本实验约需 4 h。

(2)半微量实验。

用移液管分别量取 0.6 mL 新蒸馏过的苯甲醛和 1.8 mL 新蒸馏过的乙酸酐至 10 mL 圆底烧瓶中,并加入 0.82 g 研碎的无水碳酸钾,在 140℃～180℃的油浴中回流 20 min(也可将烧瓶置于微波炉中,装上回流装置,在微波输出功率为 450 W 下辐射 8 min)

反应结束,冷却反应物,将反应物倒入装有 10 mL 水的 25 mL 烧杯中,用碳酸钠中和至溶液呈碱性,然后加入少量活性炭加热 5 min,趁热过滤,滤液用浓盐酸酸化至使刚果红试纸变蓝,冷却。待晶体全部析出后抽滤,并以少量冷水洗涤沉淀,抽干后,粗产品在 80℃烘箱中烘干,产量约为 0.36 g。粗产品可用体积比为 3∶1 的水-乙醇溶液重结晶。本实验需 2～3 h。

【产物表征】

(1)测定肉桂酸的熔点。

(2)测定肉桂酸的红外光谱并对特征吸收峰进行归属(附肉桂酸的红外光谱图)。

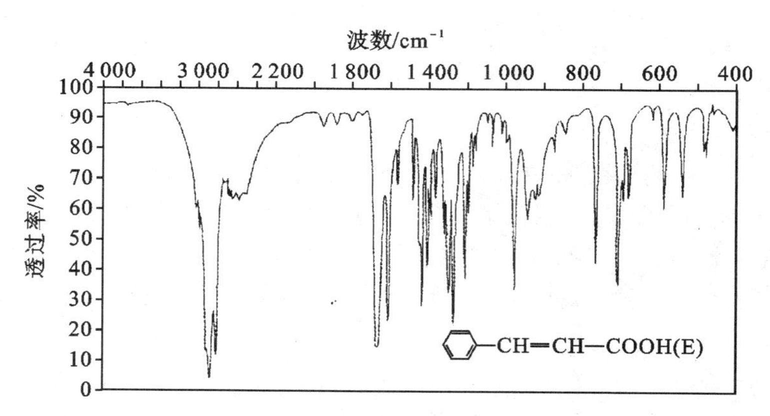

(3)测定产物核磁共振氢谱(附主要核磁数据)。

^{1}HNMR($CDCl_3$):δ=10.0(s,1H),7.8～7.2(m,5H),2.1(s,3H)。

【思考题】

(1)具有何种结构的醛能发生 Perkin 反应?若用苯甲醛与丙酸酐发生 Perkin 反应，其产物是什么？

(2)在实验中，如果原料苯甲醛中含有少量的苯甲酸，这对实验结果会产生什么影响？应采取什么样的措施？

(3)水蒸气蒸馏的目的是什么？蒸馏馏分中会有哪些组分？

(4)用浓盐酸酸化时改用浓硫酸行吗？

4.12.2　安息香反应

安息香是由苯甲醛在热的氰化钾或氰化钠的乙醇溶液中反应得到的产物，由于它相当于两分子醛缩合在一起的产物，故该反应称为安息香缩合。

$$2\ C_6H_5CHO \xrightarrow{CN^-} C_6H_5\overset{\overset{O}{\|}}{C}-\overset{\overset{OH}{|}}{C}H-C_6H_5$$

实验四十七　安息香的制备

安息香(styracaceae)，又称苯偶姻、二苯乙醇酮或 2-羟基-2-苯基苯乙酮，无色晶体。熔点为 137℃，沸点为 344℃(102.1 kPa)，溶于丙酮、热乙醇，微溶于水。安息香分子中含有羰基和羟基两种官能团，可分别进行该两种基团的反应。安息香经钠汞齐还原可生成氢化安息香，用锌和盐酸还原可得去氧安息香。安息香可用作生产聚酯树脂的催化剂，并可用于生产润湿剂、乳化剂和药品。

【实验目的】

(1)学习在维生素 B_1 的催化下，用无水乙醇做溶剂制备安息香的方法。

(2)了解安息香缩合反应及其机理。

【实验原理】

苯甲醛在氰化钠(钾)的作用下，分子间发生缩合反应生成二苯基羟乙酮：

$$C_6H_5CHO + CN^- \rightleftharpoons C_6H_5\overset{\overset{O^-}{|}}{\underset{\underset{CN}{|}}{C}}-H \rightleftharpoons C_6H_5\overset{\overset{OH}{|}}{\underset{\underset{CN}{|}}{C^-}}$$

$$\xrightleftharpoons{C_6H_5CHO} C_6H_5\overset{\overset{OH}{|}}{\underset{\underset{CN}{|}}{C}}-\overset{\overset{O^-}{|}}{\underset{\underset{H}{|}}{C}}C_6H_5 \rightleftharpoons C_6H_5\overset{\overset{O^-}{|}}{\underset{\underset{CN}{|}}{C}}-\overset{\overset{OH}{|}}{\underset{\underset{H}{|}}{C}}C_6H_5$$

$$\rightleftharpoons C_6H_5\overset{\overset{O}{\|}}{C}-\overset{\overset{OH}{|}}{\underset{\underset{H}{|}}{C}}C_6H_5 + CN^-$$

反应的原子利用率高达100%，但使用的催化剂KCN有剧毒，催化剂改成维生素B_1后，这个反应更符合绿色化学的要求。

维生素B_1是一种辅酶，其结构如下：

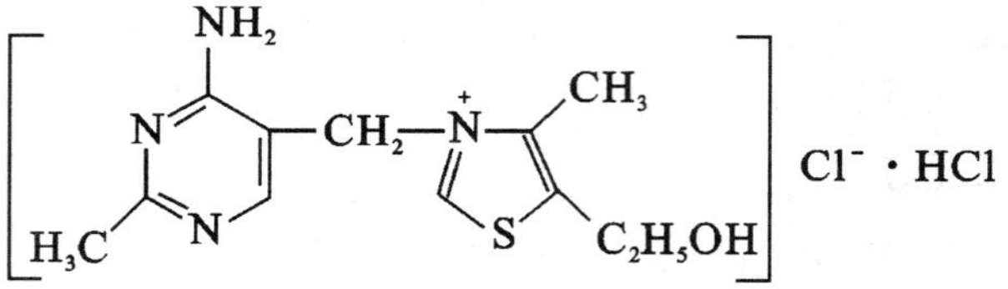

$\left[\begin{array}{c}\text{NH}_2, \text{CH}_3, \text{N}, \text{CH}_2\text{—}\overset{+}{\text{N}}, \text{H}_3\text{C}, \text{N}, \text{S}, \text{C}_2\text{H}_5\text{OH}\end{array}\right]\text{Cl}^- \cdot \text{HCl}$

在化学反应中，噻唑环C_2上的质子由于受氮和硫原子的影响，具有明显的酸性，在碱的作用下，质子容易被除去，产生的负碳离子作为反应中心，形成苯偶姻。反应过程是：

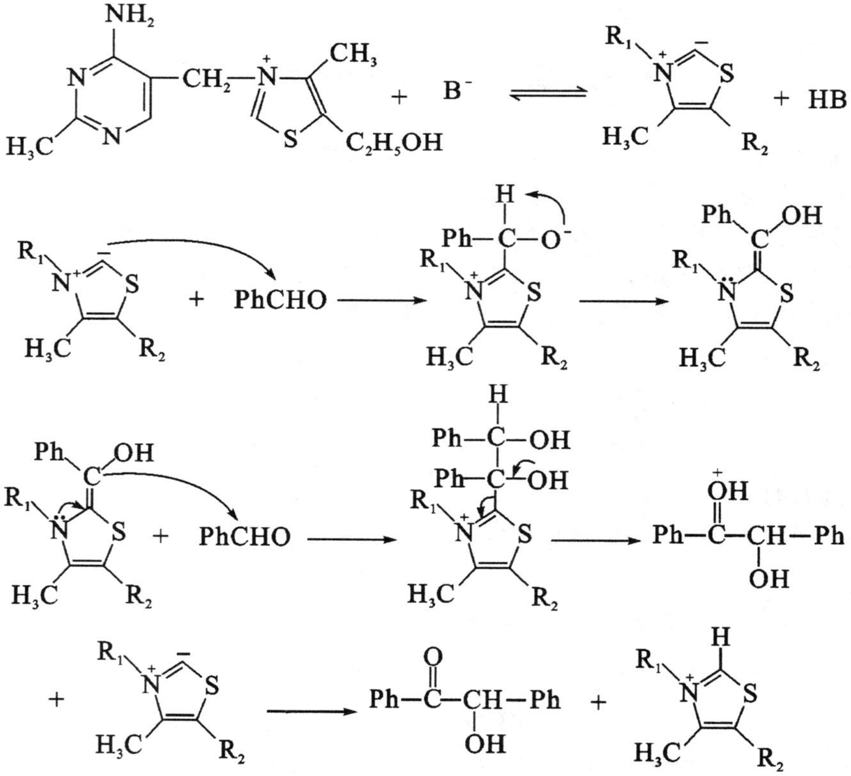

NH₂ CH₃ N CH₂—N⁺ H₃C N S C₂H₅OH + B⁻ ⇌ R₁ N⁺ S H₃C R₂ + HB

R₁ N⁺ S H₃C R₂ + PhCHO ⟶ H Ph—C—O⁻ R₁ N⁺ S H₃C R₂ ⟶ Ph C OH R₁ N̈ S H₃C R₂

Ph C OH R₁ N̈ S H₃C R₂ + PhCHO ⟶ H Ph—C—OH Ph—C—OH R₁ N⁺ S H₃C R₂ ⟶ Ph—C(=O⁺H)—CH(OH)—Ph

+ R₁ N⁺ S H₃C R₂ ⟶ Ph—C(=O)—CH(OH)—Ph + H R₁ N⁺ S H₃C R₂

【主要试剂及产物物理常数】

名称	分子量	相对密度 d_4^{20}	熔点/℃	沸点/℃	折光率 n_D^{20}	溶解度		
						水(25℃)	乙醇	乙醚
安息香	212.25	1.310	137	344	～	微溶	～	～
苯甲醛	106.13	1.042	—26	178	1.054 6	0.3	∞	∞

【实验步骤】

(1)常量实验。

在100 mL圆底烧瓶中加入研细的1.8 g维生素$B_1$①、5 mL水和15 mL乙醇，振荡至完全溶解，将烧瓶置于冰水浴中冷却。同时量取5 mL 10%氢氧化钠溶液于50 mL锥形瓶中，也置于冰水浴中充分冷却②。然后，在冰浴冷却和磁力搅拌下将冷的氢氧化钠溶液在10 s内加到维生素B_1溶液中，使pH值为9～10，这时溶液为黄色③。去掉冰水浴，加入10 mL新蒸馏的苯甲醛④，装上回流冷凝管，在65℃～85℃水浴下加热，在搅拌下反应90 min。这时混合液呈橘黄色或橘红色均相溶液(切勿将混合液加热到剧烈沸腾)。将反应混合液冷却至室温，析出浅黄色结晶体。将烧瓶置于冰水浴中冷却，使结晶完全。若产物呈油状析出，应重新加热使其成为均相溶液，再慢慢冷却重新结晶。抽滤⑤，用50 mL冷水分两次洗涤结晶。粗产物用95%乙醇重结晶。得到白色针状结晶，产量约为6 g，熔点为134℃～136℃⑥。本实验约需4 h。

(2)半微量实验。

称取88 mg维生素B_1放入3 mL试管中，加入0.60 mL 95%乙醇和0.33 mL水，振荡至完全溶解。将该试管与盛有10%氢氧化钠溶液的试管都放在冰

---

① 维生素B_1的质量对本实验影响很大，应使用新开瓶的或密封的、保管良好的，已变质的不能使用；用不完的应尽快密封，储于阴凉处。

② 至少在冰水浴中冷却10 min。

③ 维生素B_1在酸性条件下是稳定的，但易吸水，在水溶液中易被空气氧化，遇光和铜、铁、锰等金属离子则可加速氧化；在碱性溶液中维生素B_1的噻唑环易开环从而失去催化能力。

④ 苯甲醛必须是当天新蒸馏的。

⑤ 如滤液中有油珠，可将滤液倒回原瓶，重新加热，结晶。结晶不完全将会严重影响产率。

⑥ 熔点高低与结晶形状有关，如很好的针状结晶，熔点在135℃～136℃，如形成细碎的针状结晶，则熔点在134℃～135℃。

水浴中充分冷却。用 1 mL 刻度滴管吸取 0.25 mL 10%氢氧化钠溶液加入已冷却的盛维生素 B_1 的试管中，再立即加入 0.25 mL 苯甲醛。盖上塞子后剧烈振荡，形成浅黄色或棕黄色乳浊液。放置后试管底部会有黄色油状物析出，需继续剧烈振荡。这样反复振摇多次，至静置后无油状物析出为止。放置过夜会有针状结晶析出，此时可放到冰水浴中进一步冷却使结晶完全。抽滤，用 0.15 mL 水分两次洗涤沉淀，抽干。将产物在红外灯下烘干，得到白色针状结晶体约为 0.15 g。

【产物表征】

（1）测定产物的熔点。

（2）测定产物的红外光谱并对特征吸收峰进行归属（附安息香的红外光谱图）。

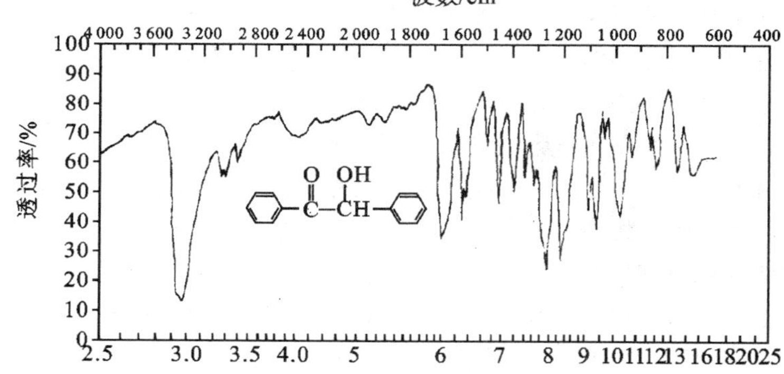

（3）测定产物核磁共振氢谱（附主要核磁数据）。

^{1}HNMR($CDCl_3$)：δ=8.0～7.8(m,5H)，7.5～7.2(m,5H)，2.3(s,3H)。

【思考题】

（1）为什么苯甲醛中可能含有苯甲酸？苯甲醛在使用前应如何处理？

（2）为什么碱的用量是实验的关键？碱性过强或过弱对实验有什么影响？

4.12.3 康尼查罗反应

康尼查罗（S. Cannizzaro），意大利著名的化学家，他在研究苯甲醛及其特征反应的时候，把苯甲醛与碳酸钾一起加热时，苯甲醛特有的苦杏仁气味很快消失。产物与原来的苯甲醛完全不同，甚至气味也变得好闻了。他对反应混合物进行定量分析，先把反应混合物分成一个个组分，然后，再测定每种组分的含量。几天后，竟得出意料之外的结果：在反应过程中，碳酸钾的量没有改变，即碳酸钾只起催化剂的作用。再进一步分析得知产物中既有苯甲酸，又有苯甲醇。1853 年，康尼查罗公布了他的研究成果，人们把这种没有 α-氢原子的醛在强碱的作用下发生分子间氧化还原反应生成羧酸和醇的反应称为 Cannizzaro 反应。反应通式可表示为：

$$2RCHO \xrightarrow{浓碱} RCH_2OH + RCOOH$$

实验四十八　呋喃甲醇和呋喃甲酸的制备

呋喃甲醇，熔点为 −31℃，沸点为 171℃，溶于水，可混溶于乙醇、乙醚、苯、氯仿。呋喃甲醇又名糠醇，是工业生产中一类重要的杂环化合物和有机合成原料。呋喃甲醇是生产乙酰丙酸及各种性能呋喃树脂的重要原料。同时，呋喃甲醇又是呋喃树脂、清漆、颜料的良好溶剂，此外还用于合成纤维、橡胶、农药和铸造业。

呋喃甲酸，又名糠酸，无色晶体。熔点约为 133℃，沸点约为 230℃，微溶于冷水，溶于热水、乙醇和乙醚。主要由糠醛经氧化而制得，可用作防腐剂、杀菌剂，也用于制造香料等。

【实验目的】

(1)了解康尼查罗(Cannizzaro)反应的原理，掌握呋喃甲醇和呋喃甲酸的制备方法。

(2)练习萃取、重结晶、蒸馏等实验技能。

【实验原理】

$$C_4H_3O\text{—}CHO + NaOH \longrightarrow C_4H_3O\text{—}CH_2OH + C_4H_3O\text{—}COONa$$

$$C_4H_3O\text{—}COONa + HCl \longrightarrow C_4H_3O\text{—}COOH + NaCl$$

【主要试剂及产物的物理常数】

名称	分子量	相对密度 d_4^{20}	熔点/℃	沸点/℃	折光率 n_D^{20}	溶解度		
						水(25℃)	乙醇	乙醚
呋喃甲醛	96.09	1.16	−39	161	1.526	8.3	∞	∞
呋喃甲醇	98.10	1.13	−31	171	1.487	∞	∞	∞
呋喃甲酸	112.08	～	133	230	～	热水易溶 冷水难溶	易溶	易溶

【实验步骤】

(1)常量实验。

在 100 mL 烧杯中,放置 12.3 mL(14.3 g,0.15 mol)新蒸馏过的呋喃甲醛[①]。将烧杯浸于冰水浴中冷却至 5℃左右,在不断搅拌下由滴液漏斗滴入 24 mL 33%的氢氧化钠溶液[②],保持反应温度在 8℃~12℃之间[③],氢氧化钠溶液滴加完后(25~35 min),在室温下放置 30 min,并不断搅拌使反应完全,得黄色浆状物。

在搅拌下加入适量的水(约 12 mL)使浆状物刚好全部溶解,这时溶液呈暗褐色。将溶液倒入分液漏斗中,每次以 12 mL 乙醚萃取 3 次,保存萃取过的水溶液,合并萃取液,用无水硫酸镁或无水碳酸钾干燥后,在热水浴上用普通蒸馏装置先蒸出乙醚(严禁明火),然后再蒸馏呋喃甲醇,收集 169℃~172℃的馏分。产量约为 4.5 g。

乙醚萃取后的水溶液,在搅拌下慢慢用 25%盐酸酸化至使刚果红试液变蓝。冷却使呋喃甲酸析出完全,抽滤,用少量水洗涤。粗产品用水重结晶,得白色针状结晶的呋喃甲酸,熔点为 129℃~130℃[④]。产量约为 3 g。

本实验需 6~7 h。

(2)半微量实验。

在 50 mL 烧杯中,放置 1.2 g(0.03 mol)氢氧化钠及 2.5 mL 水,搅拌(可用磁力搅拌)使氢氧化钠溶解,将配制好的氢氧化钠溶液用冰水冷却至 5℃左右,然后在不断搅拌下由滴液漏斗滴入 2.8 mL(3.2 g,0.03 mol)新蒸馏过的呋喃甲醛。在 10~20 min 内滴加完毕,控制温度在 8℃~12℃之间,滴加完后在该温度内间歇搅拌 30 min,反应混合物呈黄色浆状。

---

① 呋喃甲醛久置易呈棕褐色,需蒸馏后方能使用,蒸馏时收集 156℃~160℃的馏分,纯产品为无色或淡黄色液体。

② 用磁力搅拌或玻璃棒人工搅拌,但必须搅拌充分,才能使两相充分接触而完全溶解。最好用磁力搅拌。

③ 开始反应很剧烈,同时大量放热,溶液颜色变暗,若反应温度高于 12℃,则反应温度极易升高,致使反应物呈深红色。若反应温度低于 8℃,则反应速率过慢可能使部分呋喃甲醛积累,一旦发生反应,反应就会过于猛烈而使温度迅速升高,最终也使反应物呈深红色。故反应温度控制要好,10℃以后上升迅速,故在接近 10℃时要缓慢滴加,超过 10℃时可暂停滴加。

④ 测定熔点时约在 125℃开始软化,在 132℃时完全熔解,一般实验产品的熔点为 130℃。

在搅拌下加入适量的水(2～3 mL)使浆状物刚好全部溶解,这时溶液呈暗褐色。将溶液倒入分液漏斗中,每次以 5 mL 乙醚萃取 3 次,保存萃取过的水溶液,合并萃取液,用无水硫酸镁干燥后,在热水浴上用普通蒸馏装置先蒸出乙醚(严禁明火),然后再蒸馏呋喃甲醇,收集 169℃～172℃的馏分。产量约为 1 g。

经乙醚萃取后的水溶液内主要含呋喃甲酸钠,可在搅拌下慢慢加入 25%盐酸酸化至使刚果红试液变蓝(2.5～4 mL),水浴冷却,使呋喃甲酸完全析出,抽滤,用少量水洗涤两次。粗产品可用水(约 5 mL)进行重结晶,得到的呋喃甲酸为白色针状晶体,产量约为 1 g。本实验需 5～6 h。

【产物表征】

(1)测定产品的熔点或折光率。

(2)测定产品的红外光谱并对特征吸收峰进行归属(附呋喃甲醇、呋喃甲酸的红外光谱图)。

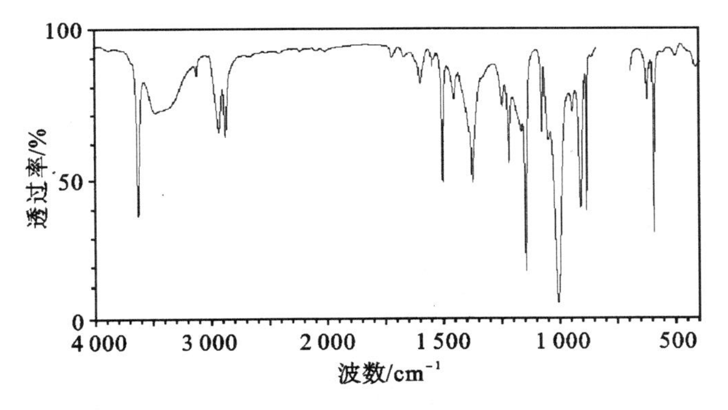

呋喃甲醇的红外光谱图

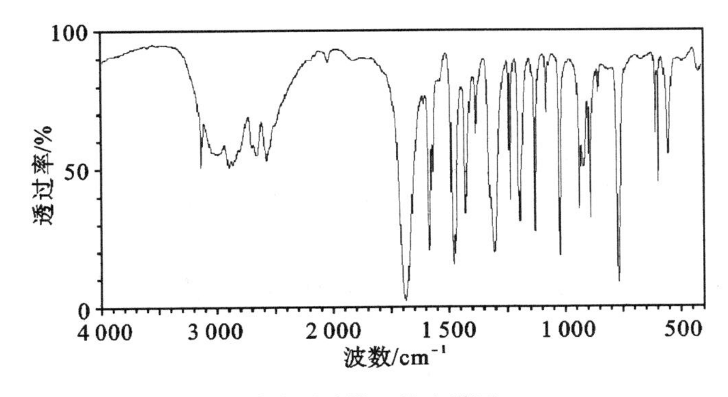

呋喃甲酸的红外光谱图

(3)测定产品的核磁共振谱并进行归属(附呋喃甲醇、呋喃甲酸的核磁共振谱图)

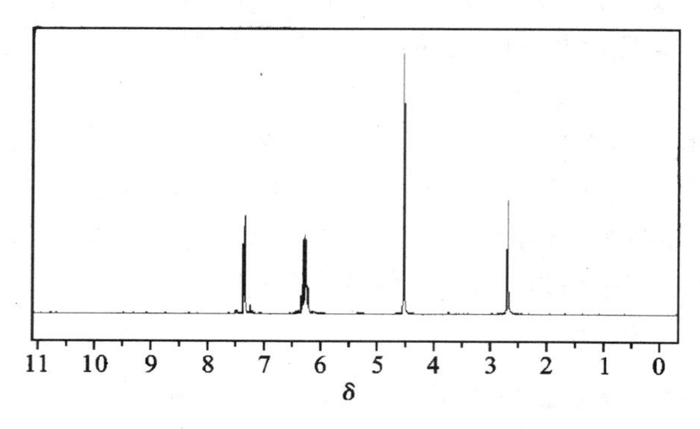

呋喃甲醇的核磁共振谱图

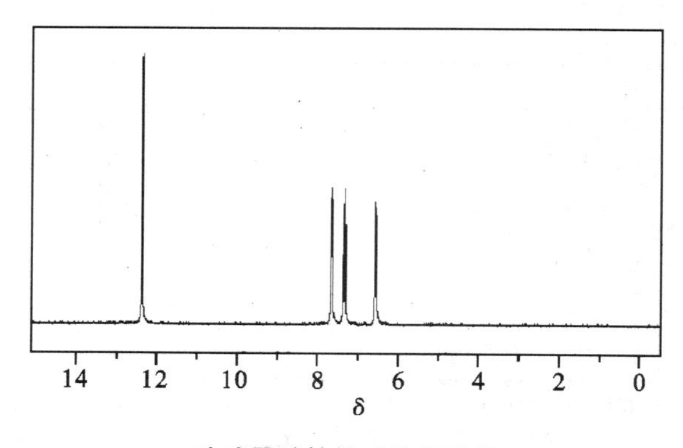

呋喃甲酸的核磁共振谱图

【思考题】

(1)本反应是根据什么原理进行的?

(2)反应液为什么要用乙醚萃取,萃取的是什么产品?

(3)酸化这一步为什么是影响产物收率的关键呢?应如何保证完成?

(4)久置的呋喃甲醛中含有什么杂质?若不除去,对本实验有何影响?

实验四十九 苯甲醇和苯甲酸的制备

苯甲醇(benzyl alcohol),最简单的芳香醇,可看作是苯基取代的甲醇,为无色黏稠液体,熔点为−15.3℃,沸点为205.3℃,有微弱很香的气味,在香料工业中常用作稀释剂。易溶于乙醇、乙醚等有机溶剂，能溶于水，25 mL 水中约可溶 1 g 苯甲醇。

苯甲醇可用于制作香料和调味剂（多数为脂肪酸酯），还可用作明胶、虫胶、酪蛋白及醋酸纤维等的溶剂。在自然界中多数以酯的形式存在于香精油中，例如茉莉花油、风信子油和妥鲁香脂中都含有此成分。

苯甲酸（benzoic acid）为无色、无味的片状晶体，熔点为 122℃，沸点为 249℃，在 100℃时迅速升华，它的蒸气有很强的刺激性，吸入后易引起咳嗽，微溶于水，易溶于乙醇、乙醚等有机溶剂。苯甲酸是弱酸，比脂肪酸强，能形成羧酸盐、酯、酰卤、酰胺、酸酐等，不易被氧化。苯甲酸的苯环上可发生亲电取代反应，主要得到间位取代产物。

苯甲酸及其钠盐可用作乳胶、牙膏、果酱或其他食品的抑菌剂，也可做染色和印色的媒染剂。

【实验目的】

（1）掌握康尼查罗（Cannizzaro）反应的原理及苯甲酸和苯甲醇的制备方法。

（2）复习分液漏斗的使用及重结晶、抽滤等操作。

【实验原理】

$$C_6H_5CHO \xrightarrow{\text{浓NaOH}} C_6H_5CH_2OH + C_6H_5COONa$$

$$C_6H_5COONa + H^+ \longrightarrow C_6H_5COOH$$

副反应：

$$C_6H_5CHO + O_2 \longrightarrow C_6H_5COOH$$

【主要试剂及产物的物理常数】

名称	分子量	相对密度 d_4^{20}	熔点/℃	沸点/℃	溶解度		
					水	乙醇	乙醚
苯甲醛	106.12	1.04	−26	178	微溶	易溶	易溶
苯甲醇	108.13	1.04	−15.3	205.3	微溶	易溶	易溶
苯甲酸	122.13	1.27	122	249	微溶	易溶	易溶

【实验步骤】

(1)常量实验。

在125 mL锥形瓶中,放入11 g氢氧化钠和11 mL水,振荡使氢氧化钠完全溶解,冷却至室温。在振荡下,分批加入12.6 mL新蒸馏过的苯甲醛①,每次约加3 mL;每加一次后,都应塞紧瓶塞,用力摇动锥形瓶,使反应物混合均匀②。若温度过高,可将锥形瓶放入冷水浴中冷却③。最后反应物应变成白色细粒的糊状物,加热回流1 h。

回流结束后,向反应物中加入足够量的水(40～50 mL),塞紧瓶塞振荡或再微热片刻使固体完全溶解。冷却后倒入分液漏斗中,用30 mL乙醚分三次提取苯甲醇(注意提取过的水层要保存好,供下步制苯甲酸用)。合并上层的乙醚提取液,分别用5 mL饱和亚硫酸氢钠溶液、10 mL 10%碳酸钠溶液和10 mL冷水洗涤。分离出上层的乙醚提取液,用无水硫酸镁干燥。

将干燥的乙醚溶液滤入50 mL圆底烧瓶,连接好普通蒸馏装置,投入沸石后用热水浴加热,蒸出乙醚④;最后改用空气冷凝管(或放空冷凝管中的水),加热蒸馏,收集200℃～206℃的馏分,得到苯甲醇,产量约为4.5 g。

在不断搅拌下,将上步保存的水层以细流状慢慢倒入40 mL冷水、40 mL浓盐酸和25 g碎冰的混合物中,苯甲酸白色固体立即析出。抽滤、用少量冷水洗涤、烘干。粗苯甲酸可用水重结晶,产量约为7 g。纯苯甲酸为无色针状晶体,熔点为121℃～122℃。

(2)半微量实验。

在50 mL锥形瓶中,放入2.8 g氢氧化钠和2.8 mL水,振荡使氢氧化钠完全溶解。冷却至室温。在振荡下,分批加入3.2 mL新蒸馏过的苯甲醛,每次约加0.8 mL;每加一次后,都应塞紧瓶塞,用力摇动锥形瓶,使反应物混合均匀。若温度过高,可将锥形瓶放入冷水浴中冷却片刻。最后反应物应变成白色细粒的糊状物,加热回流1 h。

回流结束后,向反应物中加入足够量的水(10～13 mL),塞紧瓶塞振荡或再微热片刻使固体完全溶解。冷却后倒入分液漏斗中,用10 mL乙醚分三次提取苯甲醇(注意提取过的水层要保存好,供下步制苯甲酸用)。合并上层的乙醚提取液,分别用3 mL饱和亚硫酸氢钠溶液、5 mL 10%碳酸钠溶液和3 mL冷水洗

---

① 苯甲醛要求新蒸的,用久置的苯甲醛部分已氧化成苯甲酸,产物产量会相对减少。

② 反应物要充分混合,否则对产率的影响很大。

③ 本反应是放热反应,但反应温度不宜过高而要适时冷却,以免过量的苯甲酸生成。

④ 蒸馏乙醚时严禁使用明火,实验室内也不准有他人在使用明火。

涤。分离出上层的乙醚提取液，用无水硫酸镁干燥。

将干燥过的乙醚溶液滤入25 mL圆底烧瓶，连接好普通蒸馏装置，投入沸石后用热水浴加热，蒸出乙醚；最后改用空气冷凝管（或放空冷凝管中的水），加热蒸馏，收集200℃～206℃的馏分，得到苯甲醇，产量约为1.1 g。

在不断搅拌下，将上步保存的水层以细流状慢慢倒入10 mL冷水、10 mL浓盐酸和6 g碎冰的混合物中，苯甲酸白色固体立即析出。抽滤、用少量冷水洗涤、烘干。粗苯甲酸可用水重结晶，产量约为1.8 g。

【产物表征】

（1）测定苯甲醇的折光率和苯甲酸的熔点，和文献值对照。

（2）测定产品的红外光谱并对特征吸收峰进行归属（附苯甲酸和苯甲醇的红外光谱图）。

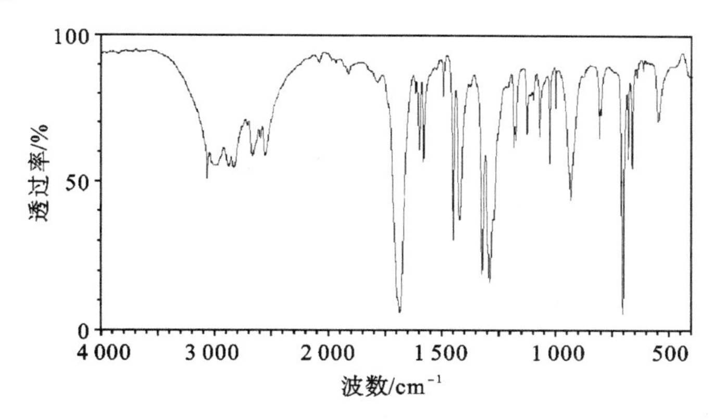

苯甲酸的红外光谱图

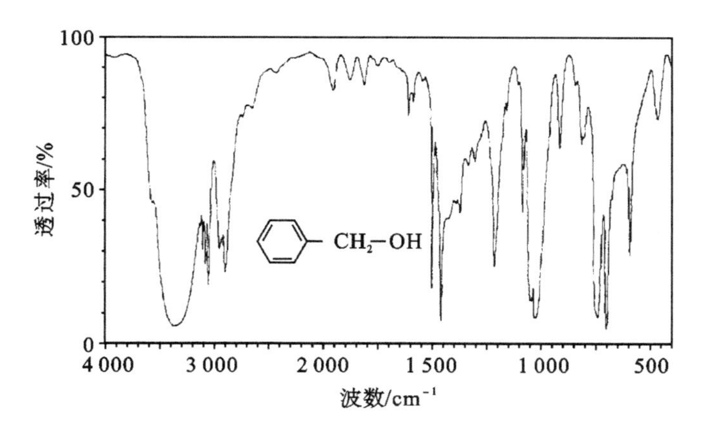

苯甲醇的红外光谱图

(3)测定产物核磁共振氢谱(附主要核磁数据)。

苯甲酸核磁共振氢谱化学位移值:^{1}HNMR($CDCl_3$):δ=12(s,1H),8.2~7.5(m,5H),2.1(s,3H)。

苯甲醇核磁共振氢谱化学位移值:^{1}HNMR($CDCl_3$):δ=7.5~7.0(m,5H),4.1(s,2H)。

【思考题】

(1)本实验中两种产物是根据什么原理分离提纯的?

(2)提取液用饱和亚硫酸氢钠溶液洗涤的目的何在?提取过的水溶液为什么不用饱和亚硫酸氢钠溶液处理?

(3)乙醚萃取后的水溶液,酸化到中性是否最合适?为什么?不用试纸,怎样知道酸化已恰当?

4.12.4 重氮化反应

芳香族伯胺在酸性介质中和亚硝酸钠作用生产重氮盐的反应叫重氮化反应。

$$ArNH_2 + 2HX + NaNO_2 \xrightarrow{0\sim5℃} ArN_2X + NaX + 2H_2O$$

这个反应是芳香族伯胺所特有的,生成的 ArN_2X 称为重氮盐。它是制取芳香族卤代物、酚、芳腈及偶氮染料的中间体,无论在工业或实验室中都具有很重要的价值。

重氮盐具有很强的化学活性,若以适当的试剂处理,重氮基可以被—H,—OH,—F,—Br,—I,—CN,—NO_2,—SH 等基团取代,因此广泛应用于芳香族化合物的合成中。重氮盐的另一类重要作用是与芳香族叔胺或酚类起偶联反应,生成偶氮染料。例如甲基橙就是通过对氨基苯磺酸的重氮盐与 N,N-二甲基苯胺偶联而成。

实验五十 甲基橙的制备

甲基橙(methyl orange),有光泽的紫色结晶或红棕色粉末,熔点为 300℃,易溶于乙醇、冰醋酸,几乎不溶于水。甲基橙是常用的酸碱指示剂之一,常用浓度为 0.1%乙醇溶液,也用于原生动物活体染色。

【实验目的】

(1)熟悉重氮化反应和偶联反应的原理,掌握甲基橙的制备方法。

(2)巩固盐析和重结晶的原理和操作。

【实验原理】

甲基橙是一种指示剂,它是由对氨基苯磺酸重氮盐与 N,N-二甲基苯胺的醋酸盐，在弱酸性介质中偶合得到的。偶合首先得到的是嫩红色的酸式甲基橙，称为酸性黄，在碱中酸性黄转变为橙红色的钠盐，即甲基橙。

反应式：

$$HO_3S-C_6H_4-NH_2 + NaOH \longrightarrow NaO_3S-C_6H_4-NH_2 + H_2O$$

$$NaO_3S-C_6H_4-NH_2 + NaNO_2 \xrightarrow{HCl} \left[HO_3S-C_6H_4-N^+\equiv N\right]Cl^-$$

$$\xrightarrow[HAc]{C_6H_5N(CH_3)_2} \left[HO_3S-C_6H_4-N=N-C_6H_4-N(CH_3)_2\right]^+Ac^- \xrightarrow{NaOH}$$

$$NaO_3S-C_6H_4-N=N-C_6H_4-N(CH_3)_2 + HAc + H_2O$$

【主要试剂及产物物理常数】

名称	分子量	相对密度 d_4^{20}	熔点/℃	沸点/℃	溶解度		
					水	乙醇	乙醚
对氨基苯磺酸	173.19	1.49	288	500	冷水微溶 热水易溶	微溶	微溶
N,N-二甲基苯胺	121.18	0.96	2.5	193	不溶	易溶	易溶
甲基橙	327.34	0.99	300	～	冷水微溶 热水易溶	不溶	不溶

【实验步骤】

(1)重氮盐的制备。

在100 mL烧杯中，加入15 mL 5%氢氧化钠溶液和3 g对氨基苯磺酸晶体，温热使结晶溶解，用冰盐浴冷却至0℃以下，加入1.2 g亚硝酸钠和9 mL水配成的溶液。维持温度0～5℃①，在搅拌下，慢慢用滴管滴入4.5 mL浓盐酸与10 mL水配成的溶液，直至用淀粉-碘化钾试纸检测呈现蓝色为止②，继续在冰盐浴中放置15 min，以保证反应完全。

(2)偶联反应。

在一支试管中加入2 mL N,N-二甲基苯胺和1.5 mL冰醋酸，振荡混匀。在搅拌下将此混合液缓慢加到上述冷却的重氮盐溶液中，加完后继续搅拌10

---

① 重氮化过程中，应严格控制温度，反应温度若高于5℃，生成的重氨盐易水解为酚，降低最终产率。

② 若试纸不显色，需补充亚硝酸钠溶液。

min。然后缓缓加入约 20 mL 5%氢氧化钠溶液，直至反应物变为橙色（此时反应液为碱性）。甲基橙粗品呈细粒状沉淀析出。

将反应物置沸水浴中加热 7 min，冷至室温后，再放入冰水浴中冷却，使甲基橙晶体析出完全。抽滤，依次用少量水、乙醇和乙醚洗涤，压紧抽干，干燥后得到约 4.5 g 的粗品。

粗产品用 1%氢氧化钠水溶液进行重结晶。待结晶析出完全，抽滤，依次用少量水、乙醇和乙醚洗涤，压紧抽干，得片状结晶①，产量约为 4 g。

本实验需 4～6 h。

【产物表征】

（1）性质实验：将少许甲基橙溶于水中，加几滴稀盐酸，然后再用稀碱中和，观察颜色变化。

（2）测定产品的红外光谱并对特征吸收峰进行归属（附甲基橙的红外光谱图）。

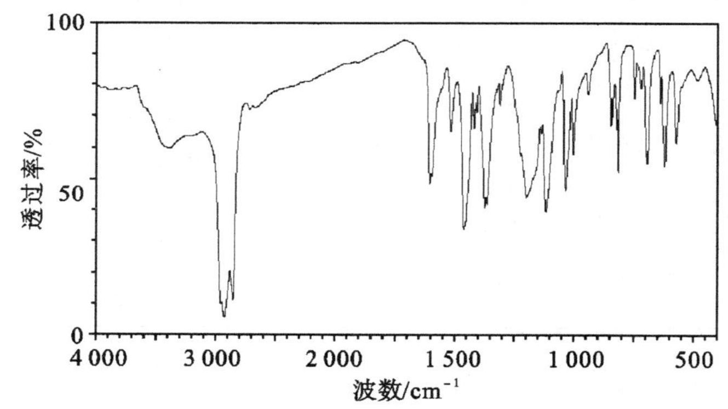

（3）测定产品的核磁共振谱并进行归属（附甲基橙的核磁共振谱图）。

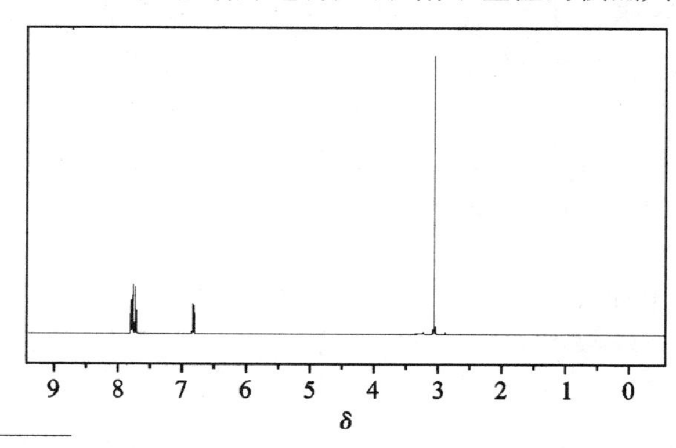

① 重结晶操作要迅速，否则由于产物呈碱性，在温度高时易变质，颜色变深。用乙醇和乙醚洗涤的目的是使其迅速干燥。

【思考题】

(1)在重氮盐制备前为什么还要加入氢氧化钠？如果直接将对氨基苯磺酸与盐酸混合后，再加入亚硝酸钠溶液进行重氮化操作行吗？为什么？

(2)制备重氮盐为什么要维持0～5℃的低温，温度高有何不良影响？

(3)重氮化为什么要在强酸条件下进行？偶合反应为什么要在弱酸条件下进行？

(4)如何判断重氮化反应的终点？如何除去过量的亚硝酸？

4.12.5　贝克曼重排反应

贝克曼重排(Beckman)是指醛肟和酮肟在酸(如硫酸、五氯化磷等)的作用下重排为酰胺的反应，其反应历程可表示如下：

$$R_1{-}\underset{\underset{\displaystyle N{-}OH}{\|}}{C}{-}R_2 \xrightarrow{H^+} R_1{-}\underset{\underset{\displaystyle N{-}OH_2^+}{\|}}{C}{-}R_2 \xrightarrow{-H_2O} R_1{-}\underset{\underset{\displaystyle \overset{}{N}^+}{\|}}{C}{-}R_2 \longrightarrow \underset{\underset{\displaystyle R_1{-}N}{\|}}{\overset{+}{C}}{-}R_2$$

$$\xrightarrow{+H_2O} H_2\overset{+}{O}{-}\underset{\underset{\displaystyle R_1{-}N}{\|}}{C}{-}R_2 \xrightarrow{-H^+} HO{-}\underset{\underset{\displaystyle R_1{-}N}{\|}}{C}{-}R_2 \xrightarrow{\text{互变异构}} O{=}\underset{\underset{\displaystyle NHR_1}{|}}{C}{-}R_2$$

贝克曼重排在有机合成上很重要。例如利用二苯甲酮肟经贝克曼重排后可制得苯甲酰苯胺，环己酮肟经重排生成环己内酰胺等。

实验五十一　苯甲酰苯胺的制备

苯甲酰苯胺，或N-苯基苯甲酰胺(N-Phenyl benzamide)，白色针状结晶，熔点为163℃，沸点为117℃～119℃，不溶于水，微溶于乙醚，溶于乙醇、乙酸，易溶于热乙醇、苯。工业上主要以苯甲酸和苯胺为原料，在180℃～190℃下进行反应，经减压蒸馏、冷却结晶、在乙醚(或乙醇)中重结晶而得。主要用于制备农药如杀虫剂、植物生长调节剂等的原料，也是香料及医药的中间体。

【实验目的】

(1)学习和掌握贝克曼反应的原理和应用。

(2)巩固回流和抽滤的基本操作。

【实验原理】

$$Ph_2C{=}O + NH_2OH \longrightarrow Ph_2C{=}N{-}OH$$

$$Ph_2C{=}N{-}OH \xrightarrow[\text{重排}]{H^+} PhC(=O){-}NH{-}Ph$$

【主要试剂及产物物理常数】

名称	分子量	相对密度 d_4^{20}	熔点/℃	沸点/℃	折光率 n_D^{20}	溶解度		
						水	乙醇	乙醚
二苯甲酮	182.22	1.11	48	305	1.607 7	不溶	易溶	易溶
苯甲酰苯胺	197.24	1.32	163	117～119	～	不溶	易溶	微溶

【实验步骤】

(1)二苯甲酮肟的制备。

在 100 mL 圆底烧瓶中依次加入 6 g 二苯甲酮(溶于约 37 mL 的无水乙醇中)、4.5 g 盐酸羟胺(溶于 9 mL 水)及 7.5 g 氢氧化钠(溶于 15 mL 水),加热回流 15 min 后,将反应物倒入盛有 70 mL 水的 200 mL 烧杯中,此时得一透明溶液(pH＝13～14)。加入 10％硫酸溶液约 30 mL 至不再有沉淀析出(pH＝1)①,抽滤,干燥②,称重。产物是白色晶体,产量约为 6 g,产率约为 95％。

(2)苯甲酰苯胺的制备。

将装有 6 g(0.03 mol)二苯甲酮肟的圆底烧瓶置于冷水浴中,慢慢加入7.5 mL 浓硫酸,在固体溶解后,在沸水浴中保持 15～20 min,再冷至室温。加入 40 mL 冰水,这时有沉淀析出,所得产物为白色晶体,产量约为 4.5 g。本实验需 3～5 h。

【产物表征】

(1)测定产物熔点。

---

① 酸度不够,沉淀不完全,会降低其产率。

② 由于重排反应中浓硫酸是过量的,因此制成的二苯甲酮肟不必完全干燥即可进行重排,并不影响最后产量。

(2)测定产品的红外光谱并对特征吸收峰进行归属(附苯甲酰苯胺的红外光谱图)。

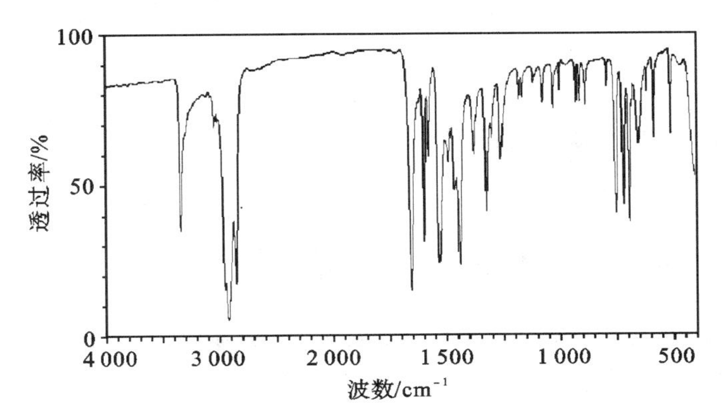

(3)测定产品的核磁共振谱并进行归属(附苯甲酰苯胺的核磁共振谱图)。

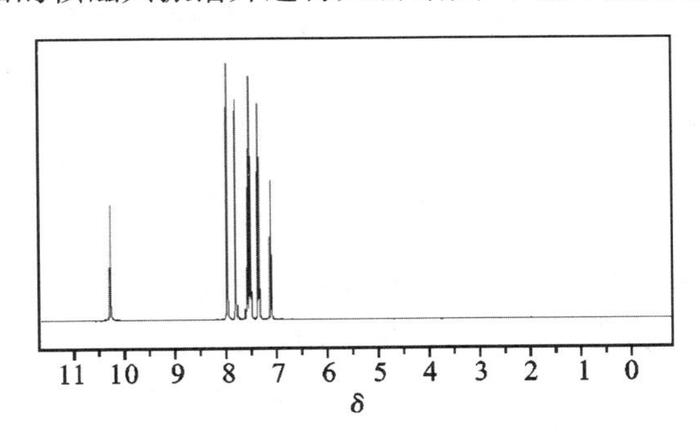

【思考题】

(1)Beckmann 重排反应,除用浓硫酸做催化剂外,还可用哪些化合物做催化剂?

(2)(Z)-苯基-2-溴苯基酮肟发生 Beckmann 重排反应,应得到什么产物?

4.12.6　霍夫曼重排反应

酰胺用溴(或氯)和碱处理转变为少一个碳原子的一级胺的反应称为霍夫曼重排。

$$R-C(=O)-NH_2 \xrightarrow[Br_2]{OH^-} R-NH_2$$

酰胺霍夫曼重排为胺类的反应历程如下:

$$\mathrm{RCONH_2} \xrightarrow{\mathrm{OH^-}} \mathrm{RCONH^-} \longrightarrow \mathrm{RC(O^-)=NH} \xrightarrow{\mathrm{Br-Br}} \mathrm{RCONHBr}$$

$$\xrightarrow{\mathrm{OH^-}} \mathrm{RCON^-Br} \xrightarrow{-\mathrm{Br^-}} \mathrm{RCO\ddot{N}:} \longrightarrow \mathrm{R-N=C=O} \xrightarrow{\mathrm{OH^-}}$$

$$\mathrm{RN=C(OH)O^-} \longrightarrow \mathrm{RNHCOO^-} \xrightarrow{-\mathrm{CO_2}} \mathrm{R-NH^-} \xrightarrow{\mathrm{H_2O}} \mathrm{R-NH_2}$$

若酰亚胺经霍夫曼重排则能得到到氨基酸，例如：邻苯二甲酰亚胺经霍夫曼重排可得到邻氨基苯甲酸。

实验五十二　邻氨基苯甲酸的制备

邻氨基苯甲酸（o-aminobenzoic acid），白色粉末，熔点为 146℃～147℃，溶于热水、乙醇和乙醚，可燃，可升华，磨擦发光，在甘油溶液中呈紫石英荧光，能与金属离子生成螯合物。

邻氨基苯甲酸是染料、医药、农药、香料的中间体。在染料方面，用于制造偶氮染料、蒽醌染料、靛族染料，例如分散黄 GC、分散黄 5G、分散橙 GG、活性棕 K-B3Y、中性蓝 BNL。在医药方面，用于制造抗心律失常药，如常咯啉、维生素 L、非甾体类抗炎镇痛药甲灭酸、炎痛静、非巴比妥类催眠药安眠酮、强安定药泰尔登。邻氨基苯甲酸作为化学试剂，是用于测定镉、钴、汞、镁、镍、铅、锌和铈等的络合试剂，与 1-萘胺共用可测定亚硝酸盐，还可用于其他有机合成。

【实验目的】

（1）学习和掌握霍夫曼反应的原理和应用。

（2）学习和掌握冰盐浴的使用方法。

【实验原理】

反应式：

$$\text{邻苯二甲酰亚胺} \xrightarrow[\mathrm{Br_2}]{\mathrm{KOH}} \text{(COOK, Br 取代苯)} \xrightarrow{\mathrm{H^+}} \text{(COOH, Br 取代苯)}$$

其反应机理为：

O O NH $\xrightarrow{KOH}$ O O N^- ⟷ O^- O N $\xrightarrow[-Br^-]{Br—Br}$ O O N—Br

$\xrightarrow{KOH}$ O^- OH O N—Br $\xrightarrow[-H_2O,\ -Br^-]{KOH}$ COO^- O N: ⟶ COO^- N=C=O $\xrightarrow{-OH}$

COO^- N=C—O^- OH ⟷ COO^- N—C—O^- H O $\xrightarrow{-CO_2}$ COO^- NH^- $\xrightarrow{H_2O}$

COO^- NH^- $\xrightarrow{H^+}$ COOH NH_2

【主要试剂及产物物理常数】

名称	分子量	相对密度	熔点/℃	沸点/℃	溶解度		
					水	乙醇	乙醚
邻苯二甲酰亚胺	147.13	1.21	238	366	微溶	易溶	微溶
邻氨基苯甲酸	137.14	1.41	146～147	～	热水易溶 冷水难溶	易溶	易溶

【实验步骤】

在200 mL圆底烧瓶中加入18 mL 50%的氢氧化钾溶液，在搅拌下分3批加入50 g碎冰，并将烧杯用冰盐浴冷却使温度降至－15℃。滴加5 g(2 mL)溴①，调节滴加速度使温度不超过10℃。在全部溴溶解后，分批加入5 g(0.034 moL)研细的邻苯二甲酰亚胺，注意将温度保持在0℃以下。然后将透明反应液冷至－5℃②，加入5 g粉末状氢氧化钾，再搅拌0.5 h。然后将溶液缓慢加热至70℃，加入2.5 mL 36%亚硫酸氢钠溶液③，冷却、过滤，滤液应该淡而透明。向

---

① 溴是易挥发、有刺激性和腐蚀性的红棕色液体，量取最好用移液管，在通风橱中进行，防止溴灼伤。

② 反应需在0℃以下进行，因为在较高温度下生成含溴的杂质以及难以除掉的树脂状物质，使产物带暗色并大大降低其产率。

③ 加入亚硫酸氢钠溶液使过量的次溴酸钾分解。

滤液中加入 8～10 mL 浓盐酸，但需注意溶液仍应保持碱性①，再加入大约 6 mL 冰醋酸使邻氨基苯甲酸析出。放置，过滤，用少量冷水冲洗，干燥，得邻氨基苯甲酸约为 4 g。

本实验需 4～6 h。

【产物表征】

(1)测定产品的熔点。

(2)测定产品的红外光谱并对特征吸收峰进行归属(附邻氨基苯甲酸的红外光谱图)。

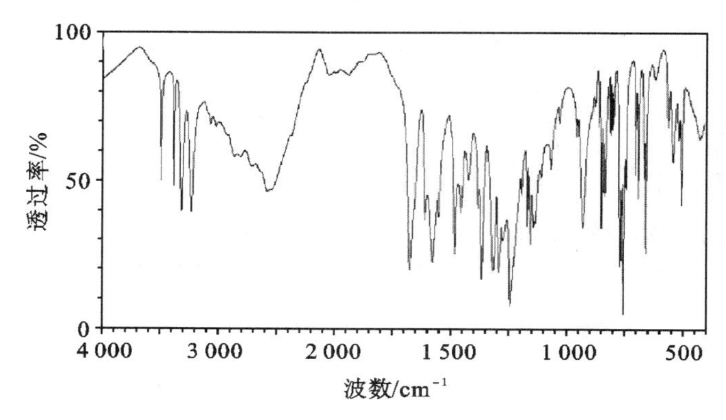

(3)测定产物核磁共振氢谱(附主要核磁数据)。

^{1}HNMR($CDCl_3$)：δ=12(s,1H)，7.8～7.2(m,4H)。

【思考题】

(1)影响本次实验成功与否的关键因素是什么？为什么？

(2)实验中溴和邻苯二甲酰亚胺加入顺序能不能颠倒，为什么？

4.12.7 Skraup 反应

芳香伯胺和甘油、浓硫酸及芳香硝基化合物(相应于所用芳胺)或五氧化二砷(As_2O_5)或三氯化铁($FeCl_3$)等氧化剂发生反应生成喹啉或其衍生物，称为 Skraup 反应。也可以直接用芳香伯胺和 α,β-不饱和醛酮及氧化剂在酸性条件下反应制备喹啉衍生物。Skraup 反应是制备喹啉及其衍生物的很好的方法。如：

① 盐酸过量时，邻氨基苯甲酸易分解。

$$\text{C}_6\text{H}_5\text{NH}_2 + \text{R}_1\text{C(=O)CH=CHR}_2 \xrightarrow{\text{FeCl}_3} \text{2-R}_2\text{-4-R}_1\text{-quinoline}$$

许多芳胺都可以发生 Skraup 反应，芳胺环上邻位有取代基时得到 8-取代喹啉，芳胺环上对位有取代基时得到 6-取代喹啉，芳胺环上间位有给电子取代基时主要得到 7-取代喹啉，芳胺环上间位有吸电子取代基时主要得到 5-取代喹啉。在选择氧化剂时应注意采用的硝基芳烃结构要和参加反应的芳胺结构保持一致。因为在反应过程中硝基芳烃被还原成芳胺，它也会参与成环反应，如果结构不一致，就会形成副产物，给分离纯化带来麻烦。Skraup 反应开始时会很激烈，在反应混合物中加入一些硫酸亚铁就会使反应缓和。

实验五十三　喹啉的制备

喹啉(quinoline)，无色液体，具有特殊气味。凝固点为 −15.6℃，沸点为 238℃，微溶于水，易溶于乙醇、乙醚等有机溶剂。喹啉存在于煤焦油和骨焦油中，由煤焦油制得的粗喹啉约含 4%的异喹啉。异喹啉的熔点为 26.5℃，沸点为 242.2℃(99.1 kPa)，其气味与喹啉完全不同。二者都具有碱性，异喹啉比喹啉碱性更强，都可以与强酸生成盐，如苦味酸盐和重铬酸盐；与卤代烷形成四级铵盐等。喹啉的芳香性很强，苯环部分容易在 5,8 两位上发生亲电取代反应，例如在硝化或磺化时，产生 5-和 8-硝基和磺基喹啉。吡啶环稳定，在氧化时，苯环被破坏，而吡啶环不变。异喹啉的性质与喹啉近似，硝化和磺化在苯环的 5 位上发生，亲核反应则在 1 位上发生，如与氨基钠反应，生成 1-氨基异喹啉，而喹啉在 2 位上氨基化。工业上常用喹啉的酸性硫酸盐溶于乙醇，而异喹啉的酸性硫酸盐则不溶的性质来分离。

喹啉广泛用于医药、染料、农药和其他化学领域，是重要的精细化工原料。

【实验目的】

(1)学习利用 Skraup 反应制备喹啉的反应原理及方法。

(2)进一步巩固回流、水蒸气蒸馏等实验操作。

【实验原理】

$$\text{C}_6\text{H}_5\text{NH}_2 + \underset{\text{OH}}{\text{H}_2\text{C}}-\underset{\text{OH}}{\text{CH}}-\underset{\text{OH}}{\text{CH}_2} \xrightarrow[\text{C}_6\text{H}_5\text{NO}_2,\triangle]{\text{浓H}_2\text{SO}_4} \text{quinoline}$$

【主要试剂及产物物理常数】

名称	分子量	相对密度 d_4^{20}	熔点/℃	沸点/℃	折光率 n_D^{20}	溶解度		
						水(25℃)	乙醇	乙醚
甘油	92.09	1.26	20	290	1.473 9	∞	∞	微溶
喹啉	129.11	1.09	−16	238	1.626 8	微溶	∞	∞

【实验步骤】

在 250 mL 三口烧瓶中，加入 20 g 无水甘油①，再依次②加入 2 g 研成粉末的硫酸亚铁、4.8 g 苯胺及 4.1 g 硝基苯，加入几粒沸石，摇动使反应物充分混合。在三口烧瓶一口安装回流冷凝管，一口安装滴液漏斗，滴液漏斗内放入 11 mL 浓硫酸。

缓慢加热三口烧瓶，搅拌，充分混匀后缓慢滴加浓硫酸，使生成的苯胺硫酸盐完全溶解。控制滴加速度，使反应液微沸(如反应太剧烈，可用湿布敷于烧瓶上冷却③)，滴加完毕后，再用小火加热，加热回流约 2 h。

待反应物稍冷却后，向烧瓶中慢慢加入 40%的氢氧化钠溶液，使混合物呈碱性④。然后进行水蒸气蒸馏，蒸出喹啉和未反应的苯胺及硝基苯，直至馏出液明显变清为止。

馏出液用浓硫酸酸化，呈强酸性后，用分液漏斗将不溶的黄色油状物分出。剩余的水溶液倒入 500 mL 烧杯中，置于冰浴中冷却至 5℃左右，慢慢加入 3 g 亚硝酸钠和 12 mL 水配成的溶液，直至取出一滴反应液使淀粉-碘化钾试纸立即变蓝为止(由于重氮化反应在接近完成时，反应变得很慢，故应在加入亚硝酸钠 2～3 min 后再检验是否有亚硝酸存在)。然后将混合物在沸水浴上加热 15 mL，至无气体放出为止。冷却后向溶液中加入 40%氢氧化钠溶液，使之呈强碱

---

① 所用甘油的含水量不应超过 0.5%，如果甘油中含水量较大时，则喹啉的产量不理想。可将普通甘油在通风橱内置于瓷蒸发皿中加热至 180℃，冷至 100℃左右，放入盛有硫酸的干燥箱中备用。

② 试剂必须按所述次序加入，如果浓硫酸比硫酸亚铁早加入，则反应往往很剧烈，不易控制。

③ 此系放热反应，溶液呈微沸状态，表示反应已经开始。如继续加热，则反应过于激烈，会使溶液冲出容器。

④ 每次碱化或酸化时，都必须将溶液稍加冷却，用试纸检验至呈明显的强碱性或酸性。

性，再进行水蒸气蒸馏①。从馏出液中分出油层，水层每次用 25 mL 乙醚萃取两次。合并油层及醚萃取液，用固体氢氧化钠干燥后，先在水浴上蒸去乙醚，再改用空气冷凝管，加热蒸出喹啉，收集 234℃～238℃馏分②，产量约为 6 g。

【产物表征】

(1)测定产物的折光率。

(2)测定产物的红外光谱并对特征吸收峰进行归属(附喹啉的红外光谱图)。

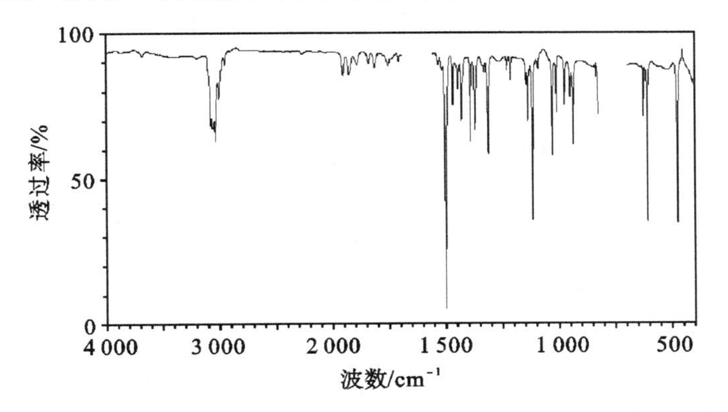

(3)测定产物的核磁共振氢谱并进行归属(附喹啉的核磁共振谱图)。

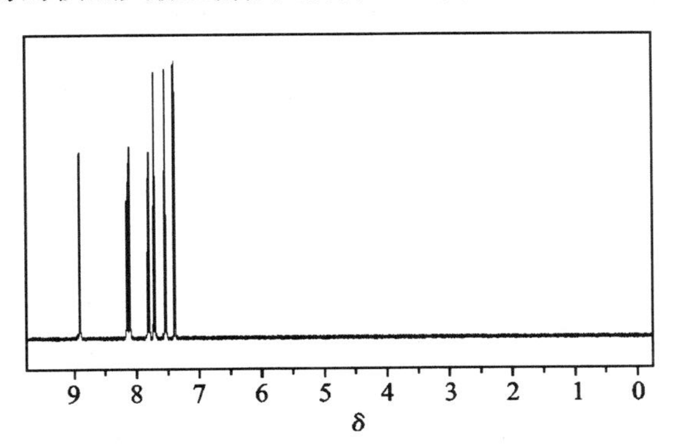

【思考题】

(1)本实验中为了从喹啉中除去未作用的苯胺和硝基苯，采用了什么方法？试简述之。并用反应式表示加入亚硝酸钠后所发生的变化。

---

① 加入亚硝酸钠水溶液使混合物中的苯胺重氮化，经水解后转变为苯酚，苯酚在碱作用下成盐，再经水蒸气蒸馏后即可让苯酚钠盐保留在溶液中而使喹啉蒸出，从而实现分离。

② 最好在减压下蒸馏，收集 110℃～114℃/1.87 kPa(14 mmHg)；118℃～120℃/2.67 kPa (20 mmHg)或 130℃～132℃/5.33 kPa(40 mmHg)的馏分，可以得到无色透明的产品。

(2)在 Skraup 合成中,用对甲苯胺和邻甲苯胺做原料,应得到什么产物?硝基化合物应如何选择?

(3)如何利用 Skraup 反应,以苯酚、甘油、硫酸合成 8-羟基喹啉?写出反应式。

(4)参照喹啉的合成方法,如何以苯胺为原料合成 8-羟基喹啉,通过查阅文献,制定合理的实验方案。

4.13 金属有机物的制备

实验五十四 二茂铁的合成

二茂铁是一种具有芳香族性质的有机过渡金属化合物。常温下为橙黄色粉末,有樟脑气味。熔点为 172℃～174℃,沸点为 249℃,100℃以上能升华;不溶于水,易溶于苯、乙醚、汽油、柴油等有机溶剂。与酸、碱、紫外线不发生作用,化学性质稳定,400℃以内不分解。

二茂铁作为典型的金属有机物,有着重要的用途:

(1)用作节能消烟助燃添加剂:可用于各种燃料,如柴油、汽油、重油、煤炭等。车用柴油中加入 0.1%的二茂铁,可节约燃料油 10%～14%,燃料利用率提高率 10%～13%,尾气中烟度下降 30‰～80‰。另外,在重油中加入 0.3‰、煤炭中加入 0.2%的二茂铁,都可使燃料消耗下降,同时,烟度下降 30%。

(2)用作合成汽油、人造液化气的添加剂:在合成汽油中加入 0.01%～0.5%的二茂铁及相关添加剂,可配成相当于 80#、85#、90# 的各种人工合成汽油;在甲醇中添加 0.03%的二茂铁,可配成燃烧值为 3 372～38 656 $kJ \cdot kg^{-1}$ 的人造液化气;在甲醇、乙醇的混合溶液中加入 0.005%～0.008%二茂铁,可配成新型高效民用燃料。

(3)用作汽油抗爆剂:二茂铁可代替汽油中有毒的四乙基铅作为抗爆剂,制成高档无铅汽油,以消除燃油排出物对环境的污染及对人体的毒害。如向汽油中加入 0.016 6～0.033 2 $g \cdot L^{-1}$ 的二茂铁和 0.05～0.1 $g \cdot L^{-1}$ 乙酸叔丁酯,辛烷值可增加 4.5～6。

(4)二茂铁可用作聚合催化剂,以及硅树脂、橡胶的熟化剂:二茂铁的有些衍生物可阻止聚乙烯对光的降解作用,用于农用地膜,可在一定时间内使其自然降解裂碎,不影响耕作施肥。另外,二茂铁还可用作聚乙烯、聚丙烯、聚酯纤维的保护剂,改进塑料、橡胶、纤维的热稳定性。

(5)在航天工业中,二茂铁可用作火箭推进剂的燃速催化剂。

(6)在医药方面,二茂铁可作为一些抗菌剂、补血剂的原料。

【实验目的】

(1)学习二茂铁合成的方法。

(2)掌握升华、氮气保护等实验操作。

【实验原理】

反应式:

$$C_5H_6 + KOH \longrightarrow C_5H_5^{-}K^{+} + H_2O$$

$$2\,C_5H_5^{-}K^{+} + FeCl_2 \cdot 4H_2O \longrightarrow C_5H_5\text{—}Fe\text{—}C_5H_5 + 2KCl$$

【主要试剂及产物的物理常数】

名称	分子量	相对密度 d_4^{20}	熔点/℃	沸点/℃	折光率 n_D^{20}	溶解度		
						水	乙醇	乙醚
环戊二烯	66.10	0.802	−85	42.5	1.442 9	不溶	∞	∞
二茂铁	186.03	～	173～174	249	1.574 0	不溶	∞	∞

【实验步骤】

(1)常量合成。

在100 mL三口烧瓶中加入1.3 g KOH①、30 mL DMSO及2.6 mL环戊二烯②,装好电动搅拌器、滴液漏斗,并通入氮气③,开动搅拌器。待形成环戊二烯钾黑色溶液后,滴加用3.5 g $FeCl_2 \cdot 4H_2O$④和25 mL DMSO新配制的溶液,同时强搅拌并用氮气保护,加完后再搅拌反应20 min。把反应液倾入50 g冰−50 g水中,搅动均匀,用2 $mol \cdot L^{-1}$盐酸调反应液pH为3～5,待黄色固体完全析出后,抽滤,分4次各用10 mL水洗滤饼,抽干,烘干,产品约为2.2 g。

---

① KOH应研细加入(动作要快,以防吸水)。

② 环戊二烯在常温下发生双烯合成反应,形成环戊二烯双聚体(又称联环戊二烯)。使用之前采用简单分馏装置,用电热套加热烧瓶,接收瓶应冷却,柱顶温度为42℃～44℃,环戊二烯可平稳地被蒸出。应立即使用或暂时置于冰箱低温保存。

③ 在空气中,二茂铁能被氧化成蓝色的正离子$Fe^{3+}(C_5H_5)_2$,$FeCl_2 \cdot 4H_2O$在DMSO中也会使Fe^{2+}变成Fe^{3+},因此要用氮气保护以隔绝空气。

④ $FeCl_2 \cdot 4H_2O$如果变成棕色可用乙醇或乙醚洗成淡绿色再用,用前应研细溶解。

若需进一步纯化，可将粗产品放入干净且干燥的 400 mL 烧杯中，上盖表面皿，用脱脂棉塞住烧杯嘴，缓慢加热烧杯，表面皿外边用湿布冷却，如此常压 100℃升华可得黄色片状光亮的晶体，熔点为 173℃～174℃。

(2)半微量合成。

在 50 mL 三口烧瓶中加入 0.65 g KOH、15 mL DMSO 及 1.3 mL 环戊二烯，装好磁力搅拌器、滴液漏斗，并通入氮气，开动搅拌器。待形成环戊二烯钾黑色溶液后，滴加刚刚用 1.75 g $FeCl_2 \cdot 4H_2O$ 和 12.5 mL DMSO 配制的溶液，同时强搅拌并用氮气保护，加完后再搅拌反应 10 min。把反应液倾入 25 g 冰和 25 g 水的混和物中，搅动均匀，用 2 $mol \cdot L^{-1}$ 盐酸调反应液 pH 至 3～5，待黄色固体完全析出后，抽滤，分四次各用 5 mL 水洗滤瓶，抽干，烘干，得产品约为 1.1 g。

【产物表征】

(1)测定产品的熔点。

(2)测定产品的红外光谱并对特征吸收峰进行归属(附二茂铁的红外光谱图)。

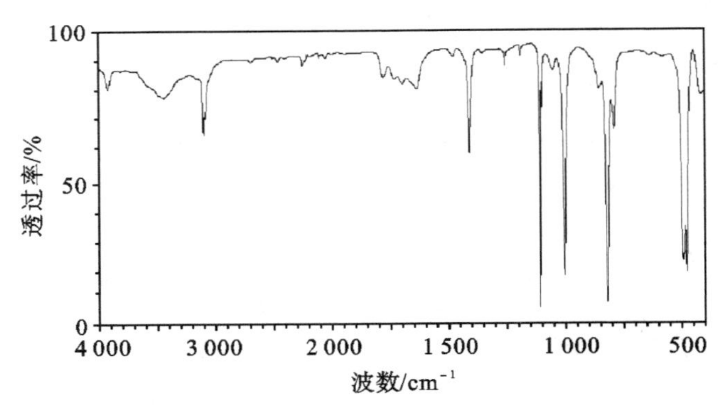

(3)测定产品的核磁共振氢谱(附二茂铁的核磁共振氢谱图)。

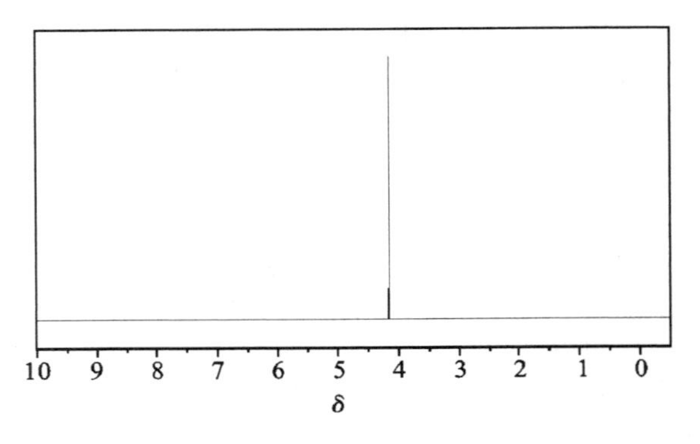

【思考题】

(1)二茂铁比苯更易发生亲电取代反应,但用混酸($HNO_3+H_2SO_4$)来使二茂铁发生硝化反应时,实验却是失败的。为什么?

(2)盐酸加得不够或过量会有何后果?

(3)KOH 可否用 NaOH 代替?碱过量又会有何影响?

(4)DMSO 还可用何物代替?它在本实验中的作用是什么?

(5)查阅文献,找出二茂铁还有什么用途?二茂铁的合成曾起过什么样的历史作用?

实验五十五　正丁基锂的合成

正丁基锂(*n*-butyllithium),淡棕色液体,熔点为－95℃,沸点为80℃～90℃。

烷基锂能对羰基化合物进行加成反应,还能对活泼氢进行置换反应,以及卤素-锂交换反应,其反应性能比一般格氏试剂要广泛而且多样化。它与多种金属有机物形成的金属锂衍生物,广泛用于有机合成,如甲基锂和甲基亚铜在醚类溶液中组成二甲基铜锂是一个极其重要的甲基化试剂,它对不饱和的卤素化合物或芳卤都能进行甲基置换卤素的反应。锂与三甲基氯硅烷反应生成的产物是重要的硅化试剂,能保护烯醇或羟基,有多种用途。

【实验目的】

学习制备正丁基锂的实验方法。

【实验原理】

$$n\text{-}C_4H_9Br+2Li \longrightarrow n\text{-}C_4H_9Li+LiBr$$

【主要试剂及产物物理常数】

名称	分子量	相对密度 d_4^{20}	熔点/℃	沸点/℃	折光率 n_D^{20}
溴代正丁烷	137.0	1.278	－112.4	101.6	1.439 8
氯化苄	126.5	1.100	－39.2	179.4	1.538 0

【实验步骤】

在250 mL三口烧瓶上,配好电动搅拌器、低温温度计和进气管以及接有氯化钙干燥管的恒压滴液漏斗,全部仪器均于烘箱中干燥后趁热装配。向瓶中加入50 mL无水乙醚,将不含氧的干燥氮气导入反应瓶。取2.14 g锂丝,用无水乙醚漂洗后直接投入处于氮气流保护下的反应瓶中。开动搅拌，用－30℃～－40℃的干冰-丙酮浴将反应混合物冷却到－10℃，从漏斗中加入约 17.20 g 溴代正丁烷与 50 mL 无水乙醚的溶液，于 30 min 内加完。将反应物温热到 0～10℃后，继续搅拌 1～2 h。用倾斜法将产品通过一根装有玻璃纤维的细管，滤入锥形瓶中，所得滤液即为正丁基锂的乙醚溶液。

双滴定法测定正丁基锂的乙醚溶液的浓度：

(1)用移液管量取 5～10 mL 待测溶液，注入盛有 10 mL 蒸馏水的锥形瓶内，以酚酞做指示剂，用标准酸滴定到等当点。所得结果相当于溶液中的总碱量，反应式如下：

$$n\text{-}C_4H_9Li + (n\text{-}C_4H_9OLi + Li_2O + LiOH) \xrightarrow{H_2O} n\text{-}C_4H_{10} + LiOH + (n\text{-}C_4H_9OH + LiOH)$$

$$LiOH \xrightarrow{\text{标准酸}} Li^+ + H_2O$$

(2)同样吸取 5～10 mL 待测溶液，加入盛有 10 mL 氯苄的乙醚溶液的锥形瓶中，当滴入正丁基锂的醚溶液时，立即出现黄色。醚溶液可因反应而发热，甚至乙醚沸腾，但不应冷却。加完待测溶液后，放置 1 min 进行水解，并以酚酞做指示剂，在剧烈的振荡下用标准酸滴至等当点。反应式如下：

$$n\text{-}C_4H_9Li + (n\text{-}C_4H_9OLi + Li_2O + LiOH) \xrightarrow{C_6H_5CH_2Cl \quad H_2O}$$
$$C_6H_5(CH_2)_2C_6H_5 + n\text{-}C_8H_{18} + n\text{-}C_4H_9CH_2C_6H_5 + (n\text{-}C_4H_9OH + LiOH) + LiCl$$

$$LiOH \xrightarrow{\text{标准酸}} Li^+ + H_2O$$

将第一次所得结果与第二次相减，便可计算出正丁基锂醚溶液的浓度。以此浓度和所制备的正丁基锂的乙醚溶液的体积计算正丁基锂的产率。

【注意事项】

(1)氮气以焦性没食子酸的碱溶液脱氧，用 4A 型分子筛(使用前于 450℃～550℃活化 15 min)干燥。氮气的流量刚开始时稍大一点，以置换瓶内的空气，此后应调小而均匀。过多的氮气会导致溶剂乙醚的大量损失。

(2)产品过滤后，在 10℃保存 16 h，总含量相当于收率为 83.67%，在 10℃下保存 4 d 后总含量相当于 82.5%。

(3)在本制备中，由于不可避免地接触痕量的氧和水汽，在获得产品的同时还生成少许副产物：$n\text{-}C_4H_9OLi$，Li_2O 以及 LiOH，因此简单的酸滴定法必将使测得的含量偏高，故而用双滴定法加以纠正。

(4)本滴定法适用于大多数 R—Li，但不能用于 CH_3Li、Ar—Li 和 $C_6H_5C\equiv CLi$，这可能是由于后几种锂化物的活性较小。

【思考题】

(1)本实验中氮气都有哪些作用?

(2)查阅文献,找出制备烷基锂的其他方法。

4.14　天然产物的提取

天然产物种类繁多,根据它们的结构特征一般可分为六大类即碳水化合物、类脂化合物、萜类和甾族化合物、生物碱、蛋白质和氨基酸、维生素。天然产物的分离提纯和鉴定是一项颇为复杂的工作。有机化学中常用的萃取、蒸馏、结晶等提纯方法曾经在分离天然产物过程中发挥了重要的作用,现在各种色谱手段如薄层层析、柱层析、气液色谱及高压液相色谱等已越来越多地用于天然产物粗品的分离。各种波谱技术与化学方法结合,已使天然产物结构测定大为方便。仿效天然产物进行的各种合成也取得了引人注目的成果。

实验五十六　从茶叶中萃取咖啡因

咖啡因(caffeine)是从茶叶、咖啡果中提炼出来的一种生物碱,咖啡因具有刺激心脏、兴奋大脑神经和利尿等作用,因此可用做中枢神经兴奋药。它也是复方阿司匹林(APC)等药物的组分之一。适度的使用有祛除疲劳、兴奋神经的作用,临床上用于治疗神经衰弱和昏迷。但是,大剂量或长期使用也会对人体造成损害,特别是它也有成瘾性,一旦停用会出现精神委顿、浑身困乏疲软等各种戒断症状,因此也被列入受国家管制的精神药品范围。

咖啡因属于甲基黄嘌呤的生物碱。纯的咖啡因是白色的,有强烈苦味的粉状物。它的化学名是1,3,7-三甲基黄嘌呤(或3,7-二氢-1,3,7 三甲基-1H-嘌呤-2,6-二酮)。

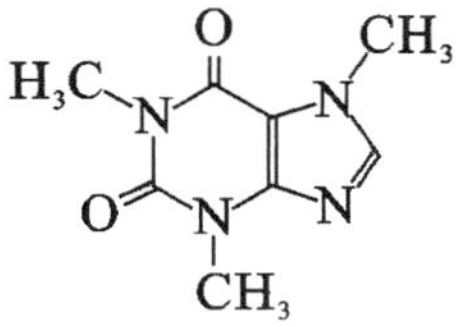

1,3,7-三甲基-2, 6-二氧嘌呤

【实验目的】

(1)掌握从茶叶中提取咖啡因的操作方法。

(2)掌握索氏提取器的使用方法。

【实验原理】

咖啡因、茶碱、可可碱均是黄嘌呤的甲基衍生物，存在于茶叶、咖啡、可可中，有兴奋中枢神经的作用，其中以咖啡因的作用最强。

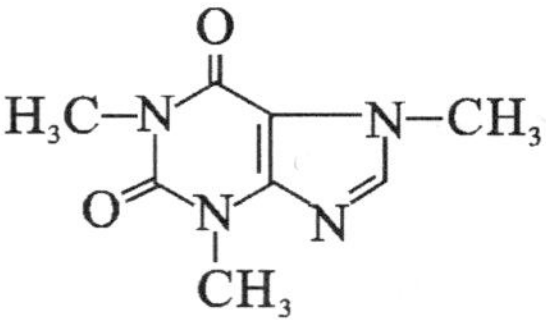

咖啡因 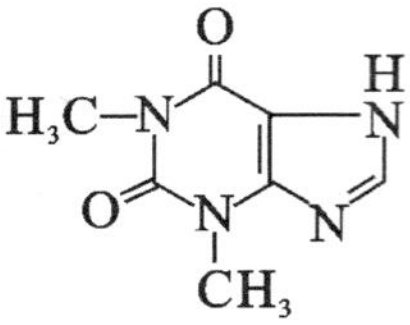　　茶碱 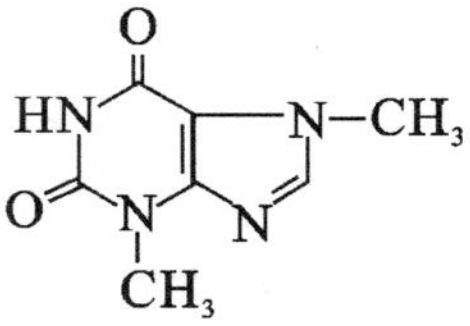　　可可碱

咖啡因易溶于氯仿（12.5%）、水（2%）及乙醇（2%）等，利用溶剂可以把它们从茶叶中提取出来。含结晶水的咖啡因为无色针状晶体，在100℃时即失去结晶水，并开始升华，在120℃升华显著，178℃升华很快。利用升华可对咖啡因进行提纯。

【实验药品及仪器】

茶叶（红茶最好），索式提取器，圆底烧瓶（250 mL），恒压漏斗，球形冷凝管，烧杯，蒸发皿，玻璃漏斗，玻璃棒

【实验步骤】

方法一　连续萃取法1

称取茶叶末10 g，装入索氏提取器的滤纸套筒内①，在烧瓶中加入100 mL 95%的乙醇，用电热套加热。连续萃取2～3 h，待虹吸液颜色很淡，提取器内提取液刚刚虹吸下去，停止加热。将提取液转入250 mL蒸馏瓶内，安装普通蒸馏装置，蒸馏回收大部分乙醇（约80 mL）。然后把残液趁热倾入蒸发皿中，加入3～4 g生石灰粉②，调制至糊状，不断搅拌下，在电热套上蒸干。最后焙炒片刻，使水分全部除去③，冷却后，擦去沾在边上的粉末，以免升华时污染产物。

取一只合适的玻璃漏斗，罩在隔以刺有许多小孔的滤纸的蒸发皿上，用电热套小心加热升华④。当纸上出现白色针状结晶时，要适当控制电压或暂时关闭电源，尽可能使升华速度放慢，提高结晶程度，如发现有棕色烟雾时，即升华完

① 滤纸套的大小既要紧贴器壁，又能方便放置，其高度不得低于虹吸管，滤纸包茶叶末时要严防漏出而堵塞虹吸管，纸套上面盖一层滤纸，以保证回流液均匀浸透被萃取物。

② 生石灰起中和作用，以除去部分杂质。

③ 如留有少量水分，会在下一步升华开始时带来一些烟雾。

④ 升华操作是实验成功的关键。升化过程中始终都应严格控制加热温度，温度太高，会发生碳化，从而将一些有色物带入产品。再升华时，也要严格控制加热温度。

毕，停止加热。冷却后，揭开漏斗和滤纸，仔细地把附在纸上及器皿周围的咖啡碱结晶用小刀刮下，残渣经拌和后，再加热升华一次。合并两次升华收集的咖啡因，测定熔点。如产品中带有颜色和含有杂质，也可用热水重结晶提纯。产品为 45～65 mg。

连续萃取法 2

用恒压滴液漏斗代替索氏提取器。称取茶叶末 6 g，放入恒压滴液漏斗内，在 250 mL 圆底烧瓶中加入 60 mL 95％的乙醇，用电热套加热。当恒压漏斗内回流的乙醇液面没过茶叶时，转动恒压漏斗活塞，使里面的乙醇全部流入圆底烧瓶，连续重复此过程 1～2 h 后，最后 1 次，使大部分乙醇（约 55 mL）回流到恒压滴液漏斗内，回收。然后把圆底烧瓶内的残液（约 5 mL）趁热倾入蒸发皿中，加入 3～4 g 生石灰粉，调制至糊状，不断搅拌下，在电热板上蒸干。最后焙炒片刻，使水分全部除去，冷却后，擦去沾在边上的粉末，以免升华时污染产物。

取一只合适的玻璃漏斗，罩在隔以刺有许多小孔的滤纸的蒸发皿上，用电热板小心加热升华。当纸上出现白色针状结晶时，要适当控制电压或暂时关闭电源，尽可能使升华速度放慢，提高结晶程度，如发现有棕色烟雾时，即升华完毕，停止加热。冷却后，揭开漏斗和滤纸，仔细地把附在纸上及器皿周围的咖啡碱结晶用小刀刮下，残渣经拌和后，再加热升华一次。合并两次升华收集的咖啡因，测定熔点。如产品中带有颜色和含有杂质，也可用热水重结晶提纯。

方法二　浸取法

在 500 mL 烧杯中，加入 20 g 碳酸钠和 250 mL 蒸馏水。称取 25 g 茶叶，用纱布包好后放入烧杯中，煮沸 30 min，勿使溶液起泡溢出（烧杯口可盖上表面皿）。稍冷后，抽滤，将黑色滤液转入 500 mL 分液漏斗。加入 50 mL 二氯甲烷，振摇 1 min，静置分层，此时在两相界面产生乳化层①。在一小玻璃漏斗的颈口放置小团棉花，棉花上放置约 1 cm 厚度的无水硫酸镁。通过此玻璃漏斗，将分液漏斗下层的有机相滤入一干燥的锥形瓶中，并用 2～3 mL 二氯甲烷淋洗干燥剂。分液漏斗中水相再加入 50 mL 二氯甲烷，萃取分层后，通过重新加入干燥剂的玻璃漏斗，合并有机相。如果过滤后的有机相含有少量的水，可重复上述操作，锥形瓶中收集的有机相应是清澈透明的。

将有机相干燥后，分批转入 50 mL 圆底烧瓶，加入几粒沸石，水浴蒸馏回收二氯甲烷，并用水泵将溶剂抽干。将含咖啡因的残渣溶于最少量的丙酮，慢慢加入石油醚（60℃～90℃），至溶液恰好混浊为止，加热至溶液澄清，冷却后结晶，用玻璃漏斗抽滤，收集产物，干燥后称重。

---

① 乳化层通过硫酸镁干燥剂时可被破坏。

【咖啡因的性质实验】

(1)提取液的定性检验:取样品提取液滴于干燥的白色磁板(或白色点滴板)上,喷上酸性碘-碘化钾试剂,可见到棕色、红紫色、蓝紫色化合物的生成。棕色表示有咖啡因存在,红紫色表示有茶碱存在,蓝紫色表示有可可豆碱存在。

(2)咖啡因的定性检验:取样品液 2～4 mL 置于磁坩埚中加热蒸去溶剂,加盐酸 1 mL 溶解,加入 0.1 g $KClO_3$,在通风橱内加热蒸发至干,冷却后滴加氨水数滴,残渣即变为紫色。

【产物表征】

(1)测定产品的熔点。

(2)测定产品的红外光谱(附咖啡因的红外光谱图)。

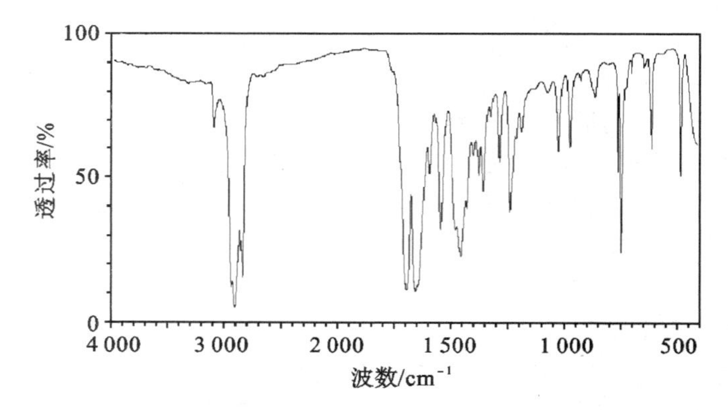

(3)测定产品的核磁共振谱(附咖啡因的核磁共振谱图)。

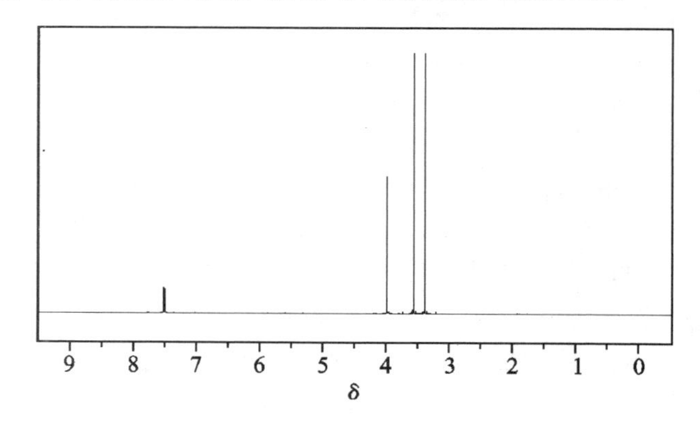

【思考题】

(1)方法一中用到生石灰,方法二中用到碳酸钠,各自所起的作用是什么?

(2)方法二中回收二氯甲烷时,馏出液为什么出现混浊?

实验五十七　从胡椒中提取胡椒碱

胡椒碱，存在于多种胡椒属植物果实中，是辛辣味成分之一。在商品黑胡椒和白胡椒中，胡椒碱的含量为 5%～9%，有时高达 11%。胡椒碱室温下为无色单斜棱柱状晶体，熔点为 130℃～133℃，溶于乙酸、苯、乙醇和氯仿，微溶于乙醚。入口最初无味，后有辛辣味。能与强酸生成结晶的盐。

胡椒碱被广泛用于医药、轻化工业和食品工业，并以其极高的药用价值和经济价值而备受关注。经研究发现，胡椒碱是一种不产生药物依赖性的神经类药物，具有强大的戒毒和镇痛效果。其镇痛疗效与海洛因相当，但不会产生像海洛因那样的药物依赖性。高纯度的胡椒碱镇痛针剂，对大面积创伤及癌症晚期等产生的剧痛，具有强大的阻断作用和显著疗效。此外，胡椒碱在抗菌、消炎、治疗肠胃、风湿性关节炎、跌打损伤以及神经性镇痛等方面均有显著疗效，在国防工业上，也是制造催泪弹、催泪枪和防卫武器必不可少的重要原料。

【实验目的】

(1)掌握天然产物有效成分的提取方法。

(2)了解胡椒碱的性质和用途。

【实验原理】

胡椒碱分子结构式如下：

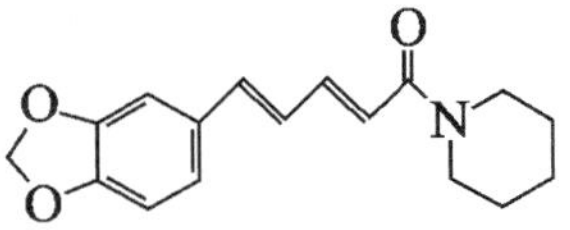

根据胡椒碱不溶于水，但是溶于有机溶剂的性质，用乙醇对其有效成分进行提取。

【主要试剂】

5 g 胡椒，95%乙醇，KOH 醇溶液(2 mol・L^{-1})，丙酮，10%盐酸。

【实验步骤】

(1)准确称取 5 g 胡椒，置于 100 mL 圆底烧瓶中，加入 95%乙醇 50 mL，用 10%盐酸调节 pH 值至 3，加热回流 2 h[①]。

(2)将反应物抽滤，蒸出滤液中的乙醇(回收)，把滤液浓缩至 7 mL 左右。

---

① 加热回流温度不宜过高。

(3)向浓缩液中加入 5 mLKOH 醇溶液,过滤除去不溶物,保留滤液。

(4)把滤液加热至 40℃,再加水出现沉淀,当沉淀不再增加时,静置①。

(5)把上述溶液抽滤,滤出固体干燥,用丙酮重结晶,得白色针状晶体。

【思考题】

(1)如果用索氏提取器提取胡椒碱,如何进行实验?

(2)加入 KOH 醇溶液得作用是什么?

实验五十八　从黄连中提取黄连素

黄连素俗称小蘖碱(berberine),是黄色针状体,微溶于水和乙醇,较易溶于热水和热乙醇中,几乎不溶于乙醚。黄连素存在下列三种互变异构体:

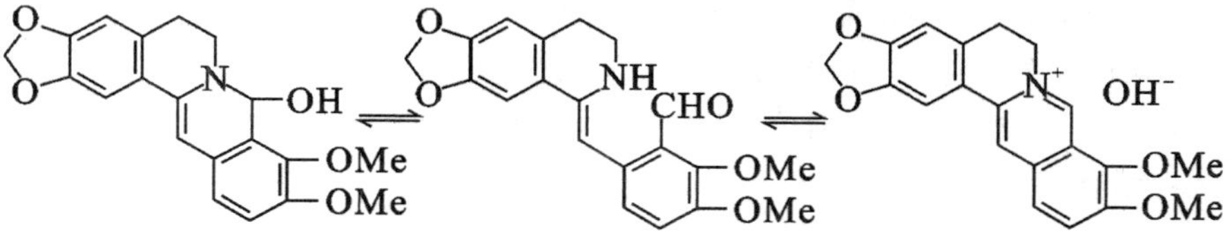

OH ⇌ NH CHO ⇌ N^+ OH^-
OMe OMe OMe OMe OMe OMe

黄连素主要存在于黄连中,黄连为我国名产药材之一,抗菌力很强,对急性结膜炎、口疮、急性细菌性痢疾、急性肠胃炎等均有很好的疗效。黄连中含有多种生物碱,除以黄连素为主要有效成分外,尚含有黄连碱、甲基黄连碱和棕榈碱等。随野生和栽培及产地的不同,黄连中黄连素的含量在 4%～10%之间。含黄连素的植物很多,如黄柏、三颗针、伏牛花、白屈菜、南天竹等均可作为提取黄连素的原料,但以黄连和黄柏含量为高。

【实验目的】

(1)认识黄连素的结构,学习黄连素的提取方法。

(2)学习从中草药中提取生物碱的实验方法。

【实验原理】

黄连素是黄色针状体,微溶于水和乙醇,较易溶于热水和热乙醇中,几乎不溶于乙醚。自然界中黄莲素多以季铵碱的形式存在。黄莲素的盐酸盐、氢碘酸盐、硫酸盐、硝酸盐均难溶于冷水,易溶于热水。

【主要试剂】

黄连,95%乙醇,浓盐酸,1%醋酸。

---

① 晶体析出后,静置时间不宜过短,时间长有助于胡椒碱晶体的析出和成形。

【实验步骤】

称取中药黄连 10 g，切碎，放入 250 mL 圆底烧瓶中，加 95%乙醇 100 mL，装上球形冷凝管。加热回流 0.5 h，静置浸泡 1 h，抽滤。滤渣重复上述操作 2 次，每次用 50 mL 乙醇萃取①，合并所得滤液，蒸出乙醇（回收），直到残留物呈棕红色糖浆状，再加入 1%醋酸 30～40 mL 加热溶解，抽滤，以除去不溶物，然后向溶液中滴加浓盐酸约 18 mL，至溶液变浑浊为止。放置冷却②，即有黄色针状体的黄连素盐酸盐析出③，抽滤、结晶用冰水洗涤两次，再用丙酮洗涤一次，烘干后重 0.8～1.0 g。

黄连素的提纯：得到纯净的黄连素晶体比较困难。将黄连素盐酸盐加热水至刚好溶解，煮沸，用石灰乳调节 pH 值为 8.5～9.8。冷却后滤去杂质，滤液继续冷却到室温以下，即有游离的黄连素（针状体）析出，抽滤，将结晶体在 50℃～60℃下干燥。

本实验约需 6 h。

【思考题】

(1)黄连素为何种生物碱类的化合物？

(2)为何要用石灰乳来调节 pH 值，用强碱氢氧化钾（钠）可以吗？为什么？

(3)请设计一个使用索式提取器连续萃取法提取黄莲素的实验步骤，提取约 1 g 产品。

实验五十九　银杏中黄酮类有效成分的提取

银杏的果、叶、皮等具有很高的药用和保健价值。银杏叶的提取物对于治疗心血管和周边血管疾病、神经系统障碍、头晕、耳鸣、失忆有显著效果。

银杏叶中的化学成分很多，主要有黄酮类、萜内酯类、聚戊烯醇类，此外还有酚类、生物碱类和糖类等药用成分。目前银杏叶的开发主要提取银杏内酯和黄酮类等药用成分。

黄酮类化合物由黄酮醇、双黄酮、儿茶素三类组成，它们具有广泛的生理活性。黄酮类化合物的结构比较复杂，其中黄酮醇及其苷的结构表示如下：

---

① 后两次提取可适当减少乙醇用量和缩短浸泡时间。用索式提取器连续提取最好。

② 滴加浓盐酸时，应将溶液冷却至室温，以防浓盐酸的大量挥发。室温下冷却后，再用冰水浴冷却，结晶体析出、晶形完好。

③ 如晶形不好，可用水重结晶一次。

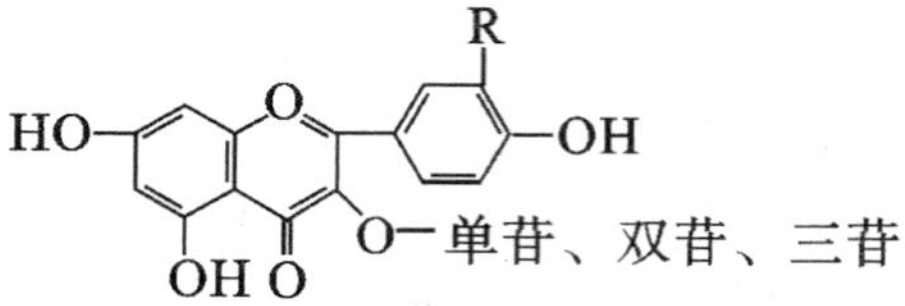

R

HO　O　OH

O—单苷、双苷、三苷

OH O

R=H	莰非醇
R=OH	戊羟黄酮
$R=OCH_3$	异鼠李糖衍生物

【实验目的】

(1)了解银杏叶的主要有效成分,掌握黄酮类有效成分的提取。

(2)进一步熟悉索氏提取器的使用。

【实验原理】

目前提取银杏叶中有效成分的方法主要有水蒸气蒸馏法、有机溶剂萃取法和超临界流体萃取法。本实验采用有机溶剂萃取法。

【主要试剂】

银杏叶、乙醇(95%)、二氯甲烷、硫酸钠(无水)。

【实验步骤】

(1)提取粗产品。

称取干燥银杏叶粉末 25 g,放进索氏提取器的滤纸袋,在 250 mL 圆底烧瓶内加 130 mL 60%的乙醇,连续提取 3 h,待银杏叶颜色变浅,停止提取。将提取物转入蒸馏装置,蒸去溶剂(回收再用),得膏状提取物。

(2)精制①产品。

将提取物加 120 mL 水搅拌,转入分液漏斗,用 60 mL 二氯甲烷萃取 3 次,萃取液用无水硫酸钠干燥。蒸去二氯甲烷,残留物干燥,称重,计算产率。

【思考题】

(1)如何检验提取物中的黄酮类化合物?

(2)查阅文献,找出精制银杏叶粗提取物的其他方法。

① 粗提取物的精制方法很多,如用 D101 树脂和聚酰胺树脂 1∶1 混合装柱,吸附,用 70%乙醇洗脱,经浓缩得精制品。

第 5 章　多步合成实验

无论在实验室或工业生产中，要想合成一个有用的有机化合物，一般都需要经过几步甚至十几步的反应，才能合成一个较复杂的分子，因此练习从基本的原料开始设计一条合理的路线，合成一个较复杂的分子，是有机合成中重要的基本功。在有机反应中，每步的实际产量都低于理论产量。在多步有机合成中，如何做好每一步反应，提高反应收率就显得十分重要。在多步有机合成中，每一步的收率对总收率都有很大的影响。因此，做好多步有机合成实验，一定要强调严谨的科学态度和熟练的实验技能。

根据前面所列出的合成实验，可以组合成多个多步合成实验，如实例 1～实例 5。

【实例 1】ε-己内酰胺的合成(Synthesis of ε-caprolactam)

ε-己内酰胺的合成通常以环己醇为起始原料，从环己醇到 ε-己内酰胺，要经过三步实验合成，总的合成路线如下所示，总收率约为 31%。

环己醇 $\xrightarrow[67\%]{K_2Cr_2O_7}$ 环己酮 $\xrightarrow[89\%]{NH_2OH}$ 环己酮肟 $\xrightarrow[52\%]{H^+}$ ε-己内酰胺

实验三十　　实验三十九　　实验三十九

【实例 2】2-甲基-2-己醇的合成(Synthesis of 2-methyl-2-hexanol)

2-甲基-2-己醇可以利用正丁醇和丙酮为原料进行合成，总的合成路线如下，反应的总收率约为 35%。

$$CH_3CH_2CH_2CH_2OH \xrightarrow{NaBr/H_2SO_4} CH_3CH_2CH_2CH_2Br \xrightarrow[66\%]{\text{无水乙醚}/Mg}$$

实验十九

$$C_4H_9\underset{\displaystyle OMgBr}{\underset{|}{C}}H(CH_3)_2 \xrightarrow[52\%]{CH_3-\overset{\displaystyle O}{\overset{\|}{C}}-CH_3/H^+} C_4H_9\underset{\displaystyle OH}{\underset{|}{C}}H(CH_3)_2$$

实验二十二　　实验二十二

【实例 3】二苯基乙二酮的合成(Synthesis of diphenyl-Ethanedione)

安息香是重要的有机合成中间体,二苯基乙二酮的合成就是利用安息香在弱的氧化剂三氯化铁作用下的一个合成反应。如果以苯甲醛为起始原料合成二苯基乙二酮,总的合成路线如下,反应的全部收率约为 54%。

$$C_6H_5CHO \xrightarrow[57\%]{维生素 B_1} C_6H_5\overset{O}{\overset{\|}{C}}\underset{OH}{\underset{|}{C}}HC_6H_5 \xrightarrow[95\%]{FeCl_3} C_6H_5\overset{O}{\overset{\|}{C}}\overset{O}{\overset{\|}{C}}C_6H_5$$

实验四十七　　　　实验三十二

【实例 4】二苯基羟乙酸的合成

二苯基羟乙酸是在二苯基乙二酮的基础上合成的,也是利用安息香这个中间体的一个重要合成。如果以苯甲醛为起始原料合成二苯基羟乙酸,总的合成路线如下,反应总收率约为 44%。

$$C_6H_5CHO \xrightarrow[57\%]{维生素 B_1} C_6H_5\overset{O}{\overset{\|}{C}}\underset{OH}{\underset{|}{C}}HC_6H_5 \xrightarrow[95\%]{FeCl_3} C_6H_5\overset{O}{\overset{\|}{C}}\overset{O}{\overset{\|}{C}}C_6H_5$$

实验四十七　　　　实验三十二

$$\xrightarrow[83\%]{(1)KOH/(2)H^+} (C_6H_5)_2\underset{OH}{\underset{|}{C}}COOH$$

实验三十五

【实例 5】喹啉的合成(Synthesis of quinoline)

喹啉是利用苯胺和 α,β-不饱和醛合成的,这个反应也就是著名的 Skraup 反应,它是合成喹啉衍生物的基础反应。如果以硝基苯为原料合成喹啉,总的合成路线如下,总收率约为 32%。

$$C_6H_5NO_2 \xrightarrow[CH_3CO_2H]{Fe} C_6H_5NH_2 \xrightarrow[H_2SO_4/硝基苯]{CH_2(OH)CH(OH)CH_2(OH)} 喹啉$$

74%　实验四十四　　　　44%　实验五十三

实验六十　四溴双酚 A 的合成

双酚 A(bisphenol A)可作为塑料、油漆等的抗氧剂,是聚乙烯的热稳定剂,大量用于热固稳定性树脂的制造,也是聚碳酸酯、聚砜、聚苯醚、聚芳酯等树脂和阻燃剂四溴双酚 A 的合成原料。

四溴双酚 A(tetrabromo bisphenol A)是多种用途的阻燃剂，可作为反应型阻燃剂，也可作为添加型阻燃剂。作为添加型阻燃剂用于合成抗冲击聚苯乙烯、ABS 树脂及酚醛树脂等。添加四溴双酚 A 在加工成型的时候要避免超过加工温度范围，一般加工温度范围是 210℃～220℃，一般加工温度超高会引起四溴双酚 A 的分解。

【实验目的】

(1)了解双酚 A 和四溴双酚 A 的性质和用途。

(2)掌握双酚 A 和四溴双酚 A 的合成方法。

【实验原理】

$$C_6H_5-OH + CH_3\overset{O}{\overset{\|}{C}}CH_3 \xrightarrow{H_2SO_4} HO-C_6H_4-C(CH_3)_2-C_6H_4-OH$$

$$HO-C_6H_4-C(CH_3)_2-C_6H_4-OH + 4Br_2 \longrightarrow HO-C_6H_2Br_2-C(CH_3)_2-C_6H_2Br_2-OH + 4HBr$$

【主要试剂及产物物理常数】

名称	分子量	相对密度 d_4^{20}	熔点/℃	沸点/℃	折光率 n_D^{20}
苯酚	94.1	1.071	43	182	1.542 5
丙酮	58.1	0.785	−95	56	1.358 8

【实验步骤】

(1)双酚 A 的合成。

在 250 mL 四口烧瓶装温度计、回流冷凝管、电动搅拌和滴液漏斗。依次加入苯酚 19 g(0.2 mol)、甲苯 45 mL，25℃搅拌下，滴加 80%硫酸 26 g，并维持温度在 28℃以下。搅拌下加入助催化剂巯基乙酸 0.2 g，然后搅拌下滴加丙酮 7 g (0.12 mol)，控制滴加温度在 30℃～35℃，不超过 40℃，约在 0.5 h 内滴加完。搅拌反应 2～2.5 h 后，然后把物料转移到分液漏斗，用 38℃～42℃热水洗涤 3 次①，第一次用水量 30 mL，第二、三次用 50 mL。每次洗涤时，边摇动边加水。静置分层，分出有机层转移到烧杯中，用冷水冷却并搅拌。冷却到 20℃～25℃，

① 洗涤反应液时不要剧烈震荡，容易发生乳化。

析出结晶，抽滤，用冷水洗涤固体，抽干，得双酚 A 粗产品。

双酚 A 的提纯：将粗双酚 A、水、二甲苯按粗双酚 A∶水∶二甲苯＝1∶1∶6(质量比)加入到烧瓶中，搅拌下加热回流 20～30 min，趁热将混合物倒入分液漏斗中(分液漏斗要预热)，静置分层，分出水层，有机层转入锥形瓶中冷却结晶。抽滤结晶，得到约 20 g 双酚 A。

(2)四溴双酚 A 的合成。

在 100 mL 四口烧瓶装温度计、回流冷凝管、电动搅拌和滴液漏斗，回流冷凝管上接气体吸收装置(用碱液吸收反应产生的溴化氢)。滴液漏斗下端浸入液面以下[①]。依次加入 11.8 g(0.05 mol)双酚 A、45 mL 95%乙醇，搅拌使其溶解，在 24℃～26℃搅拌下滴加 36.5 g(0.23 mol)液溴，约 1 h 加完。继续在 24℃～26℃搅拌反应 1.5 h。若反应液中有红棕色溴时，可加适量的亚硫酸钠脱色。冷却反应液使之析出结晶，抽滤，滤饼用冷水洗涤 2 次，干燥称重得产品 20～21 g。熔点为 178℃～181℃。

【思考题】

(1)滴加丙酮时为什么控制温度？

(2)在粗产品四溴双酚 A 中含有哪些杂质，请设计一个精制的方法。

实验六十一　苯甲酸安息香酯的制备

【实验原理】

$$C_6H_5CHO \xrightarrow{CN^-} C_6H_5\overset{O}{\overset{\|}{C}}-\overset{OH}{\overset{|}{C}H}-C_6H_5$$

$$C_6H_5\overset{O}{\overset{\|}{C}}-\overset{OH}{\overset{|}{C}H}-C_6H_5 + C_6H_5COCl \longrightarrow C_6H_5\overset{O}{\overset{\|}{C}}-\overset{OCOC_6H_5}{\overset{|}{C}H}-C_6H_5$$

【主要试剂及物理常数】

名称	分子量	相对密度 d_4^{20}	熔点/℃	沸点/℃	折光率 n_D^{20}
安息香	212.24	1.310	136	344	～
苯甲酰氯	140.57	1.212	−1	197	1.553 7

① 这样是为了避免产生的溴蒸气逸出。

【实验步骤】

(1)安息香的合成见实验四十七。

(2)苯甲酸安息香酯的合成

在25 mL三口烧瓶上安装带气体吸收装置的冷凝管(用5%的氢氧化钠溶液吸收酸气)。在烧瓶中加入2.12 g安息香和2.80 g苯甲酰氯①,在150℃油浴中加热反应,当温度升至115℃时,固体全部溶解。维持内温在130℃～140℃之间反应2 h。将反应液冷却至100℃以下,将瓶内的黄色反应液倾入50 mL 5%的氢氧化钠冰浴溶液中②,并大力搅拌③,析出松散的固体。减压过滤,用水洗涤,得浅黄色固体。用95%的乙醇重结晶,得白色针状晶体,重2.80 g,产率为90%。

【产物表征】

(1)测定产物的熔点(熔点为122.5℃～124.5℃)

(2)测定产物的核磁共振氢谱(^{1}H NMR ($CDCl_3$):δ=6.65(s,1H);6.8～7.7(m,15H))。

【思考题】

(1)本反应中苯甲酰氯是如何除去的?

(2)反应完成后,将黄色反应混合物倾入50 mL 5%的氢氧化钠冰浴溶液中的目的是什么?

实验六十二　6-硝基-1′,3′,3′-三甲基吲哚螺苯并呋喃的合成

6-硝基-1′,3′,3′-三甲基吲哚啉螺苯并吡喃是一种重要的有机光致变色化合物,在紫外光和可见光照射下发生可逆的异构化作用(见下式)。多年来的研究表明,它在非银材料、各相异性玻璃、非线性光电器件以及高分辨的信息存储和再现材料等方面具有应用价值。

---

① 苯甲酰氯有很强的刺激性,操作最好在通风橱中进行。苯甲酰氯过量一倍,可作反应溶剂用。

② 反应液倒入5%的氢氧化钠溶液中以分解过量的苯甲酰氯生成苯甲酸。勿将碱性母液倾入下水道。

③ 安息香酯析出很快,极易粘成一大块,故在倾入时要迅速搅拌。

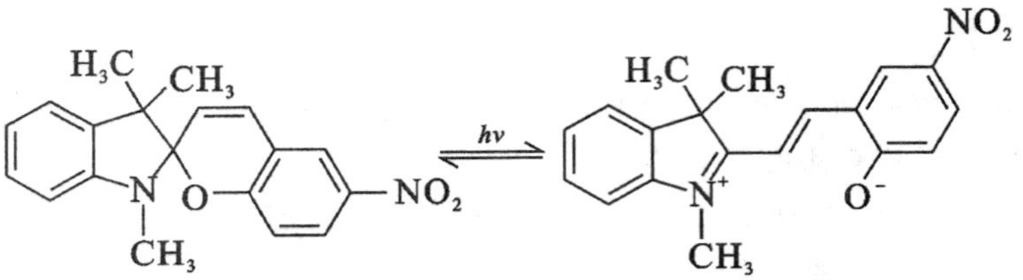

【实验原理】

合成路线如下：

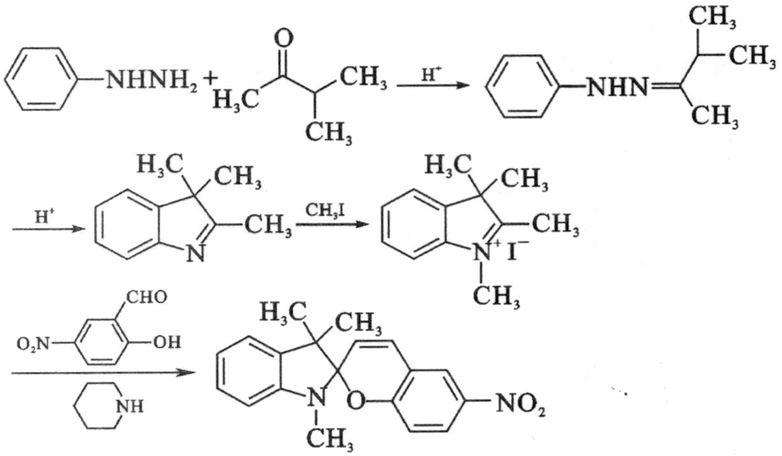

酮和苯肼发生亲核加成，然后失水形成腙，再在酸作用下发生[3,3]σ 迁移、[1,3]H 迁移以及环化脱氨反应，生成 2,3,3-三甲基-3H-吲哚。反应机理如下：

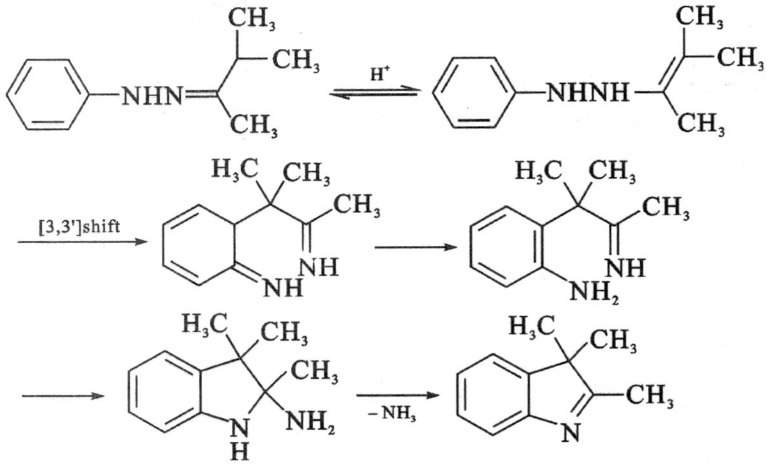

2,3,3-三甲基-3H-吲哚在六氢吡啶存在的条件下与醛发生缩合反应，最后生成 6-硝基-1′,3′,3′-三甲基吲哚啉螺苯并吡喃。反应机理如下：

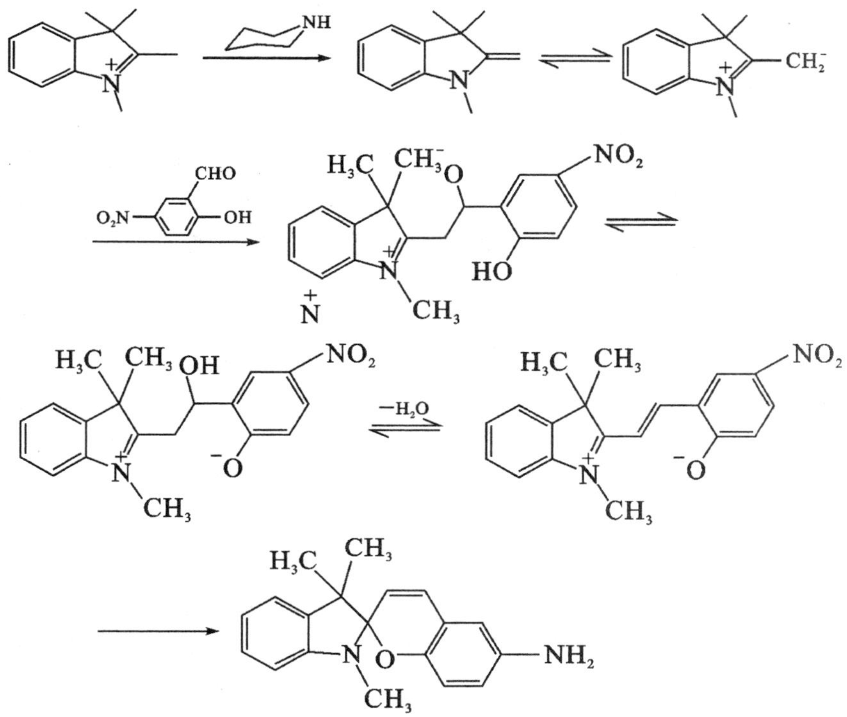

2-亚甲基吲哚啉具有烯胺结构，是个很好的亲核试剂，它与5-硝基水杨醛的反应和一般醇醛缩合类似，再通过质子交换脱水，环化，得到目标物。

所得产物的苯溶液为无色，当紫外光照射时，瞬间即转变为蓝色，暗处放置后蓝色很快褪去，这种着色-褪色过程可重复许多次。

【实验目的】

(1)学习吲哚啉螺苯并吡喃类化合物的合成及光致变色的性质。

(2)学习多步有机合成原理和操作技术。

【主要试剂及产物物理常数】

名称	分子量	相对密度 d_4^{20}	熔点/℃	沸点/℃	折光率 n_D^{20}
苯肼	108.14	1.10	19	244	～
3-甲基-2-丁酮	86.13	0.81	−92	94	～
冰醋酸	60.05	1.05	17	118	1.371 6
六氢吡啶	85.15	0.86	50	106(分解)	～
水杨醛	122.12	1.17	−7	196	1.573 5

【实验步骤】

(1)2,3,3-三甲基-3H-吲哚的制备。

将 5.4 g(5 mL 0.05 mol)苯肼[①]和 4.6 g(5.7 mL,0.053 mol)3-甲基-2-丁酮加入到 50 mL 的圆底烧瓶中,在磁力搅拌作用下,再加入 12 mL 无水乙醇,使两种有机物互溶,得到均一的浅黄色溶液。在恒压滴液漏斗中加入 4.8 mL 浓硫酸,再在滴液漏斗上加装回流冷凝管,在搅拌条件下,慢慢地将浓硫酸滴入混合液,局部有白色混浊物出现,液体的黏度增加,逐渐变得无法搅拌,继续滴加,放出大量的热,乙醇沸腾,并且有局部变黑,但黏度下降,溶液渐渐变成深红色(过程中可适当地补加一些乙醇),然后用水浴加热到 90℃,回流反应 2.5 h。蒸出溶液中的乙醇,冷却后蒸馏液用 10%的 NaOH 溶液调节 pH 至 9~10,分离水相和有机相,水层用 20 mL 乙醚萃取,并将萃取液与有机相合并,用无水硫酸镁干燥,常压蒸馏回收乙醚,再减压蒸馏[②]收集 102℃~105℃/532 Pa 的馏分,得到淡黄色的液体约 4.7 g。

(2)5-硝基水杨醛的制备。

在 100 mL 三口烧瓶中,装上电动搅拌器和滴液漏斗,先在三口烧瓶中加入 4 mL(4.6 g,0.038 mol)水杨醛和 20 g 冰醋酸,搅拌使水杨酸溶解,此时溶液为浅红色。冰浴冷却下缓慢用滴液漏斗滴加 5.6 mL 发烟硝酸并保持反应温度为 0~5℃(温度稍高有棕黄色气体逸出),1~2 h 内加完(加入约 2/3 时,有浅黄色固体析出)。加完后用水浴加热至 40℃,固体完全溶解,溶液为暗红色,快速倒入 40 mL 冰水中,析出浅黄色固体,过滤。所得固体在加热条件下溶解在 3 mol·L^{-1}的 NaOH 水溶液(约 120 mL)中,冷却,放入冰箱过夜后,用砂芯漏斗过滤,所得固体溶解在水中,然后用盐酸调节 pH 值至 2,析出浅黄色固体,过滤,干燥得固体约 3 g,熔点为 128℃~130℃。

(3)N-甲基碘化物制备。

取上述制得的 2,3,3-三甲基-3H-吲哚 3.2 g(0.02 mol)与 4.5 g(0.03 mol)碘甲烷及 10 mL 无水乙醇加入到 25 mL 圆底烧瓶中,装上回流冷凝管,在水浴上回流 30 min[③],冷却后滤出固体粗产品,用无水乙醇洗涤,干燥,得到近于无色的结晶体 3.6 g。熔点为 242℃~245℃。为获得纯品,可用无水乙醇重结晶一

---

① (a)苯肼密度约为 1.1 g·mL^{-1},暴露在空气中易变质,应密闭避光保存,若已氧化为棕黑色,使用前应重新蒸馏;(b)3-甲基-2-丁酮加入到苯肼时,有放热现象,故需慢慢加入。

② (a)两个同学实验的产物合并后进行减压蒸馏;(b)2,3,3-三甲基-3H-吲哚久置于空气中会变为棕红色,需蜡封冷藏。

③ 若将反应时间增加到 1.5 h,产率可提高到 80%以上。

次（每克粗产品约需 25 mL 无水乙醇），纯品熔点为 250℃～251℃。

（4）6-硝基-1′，3′，3′-三甲基吲哚啉螺苯并吡喃的合成。

在 50 mL 锥形瓶中加入 1.5 g（0.005 mol）N-甲基碘化物和 0.84 g（0.005 mol）5-硝基水杨醛，使之溶于 25 mL 无水乙醇中，在溶剂回流温度下由冷凝器上口用滴管加入 0.6 mL 六氢吡啶。反应也很快由棕红色变为紫色，15 min 左右便会有结晶体析出。继续反应 1 h，稍冷后，滤出结晶，用乙醇洗涤，干燥，得黄色晶体约 1.3 g（产率 80%），熔点为 178℃～180℃。

（5）光致变色性质试验。

用试管取少许制得的螺苯并吡喃，溶于约 2 mL 无水苯中，用紫外光[①]（光源可用紫外灯或汞灯）照射数分钟，即可见原来的无色液体变为深蓝色。置于暗处，蓝色很快褪去。用紫外灯再照射，又变为蓝色，如此可重复多次。

【思考题】

（1）实验中所用浓硫酸的作用是什么？

（2）最后一步合成，除得到目标物外，溶液中可能存在的副产物有哪些？

（3）从结构解释目标物在光照条件下及暗处的颜色。

（4）解释目标物在乙醇中比苯中颜色深的原因。

实验六十三　2-甲基-5-氯-1，4-对苯二胺的合成

2-甲基-5-氯-1，4-对苯二胺是有机合成中用途广泛的中间体，既可用来合成涂料，也可以合成色泽艳丽、牢度优良的新型染料，还可以用来制造热影材料的显色剂。

【实验目的】

掌握乙酰化保护氨基、混酸硝化、硝基在酸性条件下用铁粉还原等基本反应方法。

【实验原理】

$$\text{(CH}_3\text{, NH}_2\text{, Cl)} \xrightarrow[(CH_3CO)_2O]{CH_3COOH} \text{(CH}_3\text{, NHCOCH}_3\text{, Cl)} \xrightarrow[HNO_3]{H_2SO_4}$$

① 也可测定溶液的吸收光谱，并将光照前后所得谱图加以比较分析。

$$\text{(2-甲基-4-硝基-5-氯-N-乙酰苯胺: }CH_3, NHCOCH_3, O_2N, Cl) \xrightarrow{NaOH} \text{(}CH_3, NH_2, O_2N, Cl) \xrightarrow[HCl]{Fe} \text{(}CH_3, NH_2, H_2N, Cl)$$

【主要试剂及产物物理常数】

名称	分子量	相对密度 d_4^{20}	熔点/℃	沸点/℃	折光率 n_D^{20}
2-甲基-5-氯苯胺	141.5	～	47～49	～	～
冰醋酸	60.05	1.049	16.6	118.1	1.371 6
乙酸酐	102.09	1.082	−73.1	140.0	1.390 1

【实验步骤】

(1)N-乙酰-2-甲基-5-氯苯胺的制备。

在 250 mL 三口烧瓶中加入 14.2 g(0.1 mol)2-甲基-5-氯苯胺、稀醋酸(醋酸：水=3：2,体积比)120 mL,启动搅拌,加入乙酸酐 16.5 mL(约 17.0 g,0.16 mol),出现白色沉淀,加热到 60℃,沉淀溶解为黄色溶液,在 70℃～75℃下反应 1.5 h。稍冷后,倒入瓶中溶液 5 倍量的 10% NaCl 的冰水中分散,析出白色晶体,减压过滤,冰水洗涤。产品在红外灯下干燥至恒重,约 18.2 g,产率 99%。熔点为 135℃～136℃。

(2)N-乙酰-2-甲基-4-硝基-5-氯苯胺的制备。

在 250 mL 三口烧瓶中,加入 14.7 g N-乙酰-2-甲基-5-氯苯胺(0.08 mol),然后加冰醋酸 45 mL、浓硫酸 58 mL,加热至约 40℃,搅拌使之溶解,得到橙色稠状液体,撤下电热套,将反应瓶置于冰水浴中,冷却至 15℃左右时,用滴液漏斗慢慢滴入硝酸 21 mL(约 31.5 g,0.50 mol),约 10 min 内滴完,撤去冰浴,在室温下搅拌反应 1.5～2 h,然后把反应液倾入 5 倍量的冰水中分散,析出 N-乙酰-2-甲基-4-硝基-5-氯苯胺的浅黄色粉状固体,减压过滤,冰水洗涤产品,然后在红外灯下烘干至恒重,约为 17.3 g,产率为 94.5%。熔点为 148℃～150℃。

(3)N-乙酰-2-甲基-4-硝基-5-氯苯胺的水解。

在 250 mL 三口烧瓶中,加入 N-乙酰-2-甲基-4-硝基-5-氯苯胺 11.4 g(0.05 mol)、20%NaOH 溶液 110 mL,开动搅拌器,加热,在 95℃～98℃条件下搅拌 1.5～2 h,降温至 50℃左右时,加入保险粉 0.1 g,然后用 1：1 的盐酸中和至 pH=7～8,析出黄色固体,充分冷却后过滤,红外灯下干燥至恒重,得黄色粉状固体产品约为 8 g,产率为 86%,熔点为 139℃～140℃。

(4)2-甲基-5-氯-1,4-对苯二胺的制备。

在250 mL三口烧瓶中加入还原铁粉12 g、水30 mL、盐酸5 mL,加热沸腾,稍冷后加入2-甲基-4-硝基-5-氯苯胺5 g(0.027 mol)。乙醇110 mL,加热回流2～3 h①,然后用20% NaOH溶液调pH=7,趁热过滤,收集母液,冷却后析出棕色结晶,过滤,水洗两次,烘干至恒重,得到的产品约为3 g,产率为71%,熔点为146℃～148℃。

【思考题】

(1)实验中各步的产品为什么都用冰水洗涤?

(2)为什么在N-乙酰-2-甲基-4-硝基-5-氯苯胺的水解中,要用盐酸中和到pH=7～8?

实验六十四　磺胺类药物的合成

磺胺类药物是20世纪30年代发现的能有效防治全身性细菌性感染的化学合成药物。在临床上现已大部分被抗生素及喹诺酮类药取代,但由于磺胺药有对某些感染性疾病(如流脑、鼠疫等)具有疗效好、使用方便、性质稳定、价格低廉等优点,故在抗感染的药物中仍占一定地位。磺胺类药与磺胺增效剂甲氧苄啶合用,使疗效明显增强,抗菌范围增大。

H(R)N—C6H4—SO_2—N(H)R_1

磺胺类药是人工合成的氨苯磺胺衍生物。氨苯磺胺分子中的磺酰胺基上一个氢原子(R_1)被杂环取代可得到口服易吸收的,用于全身性感染的磺胺药如磺胺嘧啶(SD)、磺胺甲噁唑(SMZ)等。如将氨苯磺胺分子中的对位氨基上一个氢原子(R)取代则可得到口服难吸收的,用于肠道感染的磺胺药如柳氮磺胺吡啶等等。此外,还有外用磺胺药,如磺胺嘧啶银等。

磺胺药是抑菌药,通过干扰细菌的叶酸代谢而抑制细菌的生长繁殖。磺胺药的抗菌谱广,对金葡萄球菌、溶血性链球菌、脑膜炎球菌、大肠杆菌、伤寒杆菌、产气杆菌及变形杆菌等有良好的抗菌活性,此外对少数真菌、衣原体、原虫引起的疾病也有疗效。

① 加热过程中,应不断检查反应终点,终点的确定方法是用滴管取反应液滴于滤纸上,润圈不显黄色。如显黄色,并与5%Na_2S溶液相交处显黑色,说明未达终点。

【实验目的】

(1)学习合成磺胺类化合物的原理和方法。

(2)掌握合成磺胺类药物的实验操作。

【实验原理】

本实验以乙酰苯胺为起始原料,合成以下三个磺胺类药物。

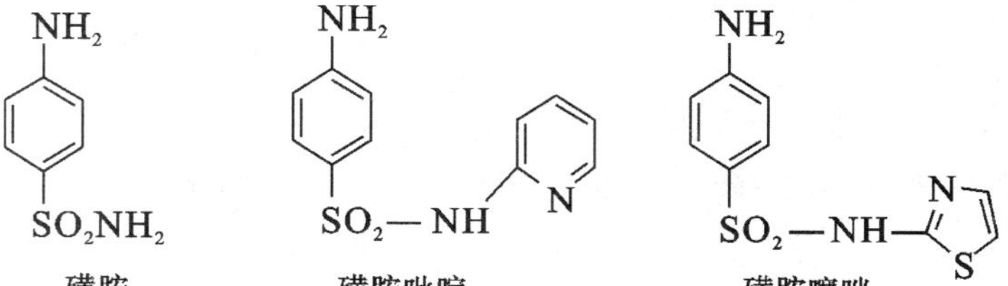

磺胺　　磺胺吡啶　　磺胺噻唑

磺胺类药物在结构上都是对氨基苯磺酰胺的衍生物,其差别在于磺酰胺基的氮原子上取代基的不同。利用氯磺化反应可以制备芳基磺酰氯,理论上需要2 mol 氯磺酸。反应先经过中间体芳基磺酸,而磺酸进一步与氯磺酸作用得到磺酰氯。磺酰氯是制备一系列磺胺类药物的基本原料。

制备磺胺时不必将对乙酰氨基苯磺酰氯干燥或进一步提纯,因为下步为水溶液反应,但必须尽快使用,不能长期放置。如果要制备磺胺吡啶或磺胺噻唑,则必须干燥,因为下步应在无水条件下进行。

制备三个磺胺类药物的反应式如下:

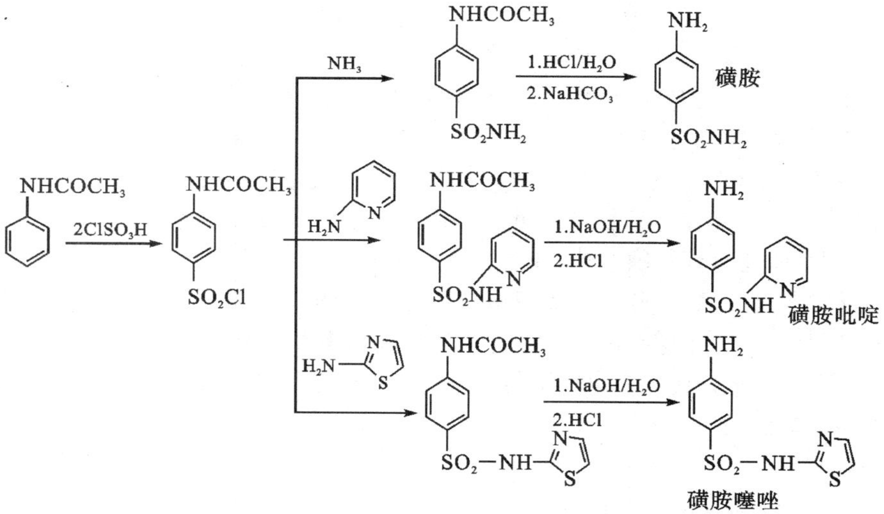

【主要试剂及产物的物理常数】

名称	分子量	相对密度 d_4^{20}	熔点/℃	沸点/℃
乙酰苯胺	135.16	1.22	114	304
氯磺酸	116.52	1.77	−80	151
对氨基苯磺酰胺	172.22	1.08	165	～

【实验步骤】

(1)对乙酰氨基苯磺酰氯的制备。

在100 mL干燥的锥形瓶中，加入5 g干燥的乙酰苯胺，缓慢加热使之融化。若瓶壁上出现少量水珠，应用滤纸擦干。取下锥形瓶在水浴中冷却，乙酰苯胺在瓶底上结成一薄层①，经冰水浴冷却后，一次加入12.5 mL氯磺酸②，立即连结上氯化氢气体吸收装置(注意防止倒吸)。反应很快发生，若反应过于剧烈，可用水浴冷却③。待反应缓和后，微微摇动锥形瓶以使固体全部反应，然后于温水浴上加热至不再有氯化氢气体产生为止。冷却后于通风橱中充分搅拌下，将反应液慢慢倒入盛有75 mL冰水的烧杯中。用约10 mL冷水洗涤烧瓶，并入烧杯中搅拌数分钟，出现白色粒状固体，减压过滤，用水洗涤④，压紧抽干。立即进行下一步制备磺胺的反应⑤。若制备纯品，可进行提纯⑥。

(2)对乙酰氨基苯磺酰胺的制备。

在100 mL锥形瓶中加入5 g对乙酰氨基苯磺酰氯，在搅拌下慢慢加入浓氨水，此时产生白色稠状物。加约15 mL左右氨水。继续充分搅拌15 min，然后于其中加入10 mL水，缓慢加热10 min。得到的混合物直接进行下步反应。若

---

① 氯磺化反应常过于剧烈，难以控制，将乙酰苯胺凝结后再反应，可使反应平稳进行。

② 氯磺酸有强烈的腐蚀性，遇水发生剧烈的放热反应，甚至爆炸，在空气中即冒出大量氯化氢气体，使人窒息，故取用时需特别小心，并注意通风。反应所用的仪器及药品皆须十分干燥，含有氯磺酸的废液不可倒入水槽，而应倒入酸缸中。

③ 必须防止局部过热，否则会造成苯磺酰氯的水解，这是做好本实验的关键。故需用大量的冰，并需充分搅拌，加入的速度要缓慢。

④ 应尽可能除尽固体表面附着的盐酸，否则会影响下步反应。

⑤ 对乙酰氨基苯磺酰氯的粗产品不稳定、易分解，不宜放置过久。

⑥ 把粗品放入250 mL圆底烧瓶内，先加入少许氯仿，加热回流，在逐渐加入氯仿直至固体全部溶解。然后将溶液迅速移入250 mL分液漏斗中，分出氯仿层，在冰浴中冷却，即有结晶体析出。减压过滤，用少量氯仿洗涤结晶，抽干，称重，得到纯品对乙酰氨基苯磺酰氯，熔点为148℃～149℃。

要得粗品对乙酰氨基苯磺酰胺，则将混合物过滤，固体经水洗涤后压紧抽干，然后用50%乙醇重结晶。

(3)对氨基苯磺胺的制备。

在上述反应物中加入5 mL盐酸[①]、10 mL水，加热回流50 min。若溶液呈黄色，可加量活性炭脱色。过滤，在滤液中先慢慢加固体碳酸氢钠[②]，并不断搅拌。在快接近中性(即固体磺胺还未析出前)时，慢慢加饱和碳酸氢钠水溶液，直至溶液呈中性，此时有固体磺胺析出。放置冷却后过滤，可用少量水洗涤产品，压紧抽干，得粗品磺胺。用水重结晶后得3～4 g产品，熔点为162℃～164℃。

(4)磺胺吡啶的制备。

称取2.4 gα-氨基吡啶，放入盛有10 mL无水吡啶的圆底烧瓶中，加入6 g干燥的对乙酰氨基苯磺酰氯，加热回流15 min。反应完毕，将混合物冷却，并倾入盛有50 mL水的烧杯中，用少量水冲洗烧瓶并倾入上述混合液中。将此混合液在冰浴中边搅拌边冷却，直至油状物结晶为止。减压过滤收集粗产品。

将粗品放入圆底烧瓶中，加入20 mL 10%氢氧化钠水溶液。加热回流40 min，然后将溶液冷却，并用1∶1盐酸小心中和，产生沉淀即为磺胺吡啶。把沉淀减压过滤，粗品用95%乙醇(约100 mL)重结晶。产品干燥，熔点为190℃～193℃。

(5)磺胺噻唑的制备。

将2.5 gα-氨基噻唑放入盛有10 mL无水吡啶的锥形瓶中，然后称取6.5 g对乙酰氨基苯磺酰氯，分批加入锥形瓶中，每加一批要摇动锥形瓶，控制加入速度，以使溶液温度不超过40℃为宜。加完后在水浴上加热30 min。将混合液冷却并倾入盛有70 mL水的烧杯中。用水冲洗锥形瓶，将冲洗液合并，油状物用玻璃棒搅动摩擦，就会出现沉淀。把沉淀减压过滤，用冷水洗涤并压干。

称量粗品，并将其溶于盛有10%氢氧化钠溶液(每克粗品需用10 mL溶液)的圆底烧瓶中。加热回流1 h。反应完后，将溶液冷却，用浓盐酸调节使溶液pH=6。如加酸过多，可用10%氢氧化钠溶液进行调节。然后再加入固体醋酸钠使溶液刚好呈碱性(用石蕊试纸检测)，将溶液加热至沸腾，然后在冰浴中冷却出现沉淀，把沉淀过滤，得到粗产品。粗产品可用水进行重结晶。纯品熔点为201℃～202℃。

---

① 加盐酸水解前，溶液中氨的含量不同，加5 mL盐酸有时不够。因此，在回流至固体全部消失后，应测量一下溶液的酸碱性。若不呈酸性，应补加盐酸继续回流一段时间。

② 中和反应中放出大量二氧化碳气体，要防止产品溢出。产品可溶于过量碱中(为什么?)中和时必须仔细控制碳酸氢钠用量。

【思考题】

(1)在氯磺化反应中为什么在冰水浴中进行?

(2)苯胺直接氯磺化可以么?

(3)如何理解对氨基苯磺胺是两性物质?用反应式表示它与稀酸和稀碱的作用。

实验六十五 玫瑰香精的制备

玫瑰香精即乙酸三氯甲基苯基甲酯是具有玫瑰香气的结晶状香料,故在商业上称为“结晶玫瑰”。“结晶玫瑰”除可直接做香料外,还是一种良好的定香剂,可用作化妆品、皂用香精,更适合作粉剂化妆品(如香粉、爽身粉)。

【实验目的】

学习氯仿在强碱存在下与醛的反应,合成“结晶玫瑰”。

【实验原理】

在强碱氢氧化钾存在下,用氯仿和苯甲醛反应生成三氯甲基苯基甲醇,在用磷酸做催化剂,用乙酸酐做酰化剂进行酯化,生成乙酸三氯甲基苯基甲酯,即结晶玫瑰,反应过程如下:

$$C_6H_5CHO + CHCl_3 \xrightarrow{KOH} C_6H_5CH(OH)CCl_3 \xrightarrow[(CH_3CO)_2O]{H_3PO_4} C_6H_5CH(OCOCH_3)CCl_3$$

【主要试剂及产物物理常数】

名称	分子量	相对密度 d_4^{20}	熔点/℃	沸点/℃
苯甲醛	106.12	1.041	−26	179
氯仿	119.38	1.498	−63	61

【实验步骤】

(1)三氯甲基苯基甲醇的制备。

在装有磁搅拌子、回流冷凝管和100℃温度计的250 mL三口烧瓶中,加入20 mL(0.06 mol)苯甲醛和25 mL氯仿,搅拌下将反应液冷至10℃,然后分批加入4 g氢氧化钾,将反应温度控制在10℃~15℃,必须保持有效冷却,否则温度将失去控制而急剧上升。加完氢氧化钾后,在20℃~30℃下搅拌2 h,然后向三口烧瓶中加入 15 mL 冷水，再搅拌 1 h，然后将反应混合物放入 100 mL 分液漏斗静置分层。弃去水层，有机层分别用 5 mL 水洗涤 2 次。然后将有机层移入 100 mL 锥形瓶中，加入 5 mL 水，搅拌下加入 10%的盐酸调节 pH 至 6～7。分去水层后，将有机层放入三口烧瓶中进行水蒸气蒸馏，以除去苯甲醛和氯仿。剩余液趁热尽可能分去水层。有机层用无水硫酸镁干燥至澄清。在进行酯化前，应注意将三氯甲基苯基甲醇充分干燥，抽滤，滤液即为粗制三氯甲基苯基甲醇。

（2）玫瑰香精的制备。

在装有磁搅拌子、回流冷凝管和 250℃温度计的 250 mL 三口烧瓶中（所用仪器要干燥），加入上述粗制三氯甲基苯基甲醇 9.0 g、醋酸酐 5.5 mL，搅拌下加入磷酸 0.5 mL。温度自然上升，最高可达 120℃～125℃。待温度下降后，静置过夜。抽滤，收集晶体。用无水乙醇重结晶，即可得到纯品。

【产物表征】

（1）测定产物的熔点（纯结晶玫瑰的熔点为 86℃～88℃，有清香的玫瑰香气。）

（2）用 KBr 压片测定结晶玫瑰的红外光谱，与文献的标准谱图进行比较，并指出特征吸收峰的归属。

（3）配制结晶玫瑰的 5%的氘代氯仿溶液，作核磁共振谱，并指出各峰的化学位移及其归属。

【思考题】

为什么要把三氯苯基甲醇要充分干燥才能进行下一步的合成反应？

第6章 综合设计与文献实验

6.1 综合设计实验

对于一个有机化学工作者来说，查阅和利用文献是一项重要的技能，新的发明和创造也是建立在前人大量的工作基础上的，为了能够提高学生在有机化学科研上的水平和对多步实验的认识，下面实验从不同的角度要求学生利用文献来完成一些实验，希望这些实验，能对学生在查阅和利用文献的能力有进一步的锻炼和提高。

实验六十六 设计合成乙醇酸

【实验背景】

乙醇酸(glycollic acid)，又称羟基乙酸(hydroxyacetic acid)、甘醇酸，是最简单的α-羟基酸。Stecker 于 1848 年第一次用甘氨酸经亚硝酸氧化制得了乙醇酸，1851 年 Sokolov 和 Stecker 证实其为α-羟基酸结构。乙醇酸在自然界尤其是在甘蔗、甜菜以及未成熟的葡萄汁中存在，但其含量甚低，且与其他物质共存，难以分离提纯，工业生产都采用合成法。

乙醇酸是一种重要的有机合成中间体和化工产品，其应用范围广。国家在“十五”规划中把乙醇酸列为主要基础化工产品来开发，足以说明其在化工生产中的重要性。近年来，由于乙醇酸能用于医学工程材料和高分子降解材料等许多领域，使得乙醇酸的需求量逐年增加。提高乙醇酸的产量和开发新的合成路线，降低产品成本成为开发的重点。

(1)早期的乙醇酸合成方法。

①甘氨酸的亚硝酸氧化法：

$$NH_2CH_2COOH \xrightarrow[H_2O]{HNO_2} HOCH_2COOH$$

②羟基乙腈的酸性水解法：

$$HOCH_2CN \xrightarrow[H_2O]{H^+} HOCH_2COOH$$

③氯乙酸在碳酸钙或碳酸钡的存在下水解法：

$$ClCH_2COOH + H_2O \longrightarrow HOCH_2COOH + HCl$$

(2)工业化生产乙醇酸。

①氯代乙酸水解法合成乙醇酸：

$$ClCH_2COOH + NaOH \longrightarrow HOCH_2COOH + NaCl$$

②甲醛羰化法合成乙醇酸：

$$HCHO + H_2O + CO \xrightarrow{H^+} HOCH_2COOH$$

(3)乙醇酸合成的新方法。

甲醛与甲酸甲酯在酸催化作用下偶联合成乙醇酸、羟基乙酸甲酯和甲氧基乙酸甲酯。羟基乙酸甲酯很容易水解得到乙醇酸，后者氢化可合成乙二醇，而甲氧基乙酸甲酯也是一个重要的药物合成原料。

$$HCHO + HCO_2CH_3 \xrightarrow{H^+} HOCH_2CO_2H + CH_3OCH_2CO_2CH_3 + HOCH_2CO_2CH_3$$

$$HOCH_2COOCH_3 + H_2O \xrightarrow{H^+} HOCH_2COOH + CH_3OH$$

【实验要求】

(1)查阅相关文献，比较各种合成方法，设计可行的实验方案，合成 5 g 乙醇酸。

(2)采用合适的方法提纯产品。

(3)对合成的乙醇酸进行结构表征。

【实验提示】

(1)实验过程中，重点考察反应物浓度、反应时间、反应温度对反应的影响。

(2)考虑用色谱技术监测反应进程，检验产品纯度。

参考文献

[1] 陈栋梁，翟美臻，白宇新，等. 乙醇酸的合成与应用[J]. 合成化学：2001，9(3)：194.

[2] 王玉萍，彭盘英，孙春霞. 氯乙酸水解生产羟基乙酸的中控分析方法[J]. 南京师范大学学报：工程技术版，2002，2(3)：76.

[3] 化学工业部科学技术情报研究所. 化工产品手册(上册)有机化工材料[M]. 北京：化学工业出版社，1985. 454.

实验六十七　设计合成苯巴比妥

【实验背景】

苯巴比妥是巴比妥类药物，具有镇静、催眠、抗惊厥作用，并可抗癫痫，对治疗癫痫的发作与局部性发作及癫痫持续状态有良效。苯巴比妥有多种合成方法，如下列方法就是其中比较成熟的方法之一。通过苯乙酸乙酯与草酸二乙酯 Cliasen 缩合，加热脱羰得 2-苯基丙二酸二乙酯。再引入乙基，与尿素缩合得到苯巴比妥。反应式如下：

$$C_6H_5CH_2COOC_2H_5 + \begin{matrix} COOC_2H_5 \\ | \\ COOC_2H_5 \end{matrix} \xrightarrow{C_2H_5ONa} C_6H_5CH\begin{matrix} COCOOC_2H_5 \\ COOC_2H_5 \end{matrix}$$

$$\xrightarrow[\triangle]{} C_6H_5CH\begin{matrix} COOC_2H_5 \\ COOC_2H_5 \end{matrix} \xrightarrow[C_2H_5ONa]{C_2H_5Br} \begin{matrix} H_5C_6 \\ H_5C_2 \end{matrix}C\begin{matrix} COOC_2H_5 \\ COOC_2H_5 \end{matrix}$$

$$\xrightarrow[C_2H_5ONa]{H_2NCONH_2}$$ (5-乙基-5-苯基嘧啶-2,4,6-三酮结构式：H_5C_6、H_5C_2 连于同一碳，环上含两个 NH 及三个 C=O)

【实验要求】

(1)查阅相关文献，比较不同的合成方法，设计可行的实验方案，合成 2 g 苯巴比妥。

(2)采用合适的方法提纯产品。

(3)对合成的苯巴比妥进行结构表征。

【实验提示】

(1)实验过程中，重点考察反应物浓度、反应时间、反应温度对反应的影响。

(2)考虑用仪器分析技术监测反应进程，检验中间产物。

参考文献

[1] 李正化. 药物化学[M]. 三版. 北京：人民卫生出版社，1990. 179.

[2] Kenji ARAI，Shohei TAMURA，Ken-ichi KAWAI and Shoichi NAKAJIMA A Novel Electrochemical Synthesis of Ureides from Esters. Chemical & Pharmaceutical Bulletin，1989，37(11)：3 117-3 118.

[3] Olivier Lafont，Christian Cave，. Sabine Menager，Marcel. Miocque. New

chemical aspects of primidone metabolism. European Journal of Medicinal Chemistry, 1990, 25(1):61-66.

实验六十八　设计合成盐酸普萘洛尔

【实验背景】

心律失常是心血管系统疾病中最为常见的症状之一。正常成人的心律频率为 60～100 次/分,比较规则。在心脏搏动之前,先有冲动的产生与传导,心脏内的激动起源或激动传导不正常引起整个或部分心脏的活动变得过快、过慢或不规则,或者各部分的激动顺序发生紊乱,引起心脏跳动的速率或节律发生改变,这就叫心律失常。引起心律失常的原因很多,有的是器质性的,有的是因为电解质紊乱造成的,也有的是因为疲劳或不良嗜好引起的。抗心律失常药是一类抑制心脏自律性药物,主要通过影响 Na^{+}、K^{+} 或 Ca^{2+} 的转运,纠正电生理紊乱而发挥作用。

盐酸普萘洛尔,学名为 1-异丙氨基-3-(1-萘氧基)-2-丙醇盐酸盐,俗称心得安,可用于治疗各种心律失常、心绞痛,对部分高血压有中度降压作用。其结构式为:

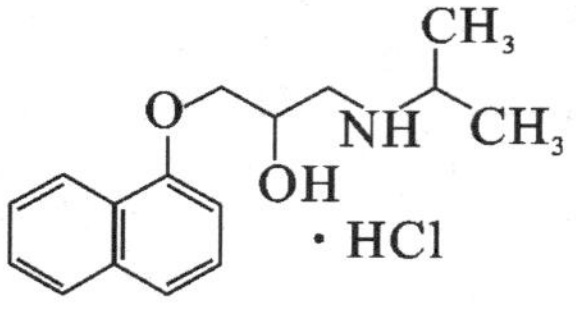

【实验要求】

(1)用所学过的逆合成分析法,初步设计合成路线和起始原料。

(2)查阅相关文献,比较不同的合成方法,设计可行的实验方案,合成 2 g 盐酸普萘洛尔。

(3)采用合适的方法表征产品结构。

【实验提示】

普萘洛尔分子中有氨基和羟基存在,且相对位置为 1,2 位,可以考虑用环氧化合物与胺的加成反应来合成该化合物。

参考文献

[1] Frederick, Crowther Albert, Harold, Smith Leslie. 3-Naphthyloxy-2-hydroxypro-pylamines. US 3337628. 1967.

[2] Fredrick, Crowther Albert, Harold , Smith Leslie. Homocyclic Compounds. US3520919. 1970.

[3] H. S. Bevinakatti, A. A. Banerji,. Practical chemoenzymic synthesis of both enantiomers of propranolol. J. Org. Chem,1991,56(18):5372-5375.

实验六十九 设计合成2-氨基-3,5-二硝基苯腈

【实验背景】

染料工业是化学工业中的一个重要组成部分,2-氨基-3,5-二硝基苯腈是制造亮蓝等染料的重要中间体,其分子结构式如下:

CN, NH_2, NO_2, O_2N

2-氨基-3,5-二硝基苯腈的相对分子量为208.14,黄色结晶,熔点为219℃~220℃。其合成方法较多,主要有以下几条。

第一条路线:以邻氯苯甲酸为原料,经硝化,再经酰胺化、脱水,取代得到产物。

CO_2H, Cl → HNO_3 → CO_2H, Cl, NO_2, O_2N → 1) $SOCl_2$ 2) NH_3 → $CONH_2$, Cl, NO_2, O_2N → 1) $POCl_3$ 2) NH_3 → CN, NH_2, NO_2, O_2N

第二条路线:以2,4-二硝基氯苯为原料,经傅克反应、酸化,再经酰胺化、脱水、取代得到最终产物。

Cl, NO_2, O_2N → 1) CCl_4,$AlCl_3$ 2) H_3^+O → CO_2H, Cl, NO_2, O_2N → 1) $SOCl_2$ 2) NH_3 → $CONH_2$, Cl, NO_2, O_2N → 1) $POCl_3$ 2) NH_3 → CN, NH_2, NO_2, O_2N

第三条路线：以水杨酸为起始原料，经硝化，酰胺化、脱水、取代得到产物。

CO_2H OH $\xrightarrow{HNO_3}$ CO_2H OH O_2N NO_2 $\xrightarrow[2)\ NH_3]{1)\ SOCl_2}$ $CONH_2$ Cl O_2N NO_2

$\xrightarrow[2)\ NH_3]{1)\ POCl_3}$ CN NH_2 O_2N NO_2

【实验要求】

(1)查阅相关文献，比较各种合成方法，综合考虑原料的易得程度和价格、产率等因素，设计可行的实验方案，合成 8 g 2-氨基-3，5-二硝基苯腈。

(2)用熔点仪器测定产物的熔点并与文献值进行比较。

【实验提示】

(1)注意合理的加料顺序和温度控制方法。

(2)用薄层色谱法跟踪该反应的进程。

参考文献

[1] Eilingsfeld Heinz DR，Bantel，Karl-heinz. Aminobenzonitrile prepn-from halo-gen-substd triphenylphosphine phenylimines and metal cyanides，esp cuprous cyanide，and hydrolysis DE 217719. 1973.

[2] Wayland E. Noland，Kent R. Rush，. The Polynitration of Indolines. 5，7-Dinitration. J. Org. Chem.，1964，29(4)：947-948.

6.2 文献实验

学生在基本操作、基本有机合成实验训练后，已基本具有有机化学实验的基本知识和技能及初步查阅文献资料和多步有机合成实验的能力。在此基础上，安排一定时间开展文献实验，进行较全面的综合训练，对提高学生独立从事有机化学实验和独立分析、解决问题的能力，对学习新方法、接触新领域，扩大知识面等都有重要意义。学生独立或在教师指导下完成文献资料查阅、合成路线设计、合成实验步骤设计(反应条件、操作方法、药品种类、用量、仪器规格等)、数据处理(产量、产率计算)、产品表征等内容，对实验过程中出现的现象和问题进行一定讨论。按文献实验要求写出文献实验报告，进行文献实验交流。

下面列举出一些文献实验选题，以供参考选用：

(1)间苯氧基苯甲醛的制备。

(2)磺胺胍的制备。

(3)2-氨基-4-苯基噻唑的制备。

(4)二巯基咪唑啉的制备。

(5)β-苯胺基-β-苯基丙酰苯的制备。

(6)烷基呋喃的制备。

(7)氨基二乙酸与氨基三乙酸的制备。

(8)N,N-二羟甲基-2-巯基咪唑啉的制备。

(9)N,N-二甲氨基-1,3-二氯丙烷的合成。

(10)N,N-二甲基-2-氯烯丙胺的合成。

(11)氨基苯甲酸肉桂酯的合成。

(12)二甲基二环氧丙基硅烷的合成。

(13)乙撑三乙氧基硅烷的合成。

(14)甘氨酰甘氨酸的合成。

第 7 章　有机化合物的性质及鉴别

在有机物的化学性质中，某些性质是分析、鉴别有机物的重要手段，虽然近年来，由于现代仪器用于分离和分析，使有机化学的分析方法起了根本的变化，但是化学分析仍然是每个化学工作者必须掌握的基本知识和操作技巧。在实验过程中，往往需要在很短的时间内用很少的样品作出鉴定，以保证实验很快顺利进行。化学分析鉴定就是利用有机物的性质实验来得到一定的信息。

有机物主要以官能团分类，有机化合物官能团的定性实验，其操作简便、反应迅速，对确定化合物的结构非常有利。官能团的定性鉴定是利用有机化合物中官能团所具有的不同特性，即能与某些试剂作用产生特殊的颜色或沉淀等现象，反应具有专一性，结果明显。选取化学分析还是仪器分析取决于实验中哪一方法更为迅速、更为简便。

实验七十　烷、烯、炔的性质

【试剂及药品】

环己烷、环己烯、乙炔、四氯化碳、氯化亚铜、5％溴的四氯化碳溶液、2％高锰酸钾溶液、10％NaOH 溶液、氨水、2％硝酸银溶液、硝酸。

【实验步骤】

(1)溴的四氯化碳溶液试验。

取两只干燥试管，分别在两个试管中放入 1 mL 四氯化碳。在其中一试管中加入 2～3 滴环己烷样品，在另一试管中加入 2～3 滴环己烯样品，分别滴加 5％溴的四氯化碳溶液，不时振荡，观察褪色情况，并作记录。

再取一试管，加入 1 mL 四氯化碳并滴入 3～5 滴 5％溴的四氯化碳溶液，通入乙炔气体，注意观察现象，并作记录。

(2)高锰酸钾溶液实验。

取 2～3 滴环己烷与环己烯分别放在两支试管中，各加入 1 mL 水，再分别逐滴加 2％高锰酸钾溶液，并不断振荡。当加入 1 mL 以上高锰酸钾溶液时，观察褪色情况，并作记录。

另取一试管，加入 1 mL 2%高锰酸钾溶液，通入乙炔气体，注意观察现象。

(3)鉴定炔类化合物实验。

①与硝酸银氨溶液的反应：取一只干燥试管，加入 2 mL 2%硝酸银溶液，加 1 滴 10% NaOH 溶液，再逐滴加入 1 mol·L^{-1}氨水直至沉淀刚好完全溶解。将乙炔通入此溶液，观察反应现象，所得产物应用 1∶1 硝酸处理。

②与铜氨溶液的反应：取绿豆粒大小固体氯化亚铜，溶于 1 mL 水中，再逐滴加入浓氨水至沉淀完全溶解，通入乙炔，观察反应现象。

【思考题】

(1)实验 1 和实验 2 对三种样品环己烷、环己烯、乙炔有什么不同现象？为什么？请写出反应式。

(2)高锰酸钾溶液反应时为什么必须有 1 mL 以上的高锰酸钾褪色才行？如加入 1～2 滴高锰酸钾溶液褪色，能否说明问题？

(3)柴油在 800℃热裂所产生的气态物质再混以 4 倍体积的空气即成实验室用的燃气，如何检验燃气中是否含有不饱和烃？

(4)现有 3 个瓶子，分别装有石油醚(低级烃类化合物，主要有戊烷与己烷)、环己烯和苯乙炔($C_6H_5C\equiv CH$)，如何用化学方法鉴定每个瓶内装的是什么物质？

实验七十一　卤代烃的性质

【试剂及药品】

1-氯丁烷、2-氯丁烷、2-甲基-2-氯丙烷、氯化苄、氯苯、1-溴丁烷、2-溴丁烷、溴苯、硝酸银-乙醇溶液、碘化钠或碘化钾。

【实验步骤】

(1)硝酸银-乙醇溶液实验。

取 5 支洗净的并用蒸馏水冲洗过的干燥试管，将试管编号，用滴管分别加入 1-氯丁烷、2-氯丁烷、2-甲基-2-氯丙烷、氯化苄、氯苯 4～5 mL，然后在每支试管中再分别加入 2 mL 1%的硝酸银-乙醇溶液，仔细观察生成卤化银沉淀的时间并记录。10 min 后，将未生成沉淀的试管在 70℃水溶液上加热 5 min 左右，观察有无沉淀生成。根据实验结果排列以上卤代烷反应活性次序，并说明原因。

(2)碘化钠或碘化钾实验[①]。

取6支干净的试管并编号,用滴管分别加入1-氯丁烷、2-氯丁烷、2-甲基-2-氯丙烷、1-溴丁烷、2-溴丁烷、溴苯4～5滴,再向每一试管中加入15%碘化钠丙酮溶液2滴,记录每个试管出现沉淀的时间,5 min后,将未出现沉淀的试管放入50℃水浴中加热6 min后[②],将试管冷至常温,观察反应是否发生并记录反应结果,根据结果解释反应活泼性与其结构的关系。

【思考题】

(1)氯化苄和1-氯丁烷同属一级氯代烃,用硝酸银-乙醇溶液或碘化钠-丙酮溶液处理时,为什么反应速度有很大差异?

(2)碘化钠-丙酮实验和硝酸银-乙醇实验中,为什么2-溴丁烷比2-氯丁烷反应速度快?

实验七十二　醇和酚的性质

【试剂及药品】

正丁醇、2-丁醇、叔丁醇、苯甲酰氯、苄醇、环己醇、乙醇、甘油、苯酚、间苯二酚、对苯二酚、硝酸铈铵试剂、冰醋酸、盐酸、氯化锌、5%重铬酸钾溶液、10%氢氧化钠溶液、溴水、三氯化铁。

【实验步骤】

一、醇的性质

(1)苯甲酰氯实验。

取三个配有塞子的试管,分别加入0.5 mL正丁醇、2-丁醇、叔丁醇,再加入1 mL水和10滴苯甲酰氯;然后分两次加入2 mL 10%氢氧化钠溶液,每次加完后,把瓶塞塞紧,激烈摇动,使试管中溶液呈碱性。观察试管溶液是否分层,闻一下每个试管的气味。

(2)硝酸铈铵实验[③]。

取乙醇和甘油各5滴于2支试管中,用1 mL水稀释,分别加入0.5 mL硝

① 15%碘化钠丙酮溶液的配制方法:称取碘化钠7.5 g,溶于43 g(约54 mL)丙酮中,避光冷藏放置,但不宜久放。

② 水浴温度不超过50℃,否则丙酮易挥发。

③ 硝酸铈铵检验醇类化合物时,通常只适用于10个碳原子以下的醇类。反应溶液颜色变红。

酸铈铵试剂①，摇动，观察反应现象。

(3)氯化锌-盐酸试验(Lucas 试剂)②。

在三只干燥的试管中分别加入 5 滴正丁醇、2-丁醇、叔丁醇，再各加入 1 mL 盐酸-氯化锌溶液，塞好试管，振荡，室温(最好在 26℃～27℃)静置。观察 5 min 后的现象。

(4)铬酸实验③。

在三只干燥的试管中分别加入 5 滴正丁醇、2-丁醇、叔丁醇，先分别加入 1 mL 丙酮溶解样品，再分别加 5 滴铬酸试剂，震荡，观察并记录现象。

二、酚的性质

(1)酚的酸性。

在 1 支干净试管中加入 6 mL 苯酚饱和水溶液，用玻璃棒蘸取 1 滴在广泛 pH 试纸上试验其酸性。然后把上述溶液分 2 份，一份做空白对照，另一份滴入 5%氢氧化钠溶液，边加边振荡至澄清，然后再滴加 1 mol · L^{-1} 的盐酸至酸性，对比空白试剂并观察记录现象。

(2)与溴水的反应。

取一干净试管，加入 2 滴苯酚饱和水溶液，用水稀释至 2 mL，滴加溴水，滴加过程中观察是否有沉淀析出和溴水褪色情况。观察记录现象。

(3)三氯化铁实验。

在一试管中加入几滴苯酚及 2 mL 水，再加入 1～2 滴 1%三氯化铁溶液。另取一试管，用蒸馏水及三氯化铁试剂作一空白试验，比较两个溶液的颜色。

用间苯二酚、对苯二酚代替苯酚做以上实验，观察并分析产生的现象。

【思考题】

(1)有 6 瓶无标签试剂，已知分别为叔丁基氯、环己醇、乙醇、叔丁醇、2-氯丁烷和正氯丁烷，请选择合适的试剂进行鉴别。

(2)苯酚溶液中加入过量的溴水，会产生什么现象，通过查阅文献来解释原因。

---

① 硝酸铈铵溶液的配制方法见本书附录六。

② 此方法只适用于鉴别低级(碳原子数 3～6)的伯、仲、叔醇。C_6 以上的醇不溶于卢卡斯试剂，C_1、C_2 的醇所得产物易挥发，现象不明显。

③ 铬酸试剂的配制方法见本书附录六。

实验七十三　醛、酮的性质

【试剂及药品】

95%乙醇、丙酮、丁醛、苯甲醛、苯乙酮、Tollen 试剂、Fehling 试剂、I-KI 溶液、NaOH 溶液。

【实验步骤】

(1)2,4-二硝基苯肼实验①。

取三只试管,各加入 1 mL 2,4-二硝基苯肼,然后分别加入 1～2 滴丙酮、丁醛和苯甲醛,观察记录实验现象。

(2)Tollen 试剂实验。

在三个试管中各加入 1 mL 托伦试剂,分别滴加 2 滴丙酮、丁醛和苯甲醛,在室温下放置几分钟,如果试管上没有银镜生成,在 50℃～60℃热水浴中稍热几分钟②,观察是否有银镜生成。

(3)Fehling 试剂实验。

取三个试管分别取 1 mL 斐林试剂 A 和斐林试剂 B,制成混合溶液,再分别加入丙酮、丁醇、苯甲醛各 2 滴摇动后放入沸水浴中 3～5 min,观察反应现象。

(4)碘仿反应实验③。

取三个试管,分别加入 4 滴丙酮、乙醇和苯乙酮样品,各加入 1 mL 碘-碘化钾溶液,慢慢滴加 3 $mol \cdot L^{-1}$ 的氢氧化钠溶液,注意观察反应液颜色,并观察是否有黄色结晶析出。

【思考题】

用化学方法鉴别下列各组化合物:(1)苯甲醇、苯甲醛与环己酮;(2)2-丁酮与 3-戊酮。

实验七十四　羧酸及其衍生物的性质

【试剂及药品】

甲酸、乙酸、草酸、0.5%高锰酸钾溶液、乙酰氯、2%硝酸银溶液、乙酸乙酯、

---

① 析出结晶的颜色一般和醛、酮分子中的共轭链有关,非共轭的酮生成黄色沉淀,共轭酮生成橙至红色沉淀。由于试剂本身为橙红色,对沉淀颜色应仔细判断。

② 加热时间不可过长,否则将生成易爆炸的雷酸银。

③ 除乙醛和甲基酮外,α-甲基醇能被次碘酸钠所氧化,并进一步发生碘仿反应。

硫酸、30%氢氧化钠溶液、乙酸酐、乙酰胺、羟胺盐酸盐乙醇溶液、95%乙醇。

【实验步骤】

一、羧酸的性质

(1)酸性实验。

取三支试管,分别加入5滴甲酸、乙酸及0.5 g草酸,再加入2 mL蒸馏水。摇动试管,用洁净的玻璃棒分别蘸取相应的酸溶液,在同一刚果红试纸[①]上画线,比较线条的颜色和深浅程度,并给予解释。

(2)氧化反应。

在三支试管中分别放置0.5 mL甲酸、乙酸及由0.2 g草酸和1 mL水配置的溶液,分别加入1 mL稀硫酸(1∶5)及2～3 mL0.5%高锰酸钾溶液,加热至沸,观察现象。

二、羧酸衍生物的性质

(一)水解

(1)酰氯的水解。

在盛有1 mL蒸馏水的试管中,加入3滴乙酰氯,略微摇动,观察现象。反应结束后,再加3～4滴2%硝酸银溶液,现象有何变化。

(2)酯的水解。

取三支洁净的试管,各加入1 mL乙酸乙酯和1 mL水。在第一个试管中加入2滴15%硫酸,第二个试管中加入2滴30%氢氧化钠溶液。将三支试管同时放入70℃～80℃水浴中,摇动试管,比较三个试管中酯层的消失速度。

(3)酸酐的水解。

在盛有1 mL水的试管中,加入3滴乙酸酐。乙酸酐不溶于水,呈珠粒状沉于管底。略加热,注意观察现象及辨别产生的气味。

(4)酰胺的水解。

①酸性水解。在试管中加入0.5 g乙酰胺和3 mL 6 $mol \cdot L^{-1}$的硫酸,加热至沸,辨别是否有酸的气味。

②碱性水解。在试管中加入0.5 g乙酰胺和3 mL 6 $mol \cdot L^{-1}$的氢氧化钠溶液,加热至沸,用湿润红色石蕊试纸鉴别是否有氨。

---

① 刚果红是一种指示剂,变色范围pH=5(红色)到pH=3(蓝色),与弱酸作用显蓝黑色,与强酸作用显稳定的蓝色。

(二)羟肟酸铁实验[①]

取1支试管,加入1 mL羟胺盐酸盐乙醇溶液[②],再加入1滴液体样品或50 mg固体样品。摇动,加入0.2 mL 6 $mol \cdot L^{-1}$的氢氧化钠溶液,加热至沸,稍冷后加入2 mL 1 $mol \cdot L^{-1}$盐酸,若溶液变浑浊,加入2 mL 95%乙醇,再加入1滴5%三氯化铁溶液,若产生颜色很快消失,继续逐滴加入至溶液显紫红色。

【思考题】

比较羧酸及其衍生物水解和醇解的活泼性。

实验七十五　胺的性质

【试剂及药品】

苯胺、2 $mol \cdot L^{-1}$盐酸、N-甲基苯胺、N,N-二甲基苯胺、10%亚硝酸钠、苯酚饱和水溶液、10%氢氧化钠溶液。

【实验步骤】

(1)胺的碱性。

在试管中滴入2滴苯胺和1 mL水,振荡观察苯胺是否溶解,再加入4滴2 $mol \cdot L^{-1}$的盐酸,观察结果并解释现象。

(2)Hinsberg实验。

分别取苯胺、N-甲基苯胺、N,N-二甲基苯胺的样品0.5 mL加入三只试管中,再各加入5 mL 10%氢氧化钠溶液和10滴苯磺酰氯,用力振荡。若反应过于猛烈可水浴冷却,反应较慢或无现象的试管可在热水浴上加热,观察反应进行程度。反应结束后放置观察现象。

若有油状物出现,加入浓盐酸,油状物溶解的为叔胺。

若有油状物或固体析出,加盐酸不溶解的为仲胺。

若无油状物或固体析出,加入6 $mol \cdot L^{-1}$盐酸呈酸性,用玻璃棒摩擦管壁,有沉淀析出的为伯胺。

(3)亚硝酸实验。

在试管中加入10滴苯胺和5 mL 2 $mol \cdot L^{-1}$的盐酸,冰水浴中冷却至0~5℃,滴加1滴10%亚硝酸钠溶液,此时溶液对淀粉-碘化钾试纸显蓝色。若不显蓝

---

① 样品中必须没有三氯化铁显色的官能团,若有,不能用此试剂。可先用三氯化铁溶液进行显色试验,若不显色,溶液应呈黄色。

② 加热溶解18 g羟胺盐酸盐于500 mL 95%乙醇中,即得到此溶液。

色，可再加一滴亚硝酸钠溶液。生成的重氮盐保存在冰水浴中，供下面实验使用。

①苯酚的生成。取 2 mL 重氮盐溶液置于试管中，50℃～60℃水浴加热，注意是否有气体放出。冷却后，注意反应液，是否有酚的气味。

②与苯酚偶联。取 1 mL 苯酚饱和水溶液，冰水冷却，若出现苯酚沉淀，滴加 10%氢氧化钠溶液至溶解，然后再多加 5 滴，加入 1 mL 重氮盐溶液，注意观察现象。

【思考题】

(1)若脂肪胺与亚硝酸钠和盐酸反应，伯、仲、叔胺是否都进行反应，现象上会有什么差别？

(2)苯胺的重氮盐为什么要保存在冰水浴中，温度升高会产生什么现象？

实验七十六　糖类化合物的性质

【试剂及药品】

5%葡萄糖、乳糖、果糖、蔗糖水溶液、间苯二酚溶液、Fehling 试剂、Tollen 试剂、10%苯肼盐酸盐溶液、15%醋酸钠溶液、碘-碘化钾溶液、淀粉、稀硫酸、10%氢氧化钠溶液。

【实验步骤】

(1)Seliwanoff 实验。

在 4 支试管中，分别放入 0.5 mL 5%葡萄糖、乳糖、果糖和蔗糖水溶液，向每支试管中加入 2 mL 间苯二酚溶液(溶解 0.50 g 间苯二酚于 1 L 4 mol・L^{-1} 盐酸中)，将 4 支试管放入沸水浴中加热，60 s 后取出试管，观察并记录结果。再将试管放回沸水浴中，20 min 后，观察并记录每一试管中的颜色。

(2)Fehling 实验(或 Benedict 实验)。

在 4 支试管中各放入 0.5 mL Fehling 试剂 A 和 0.5 mL Fehling 试剂 B，混合均匀，在水浴上微热；分别再加入 5%葡萄糖、蔗糖、果糖、麦芽糖各 5 滴，振荡，加热 2～3 min，注意颜色变化及是否有沉淀生成。

用 Benedict 试剂代替 Fehling 试剂做以上实验。

(3)Tollen 实验。

在 4 支洗净的试管中分别加入 1 mL 5%硝酸银溶液，逐滴加入 1 mol・L^{-1} 氢氧化铵溶液，不断摇动，直到生成的氧化银沉淀恰好溶解，再分别加入 0.5 mL 5%葡萄糖、果糖、麦芽糖、蔗糖溶液，在 50℃水浴中温热几分钟，观察有无银镜生成。

(4)成脎实验。

在4支试管中分别加入1 mL 5%葡萄糖、果糖、蔗糖、麦芽糖样品，再加入0.5 mL 10%苯肼盐酸盐溶液和0.5 mL 15%醋酸钠溶液，在沸水浴中加热并不断振荡，比较成脎结晶的速率，记录成脎的时间，并在显微镜下观察脎的结晶形状。

(5)碘实验和淀粉的水解。①胶状淀粉溶液的配制。把15 mL冷水和1.00 g淀粉充分搅混均匀，勿使块状物存在。然后将此悬浮物倒入135 mL沸水中，继续加热几分钟即得胶状淀粉溶液。②碘试验。在盛有1 mL淀粉溶液的试管中，加1滴碘-碘化钾溶液，观察其现象。③淀粉的水解。在试管中加入3 mL淀粉溶液，再加0.5 mL稀硫酸，于沸水浴中加热5 min，冷却后用10%氢氧化钠溶液中和至中性。取2滴与Fehling试剂作用，观察现象。

【思考题】

在糖类的氧化反应实验中，蔗糖与Benedict或Tollen试剂长时间加热时，也能得到正性结果。如何解释这种现象？

实验七十七　氨基酸和蛋白质的性质

【试剂及药品】

卵清蛋白溶液、乳蛋白溶液、1%氢氧化钠溶液、1%硫酸铜溶液、浓硝酸、10%氢氧化钠溶液、茚三酮丙酮溶液、饱和硫酸铜溶液、5%醋酸溶液、饱和没食子酸溶液、95%乙醇、饱和硫酸铵溶液。

【实验步骤】

一、颜色反应

(1)双缩尿反应。

取2支试管，分别滴入10滴卵清蛋白溶液和乳蛋白溶液，再各加入1 mL 1%氢氧化钠溶液使之呈碱性。振荡，再加入2滴1%硫酸铜溶液[①]，滴加过程中不断摇动。观察现象。

(2)黄色反应[②]。

取2支试管，分别加入1 mL上述两种样品，再各加入浓硝酸5～6滴，微微

① 硫酸铜溶液不能过量，否则硫酸铜在碱性溶液中会生成氢氧化铜沉淀，会遮蔽所产生的显色反应。

② 蛋白质分子中若含有苯环，与硝酸作用后，可在苯环上引入硝基，使反应物呈黄色。

加热，观察现象。冷却后，加入10%氢氧化钠溶液至呈碱性，观察溶液颜色有何变化。

(3)茚三酮反应。

取2支试管，分别加入10滴卵清蛋白溶液和谷氨酸溶液，各加入5～6滴0.1%茚三酮丙酮溶液。沸水浴中加热3～5 min，冷却，观察颜色变化。

二、蛋白质的变性

样品：卵清蛋白溶液，乳蛋白溶液。

(1)凝固作用。

取1支试管，加入1 mL蛋白溶液，加热5 min左右，注意其状态变化。冷却后加水，振荡，观察现象。

(2)与重金属的作用①。

取1支试管，加入1 mL蛋白溶液，逐滴加入饱和硫酸铜或硝酸银溶液。振荡，有何现象？加水后又产生什么现象？

(3)与生物碱试剂的作用

取1支试管，加入1 mL乳蛋白溶液，滴加1～2滴5%醋酸溶液和3～4滴饱和没食子酸溶液，观察现象。加水，又产生什么现象？

三、蛋白质的可逆沉淀

样品：卵清蛋白溶液，乳蛋白溶液。

(1)脱水作用。

取1 mL蛋白溶液，加入1 mL 95%乙醇，振荡，观察现象。再加入5～10 mL蒸馏水，振荡，有何变化？

(2)盐析作用②。

取1 mL蛋白溶液，加入数滴饱和硫酸铵溶液，观察现象。再加入5～10 mL蒸馏水，溶液有何变化？

【思考题】

氨基酸与茚三酮反应机理是什么？

---

① 蛋白质遇重金属盐生成难溶于水的化合物，因此，蛋白质是汞等重金属中毒的解毒剂。重金属盐沉淀蛋白质的作用为不可逆沉淀。

② 蛋白质盐析的机制可能是：(1)蛋白质分子所带的电荷被中和；(2)蛋白质分子被盐脱去水化层；沉淀析出的蛋白质化学性质未改变，降低盐的浓度时，沉淀仍溶解。

附 录

附录一 常用元素的相对原子质量

元素名称		相对原子质量	元素名称		相对原子质量
银	Ag	10.787	锂	Li	6.941
铝	Al	26.98	镁	Mg	24.31
硼	B	10.81	锰	Mn	54.958
钡	Ba	137.34	钼	Mo	95.94
溴	Br	79.904	氮	N	14.007
碳	C	12.00	钠	Na	22.99
钙	Ca	40.08	镍	Ni	58.71
氯	Cl	35.45	氧	O	15.999
铬	Cr	51.996	磷	P	30.97
铜	Cu	63.54	铅	Pb	207.19
氟	F	18.998	钯	Pd	106.4
铁	Fe	55.847	铂	Pt	195.09
氢	H	1.008	硫	S	32.064
汞	Hg	200.59	硅	Si	28.086
碘	I	126.904	锡	Sn	118.69
钾	K	39.10	锌	Zn	65.37

附录二　一些市售试剂的浓度和密度

试剂名称	20℃的密度 /g·cm^{-3}	浓度	
		质量分数/%	摩尔浓度/mol·dm^{-3}
浓氨水	0.900～0.907	25.0～28.0	13.32～14.44
硝酸	1.391～1.405	65.0～68.0	14.36～15.16
氢溴酸	1.490	47.0	8.60
氢碘酸	1.500～1.550	45.3～45.8	5.31～5.55
盐酸	1.179～1.185	36.0～38.0	11.65～12.38
硫酸	1.830～1.840	95.0～98.0	17.80～18.50
冰醋酸	≤1.050 3	≥99.8	≥17.45
磷酸	≥1.680	≥85.0	≥14.60
氢氟酸	1.128	≥40.0	≥22.55
过氯酸	1.206～1.220	30.0～31.60	3.60～3.84

附录三　常用有机溶剂沸点、密度表

名称	沸点/℃	相对密度 d_4^{20}	名称	沸点/℃	相对密度 d_4^{20}
甲醇	64.96	0.791 4	苯	80.1	0.876 5
乙醇	78.5	0.789 3	甲苯	110.6	0.866 9
乙醚	34.51	0.713 78	二甲苯(o-,m-,p-)	140	
丙酮	56.2	0.789 9	氯仿	61.7	1.483 2
乙酸	117.9	1.049 2	四氯化碳	76.54	1.594 0
乙酐	139.55	1.082 0	二硫化碳	46.25	1.263 2
乙酸乙酯	77.06	0.900 3	硝基苯	210.8	1.203 7
二氧六环	101	1.033 7	正丁醇	117.25	0.809 8

附录四　常用酸碱溶液百分组成及密度表

硫酸

H_2SO_4 质量分数	相对密度 d_4^{20}	100 mL 水溶液中含 H_2SO_4 的克数	H_2SO_4 质量分数	相对密度 d_4^{20}	100 mL 水溶液中含 H_2SO_4 的克数
1	1.005 1	1.005	65	1.553 3	101.0
2	1.011 8	2.024	70	1.610 5	112.7
3	1.018 4	3.055	75	1.669 2	125.2
4	1.025 0	4.100	80	1.727 2	138.2
5	1.031 7	5.159	85	1.778 6	151.2
10	1.066 1	10.66	90	1.814 4	163.3
15	1.102 0	16.53	91	1.819 5	165.6
20	1.139 4	22.79	92	1.824 0	167.8
25	1.178 3	29.46	93	1.827 9	170.2
30	1.218 5	36.56	94	1.831 2	172.1
35	1.259 9	44.10	95	1.833 7	174.2
40	1.302 8	52.11	96	1.835 5	176.2
45	1.347 6	60.64	97	1.836 4	178.1
50	1.395 1	69.76	98	1.836 1	179.9
55	1.445 3	79.49	99	1.834 2	181.6
60	1.498 3	89.90	100	1.830 5	183.1

硝酸

HNO_3 质量分数	相对密度 d_4^{20}	100 mL 水溶液中含 HNO_3 的克数	HNO_3 质量分数	相对密度 d_4^{20}	100 mL 水溶液中含 HNO_3 的克数
1	1.003 6	1.004	10	1.054 3	10.54
2	1.009 1	2.018	15	1.084 2	16.26
3	1.014 6	3.044	20	1.115 0	22.30
4	1.020 1	4.080	25	1.146 9	28.67
5	1.025 6	5.128	30	1.180 0	35.40

续表

HNO_3 质量分数	相对密度 d_4^{20}	100 mL 水溶液中含 HNO_3 的克数	HNO_3 质量分数	相对密度 d_4^{20}	100 mL 水溶液中含 HNO_3 的克数
35	1.214 0	42.49	90	1.482 6	133.4
40	1.246 3	49.85	91	1.485 0	135.1
45	1.278 3	57.52	92	1.487 3	136.8
50	1.310 0	65.50	93	1.489 2	138.5
55	1.339 3	73.66	94	1.491 2	140.2
60	1.366 7	82.00	95	1.493 2	141.9
65	1.391 3	90.43	96	1.495 2	143.5
70	1.413 4	98.94	97	1.497 4	145.2
75	1.433 7	107.5	98	1.500 8	147.1
80	1.452 1	116.2	99	1.505 6	149.1
85	1.468 6	124.8	100	1.512 9	151.3

醋酸

CH_3COOH 质量分数	相对密度 d_4^{20}	100 mL 水溶液中含 CH_3COOH 的克数	CH_3COOH 质量分数	相对密度 d_4^{20}	100 mL 水溶液中含 CH_3COOH 的克数
1	0.999 6	0.9996	40	1.048 8	41.95
2	1.001 2	2.002	45	1.053 4	47.40
3	1.002 5	3.008	50	1.057 5	52.88
4	1.004 0	4.016	55	1.061 1	58.36
5	1.005 5	5.028	60	1.064 2	63.85
10	1.012 5	10.13	65	1.066 6	69.33
15	1.019 5	15.29	70	1.068 5	74.80
20	1.026 3	20.53	75	1.069 6	80.22
25	1.032 6	25.82	80	1.070 0	85.60
30	1.038 4	31.15	85	1.068 9	90.86
35	1.043 8	36.53	90	1.066 1	95.95

续表

CH_3COOH 质量分数	相对密度 d_4^{20}	100 mL 水溶液中含 CH_3COOH 的克数	CH_3COOH 质量分数	相对密度 d_4^{20}	100 mL 水溶液中含 CH_3COOH 的克数
91	1.065 2	96.93	96	1.058 8	101.6
92	1.064 3	97.92	97	1.057 0	102.5
93	1.063 2	98.88	98	1.054 9	103.4
94	1.061 9	99.82	99	1.052 4	104.2
95	1.060 5	100.7	100	1.049 8	105.0

氢氧化钠

NaOH 质量分数	相对密度 d_4^{20}	100 mL 水溶液中含 NaOH 的克数	NaOH 质量分数	相对密度 d_4^{20}	100 mL 水溶液中含 NaOH 的克数
1	1.009 5	1.010	26	1.284 8	33.40
2	1.020 7	2.041	28	1.306 4	36.58
4	1.042 8	4.171	30	1.327 9	39.84
6	1.064 8	6.389	32	1.349 0	43.17
8	1.086 9	8.695	34	1.369 6	46.57
10	1.108 9	11.09	36	1.390 0	50.04
12	1.130 9	13.57	38	1.410 1	53.58
14	1.153 0	16.14	40	1.430 0	57.20
16	1.175 1	18.80	42	1.449 4	60.87
18	1.197 2	21.55	44	1.468 5	64.61
20	1.219 1	24.38	46	1.487 3	68.42
22	1.241 1	27.30	48	1.506 5	72.31
24	1.262 9	30.31	50	1.525 3	76.27

氢氧化钾

KOH 质量分数	相对密度 d_4^{20}	100 mL 水溶液中含 KOH 的克数	KOH 质量分数	相对密度 d_4^{20}	100 mL 水溶液中含 KOH 的克数
1	1.008 3	1.008	28	1.269 5	35.55
2	1.017 5	2.035	30	1.290 5	38.72
4	1.035 9	4.144	32	1.311 7	41.97
6	1.054 4	6.326	34	1.333 1	45.33
8	1.073 0	8.584	36	1.354 9	48.78
10	1.091 8	10.92	38	1.376 5	52.32
12	1.110 8	13.33	40	1.399 1	55.96
14	1.129 9	15.82	42	1.421 5	59.70
16	1.149 3	19.70	44	1.444 3	63.55
18	1.168 8	21.04	46	1.467 3	67.50
20	1.188 4	23.77	48	1.490 7	71.55
22	1.208 3	26.58	50	1.514 3	75.72
24	1.228 5	29.48	52	1.538 2	79.99
26	1.248 9	32.47			

碳酸钠

Na_2CO_3 质量分数	相对密度 d_4^{20}	100 mL 水溶液中含 Na_2CO_3 的克数	Na_2CO_3 质量分数	相对密度 d_4^{20}	100 mL 水溶液中含 Na_2CO_3 的克数
1	1.008 6	1.009	12	1.124 4	13.49
2	1.019 0	2.038	14	1.146 3	16.05
4	1.039 8	4.159	16	1.168 7	18.50
6	1.060 6	6.364	18	1.190 5	21.33
8	1.081 6	8.653	20	1.213 2	24.26
10	1.102 9	11.03			

附录五　常用的酸、碱溶液的配制

溶液	相对密度 d_4^{20}	质量分数/%	浓度/mol·L^{-1}	溶解度 g/100 mL
浓盐酸	1.19	37	12.0	44.0
恒沸点盐酸(252 mL 浓盐酸+200 mL 水,沸点 110℃)	1.10	20.2	6.1	22.2
10%盐酸(100 mL 浓盐酸+32 mL 水)	1.05	10	2.9	10.5
5%盐酸(50 mL 浓盐酸+380.5 mL 水)	1.03	5	1.4	5.2
1 mol·L^{-1} 盐酸(41.5 mL 浓盐酸稀释到 500 mL)	1.02	3.6	1	3.6
恒沸点氢溴酸(沸点 126℃)	1.49	47.5	8.8	70.7
恒沸点氢碘酸(沸点 127℃)	1.7	57	7.6	97
浓硫酸	1.84	96	18	177
10%硫酸(25 mL 浓硫酸+398 mL 水)	1.07	10	1.1	10.7
0.5 mol·L^{-1} 硫酸(13.9 mL 浓硫酸稀释到 500 mL)	1.03	4.7	0.5	4.9
浓硝酸	1.42	71	16	101
10%氢氧化钠溶液	1.11	10	2.8	11.1
浓氨水	0.9	28.4	15	25.9

附录六　常用有机分析试剂的配制

(1)2,4-二硝基苯肞溶液。

Ⅰ.在 15 mL 浓硫酸中,溶解 3 g 2,4-二硝基苯肼。另在 70 mL 95%乙醇里加 20 mL 水。然后把硫酸苯肼倒入稀乙醇溶液中,搅动混合均匀即成橙红色溶液(若有沉淀应过滤)。

Ⅱ.将 1.2 g 2,4-二硝基苯肼溶于 50 mL 30%高氯酸中。配好后储于棕色瓶中,不易变质。

Ⅰ法配制的试剂 2,4-二硝基苯肼浓度较大,反应时沉淀多,便于观察。Ⅱ法配制的试剂,由于高氯酸盐在水中溶解度很大,因此便于检验水溶液中的醛且较稳定,长期储存不易变质。

(2)饱和亚硫酸氢钠溶液。

先配制 40%亚硫酸氢钠水溶液。然后在每 100 mL 的 40%亚硫酸氢钠水溶液中,加不含醛的无水乙醇 25 mL,溶液呈透明清亮状。

由于亚硫酸氢钠久置后易失去二氧化硫而变质,所以上述溶液也可按下法配制:将研细的碳酸钠晶体($Na_2CO_3 \cdot 10H_2O$)与水混合,水的用量使粉末上只覆盖一薄层水为宜。然后在混合物中通入二氧化硫气体,至碳酸钠近乎完全溶解,或将二氧化硫通入 1 份碳酸钠与 3 份水的混合物中,至碳酸钠全部溶解为止。配制好后密封放置,但不可放置太久,最好是用时新配。

(3)希夫(Schiff)试剂。

在 100 mL 热水里溶解 0.2 g 品红盐酸盐(也有叫碱性品红或盐基品红),放置冷却后,加入 2 g 亚硫酸氢钠和 2 mL 盐酸,再用蒸馏水稀释到 200 mL。

或先配制 10 mL 二氧化硫的饱和水溶液,冷却后加入 0.2 g 品红盐酸盐,溶解后放置数小时时使溶液变成无色或淡黄色,用蒸馏水稀释至 200 mL。

此外,也可将 0.5 g 品红的盐酸盐溶于 100 mL 热水中,冷却后用二氧化硫气体饱和至粉红色消失,加入 0.5 g 活性炭,震荡过滤,再用蒸馏水稀释至 500 mL。

本试剂所用的品红是 para-rosaniline(或称 para-fuchsin,又称假洋红)。此物与另一类似物 rosaniline(或称 fuchsin,又称洋红)不同,但他们都是三本甲烷类的碱性染料,两者均可使用。商品“碱性品红”实际上是带有结晶水的两者的混合物。

希夫试剂应密封贮存在暗冷处,倘若受热见光或露置空气后过久。试剂中的二氧化硫易失,结果又显桃红色,遇此情况,应在通入二氧化硫,使颜色消失后使用。但应指出,试剂中过量放入二氧化硫越少,反应就越灵敏。

(4)碘溶液。

Ⅰ.将 20 g 碘化钾溶于 100 mL 蒸馏水中,然后加入 10 g 研细的碘粉,搅动使其全溶,呈深红色溶液。

Ⅱ.将 1 g 碘化钾溶于 100 mL 蒸馏水中,然后加入 0.5 g 碘,加热溶解即得红色清亮溶液。

Ⅲ.将 2.6 g 碘溶于 50 mL 95%乙醇中,另把 3 g 氯化汞溶于 50 mL 95%乙醇中,两者混合,滤出沉淀得澄清溶液。

(5)斐林(Fehling)试剂。

斐林试剂由斐林 A 和斐林 B 组成,使用时将两者等体积混合。其配法分别是:

斐林 A:将 3.5 g 含有五结晶水的硫酸铜溶于 100 mL 的水中即得淡蓝色的斐林 A 试剂。

斐林 B：将 17 g 五结晶水的酒石酸钠溶于 20 mL 热水中，然后加入含有 5 g 氢氧化钠的水溶液 20 mL，稀释至 100 mL 即得无色清亮的斐林 B 试剂。

（6）本尼迪特（Benedict）试剂。

把 4.3 g 研细的硫酸铜溶于 25 mL 热水中，待冷却后用水稀释至 40 mL。另把 43 g 柠檬酸钠及 25 g 无水碳酸钠（若用有结晶水碳酸钠，则取量应按比例计算）溶于 150 mL 水中，加热溶解，待溶液冷却后，再加入上面所配的硫酸铜溶液。加水稀释到 250 mL。将试剂贮于试剂瓶中，瓶口用橡皮塞塞紧。

（7）酚酞试剂。

把 0.1 g 酚酞溶于 100 mL 95％乙醇中得到无色的酚酞乙醇溶液，本试剂在室温时变色范围 pH 为 8.2 到 10。

（8）碘化汞钾溶液。

把 5％碘化钾水溶液慢慢加到 2％氯化汞（或硝酸汞）水溶液中，加到先生成红色的沉淀刚刚又完全溶解为止。

（9）二苯胺试剂。

将 250 mL 氯化铵加到 90 mL 水中，再在此溶液中加入含有 250 mg 二苯胺的 100 mL 浓硫酸溶液。冷却后加浓硫酸到 250 mL。

（10）锆-茜素溶液。

取 10 mL 1％茜素乙醇溶液，10 mL 2％硝酸锆在 5％盐酸的溶液中，加以混合，然后将混合液稀释到 30 mL（也可用氯氧化锆 $ZrOCl_2 \cdot 8H_2O$ 来代替硝酸锆）。

（11）钼酸铵试剂。

Ⅰ.将 5 g 钼酸铵[$(NH_4)_6Mo_7O_{24} \cdot 4H_2O$]溶于 100 mL 冷水中，加入 35 mL 浓硝酸（相对密度为 1.4）。

Ⅱ.将 6 g 钼酸铵溶于 15 mL 蒸馏水中，加 5 mL 浓氨水，另把 24 mL 浓硝酸溶于 46 mL 水中，两者混合静置一天后再用。

（12）甲醛-硫酸试剂。

取 1 滴福尔马林（37％～40％甲醛水溶液）加到 1 mL 浓硫酸中，轻微摇动即成。此试剂在临用时配制。

（13）卢卡斯试剂。

将 34 g 无水氯化锌在蒸发皿中强热熔融，稍冷后放在干燥器中冷至室温，取出捣碎，溶于 23 mL 浓盐酸中（相对密度为 1.187）。配制时须加以搅动，并把容器放在冰水浴中冷却，以防氯化氢逸出。此试剂一般是临用时配制。

（14）硝酸铈铵试剂。

取 90 g 硝酸铈铵溶于 225 mL 2 $mol \cdot L^{-1}$ 温热的硝酸中即成。

(15)铅酸钠溶液。

取 1 g 醋酸铅溶于 10 mL 水中,将此溶液加到 60 mL 1 $mol \cdot L^{-1}$氢氧化钠溶液中,搅拌至沉淀溶解为止。

(16)刚果红试纸。

用 2 g 刚果红与 1 L 蒸馏水制成的溶液浸渍滤纸晾干而得。

(17)饱和溴水。

溶解 15 g 溴化钾于 100 mL 水中,加入 10 g 溴,振荡即成。

(18)特制药棉。

取 1 g 醋酸铅溶于 10 mL 水中。将所得溶液加到 60 mL 1 $mol \cdot L^{-1}$的氢氧化钠溶液中,不停加以搅拌,直到沉淀完全溶解为止。再取 5 g 无水硫代硫酸钠溶于 10 mL 水中,将所得溶液加到上述的醋酸铅溶液中,再加 1 mL 甘油,用水稀释到 100 mL。用这个溶液浸泡棉花,再将棉花取出拧干后即可应用。

(19)米伦(Millon)试剂。

将 2 g 汞溶于 3 mL 浓硝酸(相对密度为 1.4)中,然后用水稀释到 100 mL。它主要含有汞、硝酸亚汞和硝酸汞,此外还有过量的硝酸和少量的亚硝酸。

(20)醋酸铜-联苯胺试剂。

本试剂由 A 和 B 组成,使用前临时将两者等体积混合。其配法分别是:

A 液:取 150 mL 联苯胺溶于 100 mL 水及 1 mL 醋酸中。贮存在棕色瓶内。

B 液:取 286 mg 醋酸铜溶于 100 mL 水中,贮存于棕色瓶内。

(21)硝酸银-氨溶液。

取 0.5 mL 10%硝酸银溶液于试管里,滴加氨水。开始出现黑色沉淀。在继续滴加氨水边滴边摇动试管,滴到沉淀刚好溶解为止,得到澄清的硝酸银-氨溶液。

(22)氯化亚铜-氨水溶液。

取 1 g 氯化亚铜放入一大试管中,往试管里加 1 到 2 mL 浓氨水和 10 mL 水,用力摇动试管后静置一会,再倾出溶液并投入一块铜片(或一根铜丝)贮存备用。

(23)次溴酸钠水溶液。

在 2 滴溴中,滴加 5%氢氧化钠溶液,直到溴全溶且溶液红色褪掉并呈淡蓝色为止。

(24)1%淀粉溶液。

将 1 g 可溶性淀粉溶于 5 mL 冷蒸馏水中,用力搅成稀浆状,然后倒入 94 mL 沸水中,即得近于透明的胶体溶液,放冷使用。

(25)α-萘酚试剂。

将2 gα-萘酚溶于20 mL 95%乙醇中，用95%乙醇稀释至100 mL，贮存于棕色瓶中。一般也是用前配制。

(26)间苯二酚盐酸试剂。

将0.05 g间苯二酚溶于50 mL浓盐酸中，再用蒸馏水稀释至100 mL。

(27)苯肼试剂。

配法有三种：

Ⅰ.将5 mL苯肼溶于50 mL 10%醋酸溶液中，加0.5 g活性炭。搅拌后过滤，把滤液保存于棕色试剂瓶中，苯肼试剂防止时间过久后会失效。苯肼有毒！使用时切勿让它与皮肤接触。如不慎触及，应用5%醋酸溶液冲洗，再用肥皂洗涤。

Ⅱ.称取2 g苯肼盐酸盐和3 g醋酸钠混合均匀，于研钵上研磨成粉末即得盐酸苯肼-醋酸钠混合物，使用时取0.5 g盐酸苯肼-醋酸钠混合物与糖液作用。苯肼在空气中不稳定，因此，通常用较稳定的苯肼盐酸盐。因为，成脎反应必须在弱酸性溶液中进行，使用时必须加入适量的醋酸钠，以缓冲盐酸的酸度，所用醋酸钠不能过多。

Ⅲ.使用时取0.5 mL 10%盐酸苯肼溶液和0.5 mL 15%醋酸钠溶于2 mL糖液中。

(28)铜氨试剂。

将碳酸铜(多以碱性碳酸铜存在)粉末溶于浓氨水中，使其成饱和溶液，即得深蓝色的铜氨试剂，用其澄清溶液。

(29)0.1%茚三酮乙醇溶液。

将0.1 g茚三酮溶于124.9 mL 95%乙醇中，用时新配。

(30)0.5%酪蛋白溶液。

将0.5 g酪蛋白溶于99.5 mL 0.04%氢氧化钠溶液里。

(31)铬酐试剂。

将10 g三氧化铬(CrO_3)加到10 mL浓硫酸中，搅拌成均匀糊状。然后用30 mL蒸馏水小心稀释此糊状物，搅拌得澄清橘红色溶液。

(32)高碘酸-硝酸银试剂。

将25 mL 2%高碘酸钾溶液与2 mL浓硝酸和2 mL 10%硝酸银溶液混合，摇动。如有沉淀析出，应过滤取透明溶液。

(33)铬酸试剂。

取25 g铬酸酐，加入25 mL浓硫酸中，搅拌至成均匀的浆状物，然后加15 mL蒸馏水稀释，继续搅拌，直至形成清亮的橙色溶液。

参考文献

[1] 兰州大学,复旦大学合编.有机化学实验[M].北京:高等教育出版社,1994.

[2] 焦家俊.有机化学实验[M].上海:上海交通大学出版社,2000.

[3] 曾昭琼.有机化学实验[M].三版.北京:高等教育出版社,2001.

[4] 北京大学化学系.有机化学实验[M].北京:北京大学出版社,1999.

[5] 山东大学、山东师范大学合编.有机化学实验[M].北京:化学工业出版社,2004.

[6] 周怀宁,王德林.微型有机化学实验[M].北京:科学出版社,1999.

[7] 武汉大学化学与分子科学学院实验中心编.综合化学实验[M].武汉:武汉大学出版社,2002.

[8] 林宝凤.基础化学实验技术绿色化教程[M].北京:科学出版社,2003.

[9] 单尚,强根荣,金红卫.有机化学实验[M].北京:化学工业出版社,2007.

[10] 庞华,郭今心.有机化学实验[M].济南:山东大学出版社,2006.

[11] 张毓凡.有机化学实验[M].天津:南开大学出版社,2003.

[12] 北京大学化学学院有机化学研究所编.有机化学实验[M].北京:北京大学出版社,2002.

[13] 麦禄根.有机化学实验[M].上海:华东师范大学出版社,2001.

[14] 李霁良.微型半微型有机化学实验[M].北京:高等教育出版社,2003.

[15] 郭书好.有机化学实验[M].上海:华中科技大学出版社,2006.

[16] 关烨第.小量一半微量有机化学实验[M].北京:北京大学出版社,2002.